高等学校计算机基础教育教材

计算机应用基础与计算思维

（第2版·微课视频版）

李春英　汤志康 / 主 编

刘　锟　张　亮　林　萍 / 副主编

清华大学出版社
北京

内 容 简 介

本书依据教育部高等学校大学计算机课程教学指导委员会编制的《新时代大学计算机基础课程教学基本要求》、教育部颁布的《高等学校课程思政建设指导纲要》和全国高等学校计算机水平考试大纲要求,采用"理论＋实操＋微课视频教学"的思路编写。

本书聚焦软件国产化,内容主要包括计算机基础知识、新一代信息技术、计算思维基础、中文Windows 10操作系统、WPS Office(WPS文字、WPS表格和WPS演示)等7部分,着重培养学生的计算思维、信息处理能力和计算机应用技能。

本书适合作为普通高等学校非计算机专业计算机应用基础课程教材,也可作为社会人士报考"全国高等学校计算机水平考试(一级和二级)"的参考书目。

图书在版编目(CIP)数据

计算机应用基础与计算思维：微课视频版/李春英,汤志康主编. -- 2版. -- 北京：清华大学出版社,2025.6(2025.8重印). --(高等学校计算机基础教育教材). -- ISBN 978-7-302-69307-9

Ⅰ. TP3；O241

中国国家版本馆 CIP 数据核字第 2025BB4621 号

责任编辑：张　玥
封面设计：常雪影
责任校对：王勤勤
责任印制：沈　露

出版发行：清华大学出版社
　　　　　网　　　址：https://www.tup.com.cn,https://www.wqxuetang.com
　　　　　地　　　址：北京清华大学学研大厦 A 座　　　　　邮　　编：100084
　　　　　社 总 机：010-83470000　　　　　　　　　　　邮　　购：010-62786544
　　　　　投稿与读者服务：010-62776969,c-service@tup.tsinghua.edu.cn
　　　　　质量反馈：010-62772015,zhiliang@tup.tsinghua.edu.cn
　　　　　课件下载：https://www.tup.com.cn,010-83470236
印 装 者：三河市人民印务有限公司
经　　销：全国新华书店
开　　本：185mm×260mm　　　印　　张：13.75　　　字　　数：316 千字
版　　次：2018 年 8 月第 1 版　　2025 年 6 月第 2 版　　印　　次：2025 年 8 月第 2 次印刷
定　　价：59.80 元

产品编号：109678-01

第2版前言

党的二十大报告从"实施科教兴国战略,强化现代化建设人才支撑"的战略高度,对"办好人民满意的教育"做出了专门部署,将教育的基础性、先导性和全局性地位凸显出来。它延续并深化了十八大关于立德树人的教育思想,强调教育要以人民为中心,坚持为党育人,为国育才。

"计算机应用基础"课程作为教育部高等学校非计算机专业计算机课程教学指导分委员会倡导的"1+X"课程体系中的核心组成部分,旨在培养非计算机专业学生的计算思维、提升信息素养,并增强他们解决信息领域实际应用问题的能力。一方面,在实际的学习、工作与生活场景中,诸多数据(如医疗、金融、法律等)涉及隐私、安全或保密性要求,不能直接利用大模型等人工智能技术通过网络进行处理,需要相关人员凭借扎实的信息素养和信息处理能力去分析,并精准提炼其中的价值,进而高效解决问题;另一方面,课程培养的计算思维训练(如问题抽象)、结构化数据处理(如 Excel 高级分析)、安全操作规范(如权限管理)以及逻辑化信息提炼方法等,可确保数据处理过程透明可溯、结果可靠可解释,为复杂场景下的数据价值挖掘提供"人工+工具"的双重保障。

本书编写遵循教育部高等学校大学计算机课程教学指导委员会《新时代大学计算机基础课程教学基本要求》,对标教育部《高等学校课程思政建设指导纲要》,并参照全国高等学校计算机水平考试大纲精研而成。与第1版教材相比,本书采用理论、实操、微课视频等多元融合思路,聚焦软件国产化,将办公自动化软件由原来的 Microsoft Office 改为 WPS Office,并增加了新一代信息技术的通识内容。

本书编写团队凝练二十多年的授课经验,布局七大板块内容,精心设计实验案例,力求为师生呈上一部好学易用、切合实际工作需求的佳作。其中,李春英负责设计全书内容纲要,并和张亮共同负责第1章,和刘锟共同负责第2章,和林萍共同负责第3章内容的撰写,汤志康负责第4~7章内容的撰写。

本书适合作为普通高等院校非计算机专业计算机应用基础或信息技术基础的课程教材,也可作为社会人士报考"全国高等学校计算机水平考试(一级和二级)"的参考书目。

由于编者水平有限,本书难免存在疏漏和不妥之处,敬请广大读者批评指正。

作　者

2025 年 1 月

第1版前言

教育部高等学校大学计算机课程教学指导委员会认为,系统地将计算思维落实到大学计算机基础教学当中,是培养大学生计算思维能力的重要途径之一。大学计算机应用基础教学不仅为不同专业的学生提供了解决专业问题的有效方法和手段,还为他们提供了一种独特的处理问题的思维方式。随着经济和信息技术的发展,计算机技术为人们终生学习提供了良好的学习工具与环境,因此培养大学生的计算思维能力,借助计算机技术进行数据分析、处理问题已经成为每位大学生必备的基本技能。

"计算机应用基础"是普通高校非计算机专业学生的必修课程,对学生今后的学习、工作有很大的帮助。本书综合目前大学计算机应用基础教育的实际情况,在讲解基础知识的同时辅以具体的案例操作,缓解学习的枯燥性,激发学生的学习兴趣,力求让学生学习本书后能够达到广东省计算机一级、二级考试以及全国计算机一级、二级考试(MS Office高级应用)中的考核要求。

全书共分8章,教学中可根据授课专业学生的不同需求和接受能力等采用64学时或者48学时的教学模式。以下是建议教学学时(括号内的数字为48学时模式)。

第1章介绍计算机的基础知识,包括计算机的发展史,计算机的特点、分类、应用领域以及发展趋势,数据与信息,数制与数制转换,字符的编码,计算机的硬件系统和软件系统,计算思维的概念、特征、关键内容以及与其他学科之间的关系等知识,建议教学学时为8(6)。

第2章介绍中文Windows 7操作系统的主要特点,包括用户界面、文件管理、程序管理、任务管理器、磁盘管理以及系统备份与还原等知识,建议教学学时为5(4)。

第3章介绍Word 2010文档输入,页面设置,文档编辑,字符、段落、图片和艺术字的格式化操作,长文档的主题效果,页眉/页脚,脚注/尾注,目录与索引等常用操作,建议教学学时为16(12)。

第4章介绍电子表格处理软件Excel 2010的新增功能,制表基础操作,Excel公式和常用函数的使用,图表的编辑、格式化及应用,Excel 2010数据分析等知识,建议教学学时为19(14)。

第5章介绍PowerPoint 2010演示文稿的创建,文档/主题/背景/样式的编辑,演示文稿的格式化操作,插入各种文本、剪贴画、SmartArt图形、表格、公式,幻灯片放映的切换方式、动画效果、超链接以及放映控制等内容,建议教学学时为8(6)。

第6章介绍网络信息安全的基础知识,包括网络信息安全的表现、特性,安全攻击类型及面临的主要威胁,网络信息安全模型及常用防御技术,计算机病毒的概念、特征、分类及预防等知识,建议教学学时为 2(2)。

第 7 章介绍计算机网络的功能、分类及拓扑结构,Internet 基础知识和应用,IP 地址的分类及常用的域名,OSI 参考模型和 TCP/IP 等知识,建议教学学时为 4(2)。

第 8 章介绍媒体的本质、分类、格式,多媒体的基本概念、特征和技术标准化的发展,各类媒体的表示和再现机制,媒体的压缩原理等知识,建议教学学时为 2(2)。

本书所给学时是建议学时,包括理论授课学时和实验操作学时。由于各高校的教学计划、教学目标和学生情况存在差异,学习和使用本书时,各高校可以根据本校实际情况适当地调整学时。

本书由李春英、汤志康担任主编,韩秋凤、张亮担任副主编。其中,李春英负责全书内容规划、统稿和审核并编写第 1 章;汤志康负责编写第 2 章和第 4 章,并对第 2～第 8 章进行审核和修改,统一本书的编写风格;韩秋凤编写第 3 章和第 5 章;张亮编写第 6～第 8 章。肖政宏教授对本书的编写提出了很多建设性的意见,计算机基础教学部林萍老师和刘锟老师也对本书的编写提出了很多宝贵的意见。同时,本书的编写还得到赵慧民教授、林智勇教授的大力支持。在此一并表示感谢。

由于计算机科学技术发展迅速,加上编者水平有限,书中难免会出现错误和不妥之处,恳请读者批评指正。

作　者

2018 年 5 月

目录

第 1 章　计算机基础知识 ……………………………………………………… 1

　1.1　计算机概述 ……………………………………………………………… 1

　　1.1.1　计算机发展史 …………………………………………………… 1

　　1.1.2　计算机的特点和分类 …………………………………………… 4

　　1.1.3　计算机应用领域 ………………………………………………… 7

　1.2　信息的表示与存储 ……………………………………………………… 8

　　1.2.1　数据与信息 ……………………………………………………… 8

　　1.2.2　数制与数制转换 ………………………………………………… 10

　　1.2.3　字符编码 ………………………………………………………… 12

　1.3　计算机系统 ……………………………………………………………… 16

　　1.3.1　计算机硬件系统 ………………………………………………… 16

　　1.3.2　计算机软件系统 ………………………………………………… 20

　　1.3.3　计算机的体系结构 ……………………………………………… 25

　1.4　计算机网络 ……………………………………………………………… 27

　　1.4.1　计算机网络概述 ………………………………………………… 27

　　1.4.2　Internet 基础 …………………………………………………… 33

　1.5　网络信息安全 …………………………………………………………… 39

　　1.5.1　网络信息安全现状 ……………………………………………… 39

　　1.5.2　网络信息安全性威胁 …………………………………………… 40

　　1.5.3　解决网络信息安全的主要途径 ………………………………… 40

　　1.5.4　计算机病毒 ……………………………………………………… 43

　习题 ……………………………………………………………………………… 46

第 2 章　新一代信息技术 ……………………………………………………… 47

　2.1　大数据及其应用 ………………………………………………………… 47

　　2.1.1　大数据概述 ……………………………………………………… 47

　　2.1.2　大数据的应用场景 ……………………………………………… 48

　2.2　云计算及其应用 ………………………………………………………… 54

    2.2.1　云计算概述 ……………………………………………………………… 54

    2.2.2　云计算的应用场景 …………………………………………………… 54

  2.3　电子商务及其应用 …………………………………………………………… 56

    2.3.1　电子商务概述 ………………………………………………………… 56

    2.3.2　电子商务的应用场景 ………………………………………………… 58

  2.4　人工智能及其应用 …………………………………………………………… 60

    2.4.1　人工智能概述 ………………………………………………………… 60

    2.4.2　人工智能的应用场景 ………………………………………………… 64

  2.5　物联网及其应用 ……………………………………………………………… 67

    2.5.1　物联网概述 …………………………………………………………… 67

    2.5.2　物联网的应用场景 …………………………………………………… 68

  2.6　虚拟现实和增强现实及其应用 ……………………………………………… 70

    2.6.1　虚拟现实和增强现实概述 …………………………………………… 70

    2.6.2　VR 和 AR 的共性 …………………………………………………… 72

    2.6.3　VR 和 AR 的区别 …………………………………………………… 74

    2.6.4　VR 和 AR 面临的挑战 ……………………………………………… 75

    2.6.5　VR 和 AR 的融合与未来发展 ……………………………………… 76

第 3 章　计算思维基础 ……………………………………………………………… **78**

  3.1　计算与计算科学 ……………………………………………………………… 78

    3.1.1　计算 …………………………………………………………………… 78

    3.1.2　计算科学 ……………………………………………………………… 79

  3.2　计算思维的定义 ……………………………………………………………… 80

  3.3　计算思维的关键内容 ………………………………………………………… 81

    3.3.1　计算思维的主要思维 ………………………………………………… 81

    3.3.2　基于计算思维的问题求解思路 ……………………………………… 82

  3.4　计算思维的特征 ……………………………………………………………… 83

  3.5　面向计算思维的问题求解 …………………………………………………… 84

  3.6　计算思维对其他学科的影响 ………………………………………………… 88

第 4 章　中文 Windows 10 操作系统 …………………………………………… **90**

  4.1　Windows 操作系统概述 ……………………………………………………… 90

    4.1.1　Windows 操作系统的特点 ………………………………………… 90

    4.1.2　Windows 10 版本 …………………………………………………… 91

  4.2　图形用户界面 ………………………………………………………………… 92

    4.2.1　图形用户界面技术 …………………………………………………… 92

    4.2.2　Windows 10 窗口 …………………………………………………… 92

    4.2.3　桌面主题设置 ………………………………………………………… 96

　　　4.2.4　菜单 ………………………………………………………… 97

　　　4.2.5　鼠标的使用 …………………………………………………… 97

　　4.3　文件管理 ………………………………………………………………… 98

　　　4.3.1　文件与文件夹 ………………………………………………… 98

　　　4.3.2　文件管理的基本操作 ………………………………………… 99

　　4.4　程序管理 ……………………………………………………………… 103

　　　4.4.1　安装与卸载应用程序 ………………………………………… 103

　　　4.4.2　程序的启动和退出 …………………………………………… 103

　　　4.4.3　应用程序的快捷方式 ………………………………………… 103

　　4.5　任务管理器 …………………………………………………………… 105

　　4.6　磁盘管理 ……………………………………………………………… 106

　　4.7　系统备份与还原 ……………………………………………………… 107

　　　4.7.1　系统的还原 …………………………………………………… 107

　　　4.7.2　Windows 10 映像备份与还原 ……………………………… 110

　　习题 …………………………………………………………………………… 112

第 5 章　WPS 文字 ………………………………………………………… **114**

　　5.1　WPS 文字概述 ……………………………………………………… 114

　　　5.1.1　WPS 文字的工作界面 ……………………………………… 114

　　　5.1.2　WPS 文字自定义功能区设置 ……………………………… 115

　　　5.1.3　文件保存与安全设置 ………………………………………… 115

　　　5.1.4　WPS 文字选项设置 ………………………………………… 116

　　5.2　WPS 文字输入 ……………………………………………………… 117

　　　5.2.1　页面设置 ……………………………………………………… 117

　　　5.2.2　使用模板或样式建立文档格式 ……………………………… 117

　　　5.2.3　输入特殊符号 ………………………………………………… 117

　　　5.2.4　项目符号和编号 ……………………………………………… 118

　　　5.2.5　邮件合并应用 ………………………………………………… 119

　　5.3　文档编辑 ……………………………………………………………… 119

　　　5.3.1　编辑对象的选定 ……………………………………………… 119

　　　5.3.2　查找与替换 …………………………………………………… 120

　　　5.3.3　文档复制和移动 ……………………………………………… 120

　　　5.3.4　分栏操作 ……………………………………………………… 122

　　　5.3.5　首字下沉/悬挂操作 ………………………………………… 122

　　　5.3.6　分页分节 ……………………………………………………… 123

　　　5.3.7　修订与批注 …………………………………………………… 124

　　　5.3.8　中/英文在线翻译 …………………………………………… 127

　　5.4　文档格式化 …………………………………………………………… 128

5.4.1 字符格式化 ·· 128

5.4.2 段落格式化 ·· 128

5.4.3 应用"样式" ·· 128

5.4.4 设置图片格式 ·· 129

5.4.5 设置底纹与边框 ·· 130

5.4.6 设置页面格式化 ·· 130

5.5 在文档中插入元素 ·· 131

5.5.1 插入文本框 ·· 131

5.5.2 插入图片 ·· 132

5.5.3 插入智能图形 ·· 132

5.5.4 插入公式 ·· 133

5.5.5 插入艺术字 ·· 133

5.5.6 插入超链接 ·· 134

5.5.7 插入书签 ·· 134

5.5.8 插入表格 ·· 134

5.5.9 插入图表 ·· 135

5.6 长文档编辑 ·· 137

5.6.1 对文档应用主题效果 ·· 137

5.6.2 页码设置 ·· 137

5.6.3 页眉与页脚设置 ·· 137

5.6.4 脚注与尾注设置 ·· 137

5.6.5 目录与索引 ·· 138

习题 ··· 138

第 6 章 WPS 表格 ·· **140**

6.1 WPS 表格概述 ·· 140

6.2 WPS 表格制表基础 ·· 141

6.2.1 工作簿的基本操作 ·· 142

6.2.2 工作表的基本操作 ·· 143

6.2.3 文本的输入 ·· 146

6.2.4 数据类型的使用 ·· 147

6.2.5 填充数据序列 ·· 148

6.2.6 工作表的格式化 ·· 150

6.3 WPS 表格的公式和函数 ·· 152

6.3.1 使用公式的基本方法 ·· 152

6.3.2 使用函数的基本方法 ·· 153

6.3.3 单元格地址的引用 ·· 153

6.3.4 WPS 表格中的常用函数 ······································ 155

       6.3.5　WPS 表格中的专业函数 ·························· 158
  6.4　WPS 表格图表应用 ································· 166
       6.4.1　图表概述 ··········· 166
       6.4.2　建立图表 ··········· 167
       6.4.3　图表的编辑和格式化 ·················· 167
  6.5　WPS 表格数据分析 ································· 170
       6.5.1　数据排序 ··········· 170
       6.5.2　数据筛选 ··········· 172
       6.5.3　数据有效性 ········· 173
       6.5.4　数据分类汇总 ······· 174
       6.5.5　数据合并计算 ······· 175
       6.5.6　数据透视表/图 ······· 176
       6.5.7　模拟分析和运算 ······ 179
  习题 ············· 182

第 7 章　WPS 演示 ·································· 184

  7.1　WPS 演示概述 ··································· 184
       7.1.1　认识 WPS 演示 ······· 184
       7.1.2　WPS 演示窗口 ········ 184
       7.1.3　WPS 演示视图方式 ····· 185
       7.1.4　演示文稿的基本操作 ··············· 185
  7.2　演示文稿的编辑 ································· 186
       7.2.1　新建演示文稿 ······· 186
       7.2.2　插入与删除 ········· 188
       7.2.3　复制和移动 ········· 188
       7.2.4　改变版式 ··········· 189
       7.2.5　修改主题样式 ······· 189
       7.2.6　更改背景 ··········· 189
       7.2.7　保存演示文稿 ······· 189
  7.3　插入元素操作 ··································· 190
       7.3.1　输入文本 ··········· 190
       7.3.2　插入图片 ··········· 190
       7.3.3　插入绘制图形 ······· 192
       7.3.4　插入图形 ··········· 192
       7.3.5　插入艺术字 ········· 194
       7.3.6　插入图表 ··········· 195
       7.3.7　插入表格 ··········· 195
       7.3.8　插入多媒体信息 ······ 196

      7.3.9   插入其他演示文稿的幻灯片 ·· 197

      7.3.10 插入页眉和页脚 ·· 198

      7.3.11 插入公式 ··· 198

      7.3.12 插入批注 ··· 199

  7.4 WPS 演示文稿的放映 ··· 199

      7.4.1 演示文稿的放映 ··· 199

      7.4.2 设置幻灯片放映的切换方式 ··· 199

      7.4.3 设置幻灯片的动画效果 ··· 199

      7.4.4 创建超链接和动作按钮 ··· 200

      7.4.5 幻灯片的放映 ··· 201

  7.5 幻灯片制作的高级技巧 ··· 202

      7.5.1 利用幻灯片母版制作公共元素 ····································· 202

      7.5.2 将多个主题应用于演示文稿 ··· 202

      7.5.3 演示文稿的发布 ··· 202

      7.5.4 录制微视频 ··· 203

      7.5.5 "节"的应用 ··· 203

  习题 ··· 204

参考文献 ··· **206**

第 1 章 计算机基础知识

学习目标：

➤ 掌握计算机的演变过程及其历史背景，理解计算机的基本特点和分类，熟悉计算机网络及网络信息安全的基本知识。

➤ 理解数据在计算机内部的表示形式，了解计算机硬件系统与软件系统的基本组成，掌握 OSI 参考模型的层次结构及 TCP/IP 的基本概念，学习计算机病毒的基本概念及其特征。

➤ 熟练掌握数制之间的转换方法（如二进制、十进制、十六进制等），理解冯·诺依曼体系结构的基本组成及其工作原理。

➤ 熟悉计算机网络的常见分类及其应用。理解 IP 地址的概念及常用顶级域名的分类与作用。

1.1　计算机概述

计算机（computer）俗称电脑，是人类 20 世纪最卓越的发明之一，其全称是通用电子数字计算机。"通用"指计算机可服务于多种用途，"电子"指计算机是一种电子设备，"数字"指计算机内部的一切信息均用"0"和"1"的编码表示。计算机可以进行数值计算，又可以进行逻辑计算；还具有存储记忆功能，能够按照程序自动运行，高速处理海量数据。当然，计算工具的演变经历一个漫长的发展过程，从古老的"结绳记事"，到算盘、计算尺、差分机，直到 1946 年第一台电子计算机诞生，计算工具经历了从简单到复杂、从低级到高级、从手动到自动的演变过程，而且还在不断发展中。

1.1.1　计算机发展史

在第二次世界大战中，美国宾夕法尼亚大学物理学教授约翰·莫克利（John Mauchly）和他的研究生普雷斯帕·埃克特（Presper Eckert）受军械部的委托，为计算弹道和射击表，启动研制 ENIAC（Electronic Numerical Integrator and Computer）的计划。1946 年 2 月，这台标志人类计算工具历史性变革的巨型机器宣告竣工。ENIAC 是一个庞然大物，共使用了 18000 多个电子管、1500 多个继电器、10000 多个电容和 7000 多个电阻,占地 167m²,重达 30t,如图 1-1 所示。ENIAC 的最大特点就是采用电子器件代替机械齿轮或电动机械来执行算术运算、逻辑运算和存储信息。因此,同以往的计算机相比,ENIAC 最突出的优点就是高速度。ENIAC 每秒能完成 5000 次加法、300 多次乘法,比当时最快的计算工具快 1000 多倍。ENIAC 的主要缺点是:第一,存储容量小,至多存储 20 个 10 位的十进制数;第二,程序是"外插型"的,为了进行几分钟的计算,接通各种开关和线路的准备工作就要用几小时。ENIAC 是世界上第一台能真正运转的大型电子计算机,它的出现标志着电子计算机(以下称计算机)时代的到来。

图 1-1 ENIAC 计算机

虽然 ENIAC 显示了电子元件在初等运算速度上的优越性,但没有最大限度地实现电子技术的巨大潜力。每当电子技术有突破性的进展,就会导致计算机硬件的一次重大变革。因此,计算机发展史中的"代"通常以其使用的主要器件,即电子管、晶体管、集成电路、大规模集成电路和超大规模集成电路来划分。

1. 第一代计算机——电子管计算机(1946—1958 年)

第一代计算机以 1946 年 ENIAC 的研制成功为标志。该时期的计算机都建立在电子管基础上,笨重且产生很多热量,容易损坏;存储设备比较落后,最初使用延迟线和静电存储器,容量很小,后来采用磁鼓(磁鼓在读/写臂下旋转,当被访问的存储器单元旋转到读/写臂下时,数据被写入这个单元或从这个单元中读出);输入设备是读卡机,可以读取穿孔卡片上的孔,输出设备是穿孔卡片机和行式打印机,速度很慢。后来出现了磁带驱动器(磁带是顺序存储设备,即必须按线性顺序访问磁带上的数据),速度比读卡机快得多。

1949 年 5 月,英国剑桥大学莫里斯·威尔克斯(Maurice Wilkes)研制了世界上第一台存储程序式计算机 EDSAC(Electronic Delay Storage Automatic Computer)。它使用机器语言编程,可以存储程序和数据,并自动处理数据,存储和处理信息的方法开始发生革命性变化。1953 年,IBM 公司第一台商业化计算机 IBM 701 诞生,使计算机迈进商业化时代。

这个时期的计算机非常昂贵,而且不易操作,只有一些大的机构,如政府和一些主要的银行才买得起。其特点是体积大、功耗高、可靠性差。速度慢(一般为每秒数千次至数万次)、价格昂贵,但为以后的计算机发展奠定了基础。

2. 第二代计算机——晶体管计算机（1959—1964 年）

第二代计算机以 1959 年美国菲尔克公司研制成功的第一台大型通用晶体管计算机为标志。该时期的计算机用晶体管取代了电子管，晶体管具有体积小、重量轻、发热少、耗电省、速度快、价格低、寿命长等一系列优点，使计算机的结构与性能都发生了很大改变。

20 世纪 50 年代末，麻省理工学院研制的磁芯存储器使内存储器技术产生重大革新。微芯存储器是一种微小的环形设备，每个磁芯可以存储一位信息，若干个磁芯排成一列构成存储单元。磁芯存储器稳定且可靠，成为这个时期存储器的工业标准。

这个时期的辅助存储设备出现了磁盘，磁盘上的数据都有位置标识符——称为地址，磁盘的读/写头可以直接被送到磁盘上的特定位置，因而比磁带的存取速度快得多。

20 世纪 60 年代初，通道和中断装置出现，解决了主机和外设并行工作的问题。通道和中断的出现是硬件发展史上的一个飞跃，使得处理器可以从繁忙的控制输入/输出工作中解脱出来。

这个时期的计算机广泛应用在科学研究、商业和工程应用等领域，特点是体积缩小、能耗降低、可靠性提高、运算速度提高（一般为每秒数十万次，可高达 300 万次）、性能比第一代计算机有很大的提高。但是，第二代计算机的输入输出设备很慢，无法与主机的计算速度相匹配。

3. 第三代计算机——集成电路计算机（1965—1969 年）

第三代计算机以 IBM 公司研制成功的 360 系列计算机为标志。第三代计算机以集成电路为特征。集成电路是将大量的晶体管和电子线路组合在一块硅片上，故又称为芯片。制造芯片的原材料相当便宜，因此采用硅材料的计算机芯片可以廉价地批量生产。

这个时期的内存储器用半导体存储器淘汰了磁芯存储器，使存储容量和存取速度有了大幅度的提高；输入设备出现了键盘，使用户可以直接访问计算机；输出设备出现了显示器，可以向用户提供立即响应。为了满足中小企业与政府机构日益增多的计算机应用，第三代计算机出现了小型计算机。应用开始进入文字处理和图形图像处理领域。

4. 第四代计算机——大规模、超大规模集成电路计算机（1970 年至今）

第四代计算机以 Intel 公司研制的第一代微处理器 Intel 4004 为标志，这个时期的计算机最显著的特征是使用了大规模集成电路和超大规模集成电路。由于集成技术的发展，半导体芯片的集成度更高，每块芯片可容纳数万乃至数百万个晶体管，并且可以把运算器和控制器都集中在一个芯片上，从而出现了微处理器，并且可以用微处理器和大规模、超大规模集成电路组装成微型计算机，就是微电脑或 PC。微型计算机的"微"主要体现在体积小、重量轻、功耗低、价格便宜。时至今日，微型计算机的体积越来越小，性能越来越强，可靠性越来越高，价格越来越低。另外，利用大规模、超大规模集成电路制造的各种逻辑芯片已经制成了体积并不很大，但运算速度可达上千万亿次的巨型计算机。

表 1-1 所示为各代计算机的特点比较。

表 1-1　各代计算机的特点比较

特　　点	第一代 （1946—1958 年）	第二代 （1959—1964 年）	第三代 （1965—1969 年）	第四代 （1970 年至今）
电子器件	电子管	晶体管	中、小规模集成电路	大规模和超大规模集成电路
主存储器	磁芯、磁鼓	磁芯、磁鼓	磁芯、磁鼓、半导体存储器	半导体存储器
外部辅助存储器	磁芯、磁鼓	磁芯、磁鼓、磁盘	磁芯、磁鼓、磁盘	磁芯、磁鼓、磁盘
处理方式	机器语言 汇编语言	监控程序 作业批量连续处理 高级语言编译	多道程序 实时处理	实时、分时处理、网络操作系统
运算速度	5000～30000 次/秒	几万～几十万次/秒	几十万～几百万次/秒	几百万～几亿次/秒
典型代表	ENIAC EDSAC IBM 701	IBM 7094 CDC 1640	IBM 360 PDP-8 NOVA 1200	IBM 370 VAX-11 APPLE-1

图灵奖（A.M. Turing Award）：学术界公认的电子计算机的理论和模型是由英国科学家艾伦·麦席森·图灵（Alan M. Turing）发表的论文《论可计算数学及其在判定问题中的应用》中奠定的基础。为了纪念这位伟大的计算机科学理论的奠基人，美国计算机协会（ACM）于 1966 年设立图灵奖，专门奖励那些对计算机事业作出重要贡献的个人。由于图灵奖对获奖条件要求极高，评奖程序又极其严格，因此有"计算机界的诺贝尔奖"之称。每一年的图灵奖一般在下一年的 4 月初颁发，从 1966 年到 2016 年，共有 51 届、65 名获奖者，按国籍分，美国学者最多，欧洲学者次之，华人学者目前仅有 2000 年图灵奖得主姚期智。

1.1.2　计算机的特点和分类

1. 计算机的特点

计算机是一种能迅速、高效、自动完成信息处理的电子设备，它能按照程序对信息进行加工、处理、存储等。归纳起来，计算机有以下 5 个重要特点。

1) 运算速度快

世界上第一台电子计算机 ENIAC 的运算速度是 5000 次/秒（每秒执行 5000 个指令）。目前，随着微处理器的发展，一般微型计算机的运算速度可达每秒几亿次，巨型计算机的运算速度已经达到每秒几万亿次甚至上千万亿次。计算机有如此高的运算速度，使得在大数据和高强度计算场合，如天气预报、弹道分析、复杂网络分析等过去需要几年甚至几十年才能完成的任务，现在只要几小时、几分钟甚至更短时间就能完成。

2）计算精度高

计算机一般可以有几十位有效数字，并可以达到更高的精度。随着计算机技术更深入的发展，获得更高的有效数字位数是必然的。有效数字位数越多，计算机计算的范围越大，准确性就越高。因此其可广泛地应用于工业控制、航空航天等精度要求高的领域。例如，对圆周率的计算，数学家们经过长期艰苦的努力，只算到小数点后 500 位，而使用计算机很快就可以算到小数点后 200 万位。

3）存储容量大

计算机的存储器可以存储大量的数据，如文件、照片、语音、视频等，同时还能存储程序代码、原始数据、计算结果，以及存储计算机在执行过程中的中间信息，并能根据计算的需要随时取用。随着计算机硬件技术的飞速发展，计算机存储容量也快速增长，从以前的几十 KB、几百 KB，到现在的几百 GB、几千 GB 甚至几十 TB。另外，计算机对数据的存储有效时间长，借助外部存储器，计算机可以比较长久地保存信息。

4）逻辑判断能力强

具有可靠逻辑判断能力是计算机能实现信息处理自动化的重要原因。能进行逻辑判断，也可以说是分析因果关系的能力，使计算机不仅能对数值数据进行计算，也能对非数值数据进行处理，并根据逻辑判断的结果采取下一步的动作。计算机能广泛应用于非数值数据处理领域，如信息检索、图形识别、各种多媒体应用和专家系统等。

5）自动化程度高

借助计算机内部的存储功能，可以将指令和需要的数据事先输入计算机中存储起来。计算机解决问题时，启动计算机事先输入编制好的程序以后，计算机可以自动执行，一般不需要人直接干预运算、处理和控制过程。

2. 计算机的分类

传统计算机可从用途、规模或处理对象等多方面进行划分。

1）按用途划分

通用计算机：用于解决多种一般问题，该类计算机使用领域广泛、通用性较强，在科学计算、数据处理和过程控制等多种场合中都能适应。

专用计算机：用于解决某个特定方面的问题，配有为解决某问题的软件和硬件，如在生产过程自动化控制、工业智能仪表等方面的专门应用。

2）按规模划分

按计算的规模或能力，可以把计算机分为巨型计算机、大/中型计算机、小型计算机和微型计算机等。

① 巨型计算机：应用于国防尖端技术和现代科学计算中。巨型机的运算速度可达每秒千万亿次。巨型机运算速度快，存储量大，结构复杂，价格昂贵，主要用于尖端科学研究领域。我国继 1983 年研制成功每秒运算一亿次的银河Ⅰ型巨型机以后，又于 1993 年研制成功每秒运算十亿次的银河Ⅱ型通用并行巨型计算机。经过不断发展，最新的超级计算机"神威·太湖之光"运算速度已达到每秒运算一千万亿次。

② 大/中型计算机：大型机规模次于巨型机，有比较完善的指令系统和丰富的外部

设备,具有较高的运算速度,每秒可以执行几千万条指令,而且有较大的存储空间。往往用于科学计算、数据处理或作为网络服务器使用,如 IBM 4300。中型机是介于大型机和小型机之间的一种机型。

③ 小型计算机:小型机较大型机成本较低,维护也较容易,规模较小、结构简单、运行环境要求较低,一般为中小型企业单位所用,应用于工业自动控制、测量仪器、医疗设备中的数据采集等方面。

④ 微型计算机:微型计算机较之小型机体积更小,价格更低,灵活性更好,可靠性更高,使用更加方便。目前许多微型机的性能已超过以前的大中型机。中央处理器(CPU)采用微处理器芯片,体积小巧轻便,广泛用于商业、服务业、工厂的自动控制、办公自动化以及大众化的信息处理。

⑤ 单板机:微处理器、存储器、输入/输出接口电路安装在一块印刷电路板上,就成为单板计算机(single board computer)。一般这块板上还有简易键盘、液晶或数码管显示器、盒式磁带机接口,只要再外加上电源,便可直接使用,极为方便。单板机广泛应用于工业控制、微型机教学和实验,或作为计算机控制网络的前端执行机。它不但价格低廉,而且非常容易扩展,用户买来这类机器,主要工作是根据现场的需要编制相应的应用程序,并配备相应的接口。

⑥ 单片机:微处理器、一定容量的存储器以及输入/输出接口电路等集成在一个芯片上,就构成了单片计算机(single chip computer)。可见单片机仅是一片特殊的、具有计算机功能的集成电路芯片。从 20 世纪 70 年代开始,先后出现了 4 位单片计算机、8 位单片计算机和 16 位单片机,20 世纪 90 年代又出现了 32 位单片机和使用 Flash 存储的微控制器。单片机的特点是体积小、功耗低、使用方便、便于维护和修理,缺点是存储器容量较小,一般用来做专用机或智能化的一个部件,例如,用来控制高级仪表、家用电器、网络通信设备和医疗设备等。

3)按处理对象划分

① 数字计算机:计算机处理时输入和输出的数值都是数字量。

② 模拟计算机:处理的数据对象为连续的电压、温度、速度等模拟数据。

③ 数字模拟混合计算机:输入输出既可以是数字,也可以是模拟数据。混合计算机一般由数字计算机、模拟计算机和混合接口三部分组成,其中模拟计算机部分承担快速计算的工作,而数字计算机部分则承担高精度运算和数据处理。混合计算机主要应用于航空航天、导弹系统等实时性的复杂大系统中。

4)按工作模式划分

① 工作站:以个人计算环境和分布式网络环境为基础的高性能计算机,工作站不单纯是进行数值计算和数据处理的工具,而且是支持人工智能作业的作业机,通过网络连接包含工作站在内的各种计算机可以互相进行信息的传送,资源、信息的共享,负载的分配。

② 服务器:在网络环境下为多个用户提供服务的共享设备,一般分为文件服务器、打印服务器、计算服务器和通信服务器等。服务器是可供网络用户共享的,高性能的计算机、服务器一般具有大容量的存储设备和丰富的外部设备,其上运行网络操作系统,要求较高的运行速度。对此,很多服务器都配置了双 CPU,服务器上的资源可供网络用户共享。

1.1.3　计算机应用领域

计算机的应用领域已渗透到社会的各行各业,正在改变着传统的工作、学习和生活方式,推动着社会的发展。计算机的主要应用领域如下。

1. 科学计算

科学计算是指利用计算机来完成科学研究和工程技术中提出的数学问题的计算。在现代科学技术工作中,科学计算问题是大量的和复杂的。利用计算机的高速计算、大存储容量和连续运算的能力,可以实现人工无法解决的各种科学计算问题。

例如,在建筑设计中,为了确定构件尺寸,通过弹性力学导出一系列复杂方程,长期以来由于计算方法跟不上而一直无法求解。而计算机不但能求解这类方程,并且还引起弹性理论上的一次突破,出现了有限单元法。

2. 信息管理

信息管理是指对各种数据进行收集、存储、整理、分类、统计、加工、利用、传播等一系列活动的统称。据统计,80%以上的计算机主要用于数据处理,这类工作量大而宽,决定了计算机应用的主导方向。数据处理从简单到复杂经历了 3 个发展阶段。

(1)电子数据处理(electronic data processing,EDP),是以文件系统为手段实现一个部门内的单项管理。

(2)管理信息系统(management information system,MIS),是以数据库技术为工具实现一个部门的全面管理,以提高工作效率。

(3)决策支持系统(decision support system,DSS),是以数据库、模型库和方法库为基础,帮助管理决策者提高决策水平,改善运营策略的正确性与有效性。

目前,信息管理已广泛地应用于办公自动化、企事业计算机辅助管理与决策、情报检索、图书管理、电影电视动画设计、会计电算化等各行各业。信息正在形成独立的产业,多媒体技术使信息展现在人们面前的不仅是数字和文字,还有声音和图像信息。

3. 辅助技术

1) 计算机辅助设计(computer aided design,CAD)

计算机辅助设计是利用计算机系统辅助设计人员进行工程或产品设计,以实现最佳设计效果的一种技术。它已广泛地应用于飞机、汽车、机械、电子、建筑和轻工等领域。例如,在电子计算机的设计过程中,利用 CAD 技术进行体系结构模拟、逻辑模拟、插件划分、自动布线等,从而大大提高了设计工作的自动化程度。又如,在建筑设计过程中,可以利用 CAD 技术进行力学计算、结构计算、绘制建筑图纸等,这样不但提高了设计速度,而且可以大大提高设计质量。

2) 计算机辅助制造(computer aided manufacturing,CAM)

计算机辅助制造是利用计算机系统进行生产设备的管理、控制和操作的过程。例如,在产品的制造过程中,用计算机控制机器的运行,处理生产过程中所需的数据,控制和处理材料的流动以及对产品进行检测等。使用 CAM 技术可以提高产品质量,降低成本,缩短生产周期,提高生产率和改善劳动条件。

3)计算机辅助教学(computer aided instruction,CAI)

CAI 为学生提供一个良好的个人化学习环境。综合应用多媒体、超文本、人工智能、网络通信和知识库等计算机技术,克服了传统教学情景方式上单一、片面的缺点。CAI 的主要特色是交互教育、个别指导和因人施教。

4. 过程控制(实时控制)

过程控制是利用计算机及时采集检测数据,按最优值迅速地对控制对象进行自动调节或自动控制。采用计算机进行过程控制,不仅可以大大提高控制的自动化水平,而且可以提高控制的及时性和准确性,从而改善劳动条件、提高产品质量及合格率。因此,计算机过程控制已在机械、冶金、石油、化工、纺织、水电、航天等领域得到广泛的应用。

例如,在汽车工业方面,利用计算机控制机床、控制整个装配流水线,不仅可以实现精度要求高、形状复杂的零件加工自动化,而且可以使整个车间或工厂实现自动化。

5. 人工智能(artificial intelligence)

人工智能是计算机模拟人类的智能活动,诸如感知、判断、理解、学习、问题求解和图像识别等。现在人工智能的研究已取得不少成果,有些已经开始走向实用阶段。例如,能模拟高水平医学专家进行疾病诊疗的专家系统,具有一定思维能力的智能机器人、无人驾驶汽车等。

6. 网络应用

计算机技术与现代通信技术的结合构成了计算机网络。计算机网络的建立,不仅实现了一个单位、一个地区、一个国家中计算机与计算机之间的通信,各种软、硬件资源的共享,也大大促进了国际的文字、图像、视频和声音等各类数据的传输与处理。

1.2　信息的表示与存储

计算机的主要功能是处理各种各样的信息。在计算机内部,各种信息被处理之前都必须经过数字化编码,因为计算机内的所有信息均以二进制的形式表示,也就是由"0"和"1"组成的序列。

1.2.1　数据与信息

数据是由人工或自动化手段加以处理的事实、场景、概念和指示的符号表示。字符、声音、表格、符号和图像等都是不同形式的数据。信息是客观事物属性的反映,是经过加工处理,并对人类客观行为产生影响的数据表现形式。

数据和信息之间是相互联系的,数据只是对事实的初步认识,反映客观事物属性的记录,是信息的具体表现形式。任何事物的属性都是通过数据表示的,借助人的思维或信息技术对数据进行加工处理后成为信息,而信息必须通过数据才能传播,才能对人类产生影响。

例如,数据1、3、5、7、9是一组数据,其本身是没有意义的,但对它进行分析,就可以得到一组等差数列,从而很清晰地得到后面的数字。这便对这组数据赋予了意义,称为信息,是有用的数据。

计算机中的数据包括数值型和非数值型两大类。数据在计算机中的表示形式称为机器数。为了更好地表达计算机数据存储的组织形式,首先需要了解一下3个概念。

1. 位(bit,b)

在二进制数系统中,每个0或1就是一位,又称比特,是数据存储的最小单位。计算机中的CPU位数指的是CPU一次能处理的最大位数。例如64位计算机的CPU一次最多能处理64位数据。显然,n位二进制数能表示2^n种状态。

2. 字节(Byte,B)

字节是计算机信息技术用于计量存储容量大小的一种基本单位,计算机的内、外存的存储容量都是用字节来计算和表示的。在通常情况下,1字节等于8位二进制数。由于数据容量越来越大,现实中为了更好地表示数据的容量大小,通常会定义几种容量单位,如KB、MB、GB、TB、PB等,它们之间的换算关系如下:

1KB=1024B;1MB=1024KB=1024×1024B。其中1024=2^{10}。

1B(byte,字节)= 8b;

1KB(Kibibyte,千字节)=1024B= 2^{10}B;

1MB(Mebibyte,兆字节,百万字节,简称"兆")=1024KB= 2^{20}B;

1GB(Gigabyte,吉字节,十亿字节,又称"千兆")=1024MB= 2^{30}B;

1TB(Terabyte,万亿字节,太字节)=1024GB= 2^{40}B;

1PB(Petabyte,千万亿字节,拍字节)=1024TB= 2^{50}B。

3. 字长

字长是CPU的主要技术指标之一,指的是CPU一次能并行处理的二进制位数,字长总是8的整数倍,通常PC机的字长为16位(早期)、32位、64位。PC可以通过编程方法来处理任意大小的数字,但数字越大,PC就要花越长的时间来计算。PC在一次操作中能处理的最大数字是由PC的字长确定的。一般说来,计算机在同一时间内处理的一组二进制数称为一个计算机的"字",而这组二进制数的位数就是"字长"。

字长与计算机的功能和用途有很大的关系,是计算机的一个重要技术指标。字长直接反映了一台计算机的计算精度,为适应不同的要求及协调运算精度和硬件造价间的关系,大多数计算机均支持变字长运算,即机内可实现半字长、全字长(或单字长)和双倍字长运算。在其他指标相同时,字长越大,计算机的处理数据的速度就越快。

1.2.2　数制与数制转换

在计算机中,数字是以一串"0"或"1"的二进制代码来表示,这是计算机唯一能识别的数据形式。数据必须转换成二进制代码来表示,也就是说,所有需要计算机加以处理的数字、字母、文字、图形、图像、声音等信息(人识数据)都必须采用二进制编码(机识数据)来表示和处理。

1. 数制

数制也称计数制,是用一组固定的符号和统一的规则来表示数值的方法。N 进制的数可以用 $0 \sim (N-1)$ 的数表示,超过 9 的用字母 A~F 表示。常见的数制有如下几种:

① 十进制 D(decimal)计数法是相对二进制计数法而言的,是日常生活使用的计数方法,它的定义是:"每相邻的两个计数单位之间的进率都为十"的计数法则,在十进制中,数用 0、1、2、3、4、5、6、7、8、9 这十个数码来表示。

② 二进制 B(binary)是计算技术中广泛采用的一种数制。二进制数据是用 0 和 1 两个数码来表示的数。它的基数为 2,进位规则是"逢二进一",借位规则是"借一当二",由 18 世纪德国数理哲学大师莱布尼兹发现。当前的计算机系统使用的基本上是二进制系统,用"开"来表示 1,"关"来表示 0。

③ 八进制 O(octal),一种以 8 为基数的计数法,采用 0、1、2、3、4、5、6、7 八个数码,逢八进一。八进制数和二进制数可以按位对应(八进制一位对应二进制三位),因此常应用在计算机语言中。

④ 十六进制 H(hexadecimal),一种以 16 为基数的计数法,它由 0~9、A~F 组成,字母不区分大小写。与十进制的对应关系是:0~9 分别对应 0~9;A~F 分别对应 10~15。

2. 数制转换

在采用进位计数制的数字系统中,如果只用 r 个基本符号表示数值,则称其为 r 进制。每个数都可以用基数、系数和位数的形式来表示,即

$$N = m_{n-1}K^{n-1} + m_{n-2}K^{n-2} + \cdots + m_0K^0 + m_{-1}K^{-1} + m_{-2}K^{-2} + \cdots$$

① 基数(K):是最大进位数(进制数),数制的规则是逢 K 进 1。例如,十进制基数为 10,六十进制(时间)的基数为 60 等。

② 系数(m):每个数位上的值,取值范围为 $0 \sim k-1$。例如,234 中百位系数为 2,十位系数为 3,个位系数为 4。

③ 位数(n):各种进制数的个数。例如,十进制数 234 的位数为 3,二进制数 11010011 的位数为 8。

例如:$(234)_{10} = 2 \times 10^2 + 3 \times 10^1 + 4 \times 10^0$(式中:$m_2 = 2, m_1 = 3, m_0 = 4; K = 10; n = 3$)。

显然,一个任意进制的数都可以按上述方法表示为其他进制的数。表 1-2 列出了计算机中常用的几种数制的对应关系。

表 1-2　计算机常用数制的对应关系

十进制数（D）	二进制数（B）	八进制数（O）	十六进制数（H）
0	0	0	0
1	1	1	1
2	10	2	2
3	11	3	3
4	100	4	4
5	101	5	5
6	110	6	6
7	111	7	7
8	1000	10	8
9	1001	11	9
10	1010	12	A
11	1011	13	B
12	1100	14	C
13	1101	15	D
14	1110	16	E
15	1111	17	F

数制转换主要有如下几种方法：

（1）r 进制转换成十进制的方法。

$$a_n \cdots a_1 a_0 . a_{-1} \cdots a_{-m}(r) = a_n \times r^n + \cdots + a_1 \times r^1 + a_0 \times r^0 + a_{-1} \times r^{-1} + \cdots + a_{-m} \times r^{-m}$$

例 1：

$$101.11(B) = 1 \times 2^2 + 0 \times 2^1 + 1 \times 2^0 + 1 \times 2^{-1} + 1 \times 2^{-2} = 5.75$$

$$101(O) = 1 \times 8^2 + 0 \times 8^1 + 1 \times 8^0 = 65$$

$$101A(H) = 1 \times 16^3 + 0 \times 16^2 + 1 \times 16^1 + 10 \times 16^0 = 4122$$

（2）十进制转换成 r 进制的方法。

整数部分：除以 r 取余数，直到商为 0，余数依次从低位到高位排列（从右到左排列）。

小数部分：乘以 r 取整数，整数依次从高位到低位排列（从左到右排列）。

例 2：

I: 100.345(D)=1100100.01011(B)

```
2 |100   0    低位        0.345
2 | 50   0               ×  2
2 | 25   1               0.690
2 | 12   0               ×  2
2 |  6   0               1.380
2 |  3   1    高位        ×  2
2 |  1   1               0.760
     0                   ×  2
                         1.520    低位
                         ×  2
                         1.04
```

II: 100(D)=144(O)=64(H)

```
8 |100   4    低位
8 | 12   4
8 |  1   1    高位
     0

16|100   4    低位
16|  6   6    高位
     0
```

（3）八进制和十六进制与二进制互相转换的方法。

① 每一个八进制数对应二进制数的 3 位,或者每 3 位二进制数对应 1 个八进制数。

② 每一个十六进制数对应二进制数的 4 位,或者每 4 位二进制数对应 1 个十六进制数。

例 3：

① 八进制数与二进制数的相互转换。

7123(O)=$\underline{111}$ $\underline{001}$ $\underline{010}$ $\underline{011}$(B)　　　　$\underline{001}$ $\underline{100}$ $\underline{100}$(B)=144(O)
　　　　　7　　1　　2　　3　　　　　　　　1　　4　　4

② 十六进制数与二进制数的相互转换。

2C1D(H)=$\underline{0010}$ $\underline{1100}$ $\underline{0001}$ $\underline{1101}$(B)　　　　$\underline{0110}$ $\underline{0100}$(B)=64(H)
　　　　　2　　C　　1　　D　　　　　　　　6　　4

（4）二进制转换成八进制和十六进制的方法。

① 整数部分:从右向左进行分组。

② 小数部分:从左向右进行分组。

③ 转换成八进制 3 位一组,不足补零。

④ 转换成十六进制 4 位一组,不足补零。

例 4：

$\underline{1}$ $\underline{101}$ $\underline{101}$ $\underline{110}$.$\underline{110}$ $\underline{101}$(B)=1556.65(O)
1　5　　5　　6　　6　　5

$\underline{11}$ $\underline{0110}$ $\underline{1110}$.$\underline{1101}$ $\underline{01}$(B)=36E.D4(H)
3　6　　E　　D　　4

3. 二进制运算规则

① 加法:1+0=1;0+1=1;0+0=0;1+1=10(有进位)。

② 减法:1-0=1;1-1=0;0-0=0;0-1=1(有借位)。

③ 乘法:0×0=0;1×0=0;0×1=0;1×1=1。

④ 除法:是乘法的逆运算。

1.2.3　字符编码

计算机中储存的信息都是用二进制数表示的,英文、汉字等字符则是二进制数转换之后的结果。字符"A"存入计算机时用 1000001 二进制字符串表示,读取时再将 1000001 还原成字符"A"。因此,存储时,需要制定一系列规则,可以将字符映射到唯一的一种状态(二进制字符串),这就是编码。反之,将存储在计算机中的二进制数解析显示出来,称为"解码",而最早出现的编码规则就是 ASCII 编码。

1. ASCII 码

ASCII 码(American standard code for information interchange)是美国标准信息交

换码的简称,该编码已成为国际通用的信息交换标准代码。标准 ASCII 码也叫基础
ASCII 码,采用 7 个二进制位对字符进行编码,其格式为每 1 个字符有 1 个编码。每个字符占用 1B,用低 7 位编码,最高位为 0。其共有 128 个编码,如表 1-3 所示,编码用 0~127来表示所有的大写和小写字母、数字 0~9、标点符号,以及在美式英语中使用的特殊控制字符,其中 H 表示高 3 位,L 表示低 4 位。

表 1-3　ASCII 码表

L	H							
	000	001	010	011	100	101	110	111
0000	NUL	DLE	SP	0	@	P	`	p
0001	SOH	DC1	!	1	A	Q	a	q
0010	STX	DC2	"	2	B	R	b	r
0011	ETX	DC3	#	3	C	S	c	s
0100	EOT	DC4	$	4	D	T	d	t
0101	ENG	NAK	%	5	E	U	e	u
0110	ACK	SYN	&	6	F	V	f	v
0111	BEL	ETB	'	7	G	W	g	w
1000	BS	CAN	(	8	H	X	h	x
1001	HT	EM	)	9	I	Y	i	y
1010	LF	SUB	*	:	J	Z	j	z
1011	VT	ESC	+	;	K	[	k	{
1100	FF	FS	,	<	L	\	l	|
1101	CR	GS	−	=	M	]	m	}
1110	SO	RS	.	>	N	↑	n	~
1111	SI	US	/	?	O	←	o	DEL

① 0~31 及 127(共 33 个)是控制字符或通信专用字符(其余为可显示字符),如控制符 LF(换行)、CR(回车)、FF(换页)、DEL(删除)、BS(退格)、BEL(响铃)等;通信专用字符 SOH(文头)、EOT(文尾)、ACK(确认)等;ASCII 值为 8、9、10 和 13 分别转换为退格、制表、换行和回车字符。它们并没有特定的图形显示,但会依不同的应用程序而对文本显示有不同的影响。

② 32~126(共 95 个)是字符(32 是空格),其中 48~57 为 0 到 9 十个阿拉伯数字。

③ 65～90 为 26 个大写英文字母,97～122 号为 26 个小写英文字母,其余为一些标点符号、运算符号等。

许多基于 x86 的系统都支持使用扩展(或"高")ASCII。扩展 ASCII 码允许将每个字符的第 8 位用于确定附加的 128 个特殊符号字符、外来语字母和图形符号。

ASCII 的最大缺点是只能显示 26 个基本拉丁字母、阿拉伯数目字和英式标点符号,因此只能用于显示现代美国英语(处理英语当中的外来词,如 naïve、café、élite 等时,重音符号无法表示)。对更多其他语言表现得无能为力。因此现在的苹果计算机已经抛弃 ASCII 码而转用 Unicode 码。

注意,在标准 ASCII 码中,其最高位(b_7)用作奇偶校验位。所谓奇偶校验,是指在代码传送过程中用来检验是否出现错误的一种方法,一般分奇校验和偶校验两种。奇校验规定:正确的代码一个字节中 1 的个数必须是奇数,若非奇数,则在最高位 b_7 添 1;偶校验规定:正确的代码一个字节中 1 的个数必须是偶数,若非偶数,则在最高位 b_7 添 1。

2. 汉字编码

为了显示中文,必须设计一套编码规则,用于将汉字转换为计算机可以接受的数字系统的数。因此规定一个小于 127 的字符的意义与原来相同,但两个大于 127 的字符连在一起时,就表示一个汉字,前面一个字节(高字节)从 0xA1 用到 0xF7,后面一个字节(低字节)从 0xA1 到 0xFE,这样就可以组合出 7000 多个简体汉字了。在这些编码里,还把数学符号、罗马希腊的字母、日文的假名们都编进去了,连在 ASCII 里本来就有的数字、标点、字母都重新编了两个字节长的编码,这就是常说的"全角"字符,而原来在 127 号以下字符的就叫"半角"字符了,上述编码规则就是 GB 2312,是目前最普遍使用的汉字字符编码。

GB 2312 是中国国家标准简体中文字符集,通行于中国和新加坡等地,基本满足了汉字的计算机处理需要,所收录的汉字已经覆盖中国 99.75% 的汉字的使用频率。对于人名、古汉语等方面出现的罕用字,GB 2312 不能处理,这导致了后来 GBK 及 GB 18030 汉字字符集的出现。

汉字处理包括汉字的编码输入、汉字的存储和汉字的输出等环节。在汉字处理的各阶段,分为输入码、(机)内码、交换码(国标码)和字形码,各种码对应的处理过程如图 1-2 所示。

```
键盘管理程序        汉字处理程序        显示、打印
外部(输入)码  →    机内码      →     字形(输出)码
 (键盘)         (计算机存储、传输)    (计算机输出汉字)
    ↑               ↓  ↑              ↓
 汉字信息        交换码(国标码)        汉字信息
                    ↓  ↑
                 其他系统代码
```

图 1-2　各种码对应的处理过程

　计算机应用基础与计算思维(第 2 版·微课视频版)

1) 输入码

（1）数字编码：用数字串代表一个汉字的输入。国标区位码等便是这种编码法。

（2）拼音编码：是以汉语拼音为基础的输入方法，也称为音码输入法。由于汉字的同音字太多，输入重码率很高，因此，按拼音输入后还必须进行同音字选择，影响了输入速度。全拼、双拼、微软拼音等便是这种编码法。

（3）字形编码：是以汉字的形状确定的编码，也称为形码输入法。汉字总数虽多，但都是由一笔一画组成，全部汉字的部件和笔画是有限的。因此，把汉字的笔画部件用字母或数字进行编码，按笔画书写的顺序依次输入，就能表示一个汉字，五笔字型、表形码等便是这种编码法，这种方法的缺点是需要记忆很多的编码。

2) 内部码

汉字内部码（简称内码）是汉字在信息处理系统内部存储、处理、传输汉字用的代码。国家标准局 GB 2312—1980 规定的汉字国标码中，每个汉字内码占两字节，每字节的最高位置为"1"，作为汉字机内码的标示。以汉字"大"为例，国标码为 3473H，两字节的最高位为"1"，得到的机内码为 B4F3H。例如：

汉字	国标码	汉字机内码
沪	2706(00011011 00000110B)	10011011 10000110B
久	3035(00011110 00100011B)	10011110 10100011B

3) 字形码

汉字字形码是表示汉字字形的字模数据，通常用点阵、矢量函数等方式表示。字形码也称字模码，它是汉字的输出形式，随着汉字字形点阵和格式的不同，汉字字形码也不同。常用的字形点阵有 16×16 点阵、24×24 点阵、48×48 点阵等。字模点阵的信息量是很大的，占用存储空间也很大，以 16×16 点阵为例，每个汉字占用 32(16×16/8＝32)字节，两级汉字大约占用 256KB。因此，字模点阵只能用来构成"字库"，而不能用于机内存储。字库中存储了每个汉字的点阵代码，显示输出时才检索字库，输出字模点阵得到字形。汉字的矢量表示法是将汉字看作是由笔画组成的图形，提取每个笔画的坐标值，这些坐标值就可以确定每个笔画的位置，所有坐标值组合起来就是该汉字字形的矢量信息。每个汉字矢量信息所占的内存大小不一样。

3. 统一码 Unicode

计算机传到世界各个国家后，起初，为了适合当地语言和字符，不同的国家都设计和实现了自己文字编码方案。但随着计算机网络的发展，不同国家之间进行信息交流时，由于编码不兼容，就会出现乱码现象。为了解决这个问题，产生了 Unicode，其编码系统为表达任意语言的任意字符而设计，使用 4B 的数字来表达每个字母、符号，或者表意文字（ideograph），每个数字代表唯一的至少在某种语言中使用的符号。

Unicode 基于通用字符集（universal character set）的标准来发展，还在不断扩增。每个新版本插入更多新的字符，2024 年 9 月公布的 16.0.0 版已经收录了 154998 个字符。

1.3 计算机系统

计算机系统由计算机硬件系统和计算机软件系统两大部分组成,其基本组成结构如图 1-3 所示,其中硬件系统是软件系统建立和依托的基础,分为主机和外部设备,外部设备必须通过接口和主机相连。

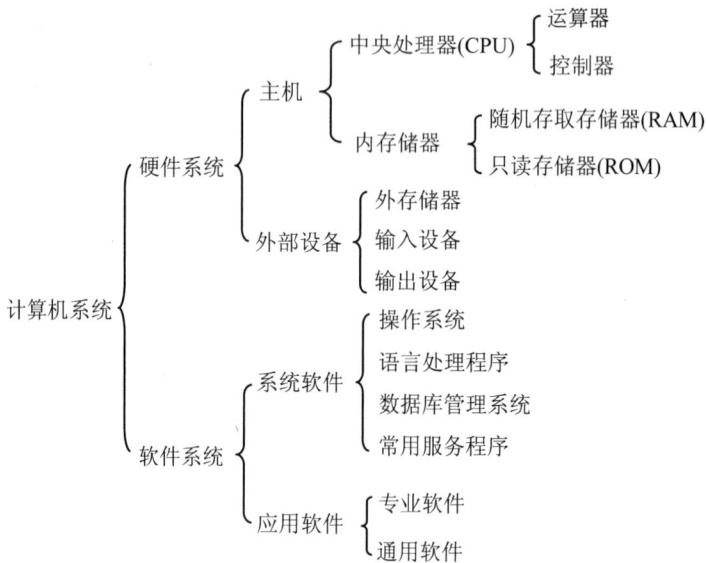

```
                                         ┌ 运算器
                          ┌ 中央处理器(CPU)┤
                    ┌ 主机 ┤               └ 控制器
                    │      │              ┌ 随机存取存储器(RAM)
              ┌ 硬件系统┤     └ 内存储器  ┤
              │     │                     └ 只读存储器(ROM)
              │     │            ┌ 外存储器
              │     └ 外部设备   ┤ 输入设备
计算机系统┤                      └ 输出设备
              │                  ┌ 操作系统
              │            ┌ 系统软件┤ 语言处理程序
              │            │        │ 数据库管理系统
              └ 软件系统┤            └ 常用服务程序
                         │          ┌ 专业软件
                         └ 应用软件┤
                                    └ 通用软件
```

图 1-3　计算机系统组成结构

1.3.1 计算机硬件系统

计算机的硬件是指组成计算机的各种物理设备,它包括计算机的主机和外部设备,是由机械、电子器件及各种集成电路构成的具有输入、存储、计算、控制和输出功能的实体部件。人们经常提到的"裸机"是指只有硬件,没有安装任何软件系统的计算机。

自第一台计算机 ENIAC 发明以来,计算机系统的技术已经得到了很大发展,但计算机硬件系统的基本结构仍然属于冯·诺依曼体系。计算机最主要的工作原理是存储与程序控制。存储程序是指人们必须事先把计算机的执行步骤序列(即程序)及运行中所需的数据,通过一定方式输入并存储在计算机的存储器中。程序控制是指计算机运行时能自动地逐一取出程序中的一条条指令,加以分析并执行规定的操作。根据存储程序和程序控制的概念,在计算机运行过程中,实际上有两种信息在流动。一种是数据流,这包括原始数据和指令,它们在程序运行前已经预先送至主存中,而且都是以二进制形式编码的,运行程序时,数据被送往运算器参与运算,指令被送往控制器。另一种是控制信号,它是由控制器根据指令的内容发出的,指挥计算机各部件执行指令规定的各种操作或运算,并对执行流程进行控制。计算机硬件是由运算器、控制器、存储器、输入设备和输出设备五大部分及总线组成的，如图 1-4 所示。

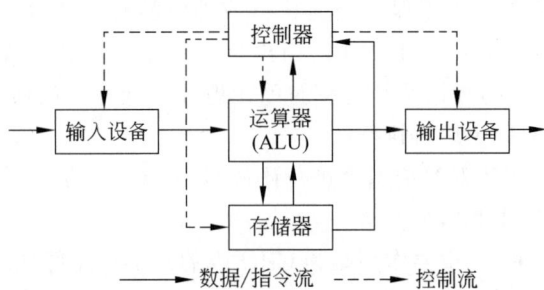

图 1-4　计算机硬件结构

中央处理器(central processing unit，CPU)是一块超大规模的集成电路，如图 1-5 所示，是计算机硬件系统中最核心的部件，包括运算核心(core)和控制核心(control unit)。它的功能主要是解释计算机指令以及处理计算机软件中的数据。中央处理器主要包括运算器(算术逻辑单元，arithmetic logic unit，ALU)和高速缓冲存储器(cache)及实现它们之间联系的数据(data)、控制及状态的总线(bus)。

图 1-5　中央处理器(CPU)

1. 运算器

计算机中执行各种算术和逻辑运算操作的部件，运算器由 ALU、累加器、状态寄存器、通用寄存器组等组成。ALU 的基本功能为加、减、乘、除四则运算，与、或、非、异或等逻辑操作，以及移位、求补等操作。

计算机运行时，运算器的操作和操作种类由控制器决定。运算器处理的数据是在控制器的统一指挥下从内存中读取到运算器中，处理后的结果数据通常送回存储器，或暂时寄存在运算器中。运算器能力的强弱标志取决于其能执行多少种操作和操作速度，操作速度一般指平均速度，即在单位时间内平均能执行的指令条数，如某计算机运算速度为 100 万次 /秒，就是指该计算机在一秒钟内能平均执行 100 万条指令(即 1MIPS)。

2. 控制器

计算机控制器是计算机的神经中枢，指挥计算机各个部件协调一致地工作。在控制器的控制下，计算机能够自动按照程序设定的步骤进行一系列操作，以完成特定任务。控制器实现指令的读入、寄存、译码和在执行过程有序地发出控制信号。其主要部件包括：

（1）程序计数器（PC）：当程序顺序执行时，每取出一条指令，PC内容自动增加一个值，指向下一条要取的指令，保证程序得以持续运行。

（2）指令寄存器（IR）：用于保存当前执行或即将执行的指令。指令由两部分组成：一部分称为操作码（operation code，OP），指出该指令要进行什么操作；另一部分称为操作数，用于指出参加运算的数据及其所在的单元地址。计算机的所有操作都是通过分析存放在指令寄存器中的指令后再执行的。

（3）指令译码器：用于对当前指令进行译码，即把OP送到指令译码部件，翻译成要对哪些部件进行哪些操作的信号。

（4）操作控制器（OC）：主要作用是为CPU内的每个功能部件之间建立数据通路，使得信息可以在各部件之间持续运行。即把指令译码器翻译的操作信号，通过操作控制逻辑，将指定的信号（和时序信号）送到指定的部件。

（5）状态/条件寄存器：用于保存指令执行完成后产生的条件码，另外还保存中断和系统工作状态等信息。

（6）时序部件：用于产生节拍电位和时序脉冲。

3. 存储器

存储器的主要功能是存储程序和各种数据，并能在计算机运行过程中高速、自动地完成程序或数据的存取。存储器是具有"记忆"功能的设备，它采用具有两种稳定状态的物理器件来存储信息。一般来讲，按存储器所处的位置将其分为主存储器（内存）和辅助存储器（外存）。

1）主存储器

主存储器简称为主存或内存（图1-6），其作用是存放指令和数据，并能由CPU直接随机存取。现代计算机是为了提高性能，又能兼顾合理的造价，往往采用多级存储体系。主存储器按地址存放信息，存取速度一般与地址无关。主存一般有RAM和ROM两种工作方式的存储器，其绝大部分存储空间由RAM构成。主存储器分为随机存取存储器（RAM）、只读存储器（ROM）和高速缓冲存储器（cache）。

图 1-6 内存

RAM是构成内存的主要部分，其内容可以根据需要随时按地址读出或写入，以某种电触发器的状态存储，断电后信息无法保存，用于暂存数据，又可分为DRAM和SRAM两种。SRAM是静态RAM，不用刷新，速度可以非常快，像CPU内部的cache，都是静态RAM，缺点是一个内存单元需要的晶体管数量多，因而价格昂贵，容量不大。DRAM是动态RAM，需要刷新，容量大。通常说的"内存"是指DRAM。因为CPU工作的速度比RAM的读写速度快，所以CPU读写RAM时需要花费时间等待，这样就使CPU的工作速度下降。为了提高CPU的读写程序和数据的速度，在RAM和CPU之间增加了高速缓冲存储器部件。

只读存储器(ROM)出厂时的内容由厂家用掩膜技术写好,只可读出,但无法改写。信息已固化在存储器中,一般用于存放系统程序 BIOS 和用于微程序控制。

高速缓冲存储器 cache 是主存与 CPU 之间的一级存储器,由静态存储芯片(SRAM)组成,速度比主存高得多,接近于 CPU 的速度。cache 是对程序员透明的一种小容量存储器,容量从几百 KB 到几 MB,通常用来存储当前使用最多的程序或数据。所谓透明,是指程序员不必自己加以操作和控制,而是由硬件自动完成。每次访问存储器时,都先访问高速缓存,若访问的内容在高速缓存中,访问到此为止;否则,再访问主存储器,并把有关内容及相关数据块取入高速缓存。

2) 外存储器

外存储器具有存储容量大、价格便宜、信息不易丢失(断电后仍然能保存数据)、存取速度比内存慢、机械结构复杂、只能与主存储器交换信息而不能被 CPU 直接访问等特点,属于输入/输出设备。外存储器的这些特点正好与主存储器互为补充,共同支撑整个计算机存储体系实现有效的功能。常见的外存储器主要有硬盘和 U 盘。

硬盘是电脑主要的存储媒介之一,目前硬盘主要分为机械硬盘 HDD 和固态硬盘 SSD 两大种类。

机械硬盘(hard disk drive,HDD)通常由一个或多个铝制或玻璃制的碟片组成,碟片外覆盖铁磁性材料,如图 1-7 所示。常见的机械硬盘容量有 1TB、4TB、8TB 等;按体积大小可分为 3.5 寸、2.5 寸、1.8 寸等;按转数可分为 5400r/m、7200r/m、10000r/m 等。

固态硬盘(solid state drive,SSD)是采用固态电子存储芯片阵列制成的硬盘,由控制单元和存储单元(Flash 芯片、DRAM 芯片)组成。固态硬盘大部分被制作成与机械硬盘相同的外壳尺寸,并采用相互兼容的接口;但有些固态硬盘也使用 M.2 或 U.2 等新型接口来突破现有传输接口的速度限制,或是在更小的空间中放置固态硬盘。固态硬盘的优点包括读写速度快、防震抗摔、低功耗、无噪声、工作温度范围大和轻便,缺点是容量小、寿命有限以及售价高。

图 1-7　硬盘

U 盘全称为 USB 闪存盘,是一种使用 USB 接口的不需物理驱动器的微型高容量移动存储设备,通过 USB 接口与电脑连接实现即插即用。U 盘最大的优点是小巧、便于携带、存储容量大、价格便宜、性能可靠。一般的 U 盘容量有 8GB、16GB、32GB、64GB,除此之外,还有 128GB、256GB、512GB、1TB 等。

注意:在存储器中,速度由高到低依次是 cache、RAM、外部存储器。

4. 输入/输出设备

输入输出的含义是以主机为中心,即用户需要计算机执行的程序以及需要处理的数据由输入设备经输入子系统输入主机,主机的处理结果由输出子系统经输出设备呈现给用户。输入输出(I/O)设备,是计算机与用户或其他设备通信的桥梁,是计算机系统必不可少的组成部分。在 PC 中,对基本输入输出设备进行管理的程序放在 BIOS(Basic

Input Output System)中。

1）输入设备（input device）

输入设备是向计算机输入数据和信息的设备，是用户和计算机系统之间进行信息交换的主要装置之一。输入设备的任务是把数据、指令及某些标志信息等输送到计算机中去。现在的计算机能够接收各种各样的数据，如文字、图形、图像、声音等，这些数据都可以通过不同类型的输入设备输入计算机中，键盘、鼠标、摄像头、扫描仪、光笔、手写输入板、游戏杆、语音输入装置等都属于输入设备，用于把原始数据和处理这些数据的程序输入计算机中，通过转换成为计算机能够识别的二进制代码，从而进行存储、处理和输出。计算机的输入设备按功能可分为下列几类。

① 字符输入设备：键盘。

② 光学阅读设备：光学标记阅读机、光学字符阅读机。

③ 图形输入设备：鼠标器、操纵杆、光笔。

④ 图像输入设备：数码相机、扫描仪、传真机。

⑤ 模拟输入设备：语言模数转换识别系统。

键盘是最常用也是最主要的输入设备，通过键盘，可以将英文字母、数字、标点符号等输入计算机，从而向计算机发出命令、输入数据等。

2）输出设备（output device）

输出设备用于接收计算机数据的输出显示、打印、声音、控制外围设备操作等。把各种计算结果数据或信息以数字、字符、图像、声音等形式表现出来。常见的输出设备有显示器、打印机、绘图仪、传真机、影像输出系统、语音输出系统、磁记录设备等，其中显示器显示图像的清晰程度，主要取决于其分辨率的高低。

需要特别说明的是，有些设备会兼顾输入和输出两种功能，如磁盘驱动器既可读取数据，又能将数据写入，因此既可算作输入设备，又可看成输出设备。

1.3.2　计算机软件系统

计算机软件系统是指为管理、运行、维护及应用计算机所开发的程序和相关数据的集合。其中，数据是让计算机硬件完成特定功能的指令序列，数据是程序处理的对象。计算机软件通常分为系统软件和应用软件。程序是计算任务的处理对象和处理规则的描述；文档是为了便于了解程序所需的阐明性资料。

1. 软件的概念

软件是指能指挥计算机工作的程序与程序运行时所需的数据，以及与这些程序和数据相关的文档说明。软件是计算机的重要组成部分，是用户与硬件之间的接口，用户通过软件来管理和使用计算机的硬件资源。

1）程序

程序是为解决某一特定问题而设计的指令序列，由计算机基本的操作指令组成。计算机按照程序中的命令执行操作,解决问题,完成任务。

2)计算机程序语言

程序设计语言是人们为了描述计算过程而设计的一种具有语法语义描述的记号。对计算机工作人员而言,程序设计语言是除计算机本身之外所有工具中最重要的工具,是其他所有工具的基础。从计算机问世至今的半个多世纪,人们一直在为研制更新更好的程序设计语言而努力着。程序设计语言的数量不断激增,各种新的程序设计语言不断面世。目前已问世的各种程序设计语言有上千种。计算机程序设计语言的发展,经历了从机器语言、汇编语言到高级语言的历程。

(1)机器语言。

机器语言是第一代计算机语言,是机器指令的集合,用二进制代码表示,它能够被计算机直接识别和执行。机器语言具有灵活、直接执行和速度快等特点。使用机器语言非常不方便,特别是在程序有错需要修改时更是如此。而且,由于每台计算机的指令系统往往各不相同,所以,在一台计算机上执行的程序,要想在另一台计算机上执行,必须重新编写程序,造成了重复工作。但由于机器语言使用的是针对特定型号计算机的语言,故而运算效率是所有语言中最高的。

如 0000,0000,0000 0001 0000 代表 LOAD A,16,即将 16 存放到寄存器 A 中。用机器语言编写程序对编程人员要求比较高,不但要知道指令代码和代码的含义,还要处理每条指令所需数据的存储分配单元,并且要跟踪工作单元所处的状态,工作效率非常低,可阅读性很差。因此,除了一些特定场合外,一般不再使用机器语言编写程序。

(2)汇编语言。

为了减轻机器语言晦涩难懂、容易出错、效率低下等缺点,人们进行了一种有益的改进:用一些简洁的英文字母、符号串来替代一个特定指令的二进制串,比如,用助记符"ADD"代表加法,"MOV"代表数据传递等,这种程序设计语言就称为汇编语言,即第二代计算机语言。然而计算机是不认识这些符号的,这就需要一个专门的程序,负责将这些符号翻译成二进制数的机器语言,这种翻译程序称为汇编程序。

如,MOV AL,8 //将 8 存放在寄存器 AL 的低 8 位中,执行完后,AL 中的数据是 0000 1000。

ADD AL,2 //将 AL 的数据加 2,结果依然存放在 AL 中,执行完毕,AL 中的数据变成 0000 1010。

从本质上讲,汇编语言虽然使用助记符,同样十分依赖机器硬件,移植性不好,但效率仍十分高。针对计算机特定硬件而编制的汇编语言程序,能准确发挥计算机硬件的功能和特长,程序精炼而质量高,这是高级语言不能比拟的。通常汇编语言应用在操作底层硬件或程序优化要求比较高的场合,比如一些嵌入式操作系统和各种类型的驱动程序,所以至今仍是一种常用而强有力的软件开发工具。

(3)高级语言。

机器语言和汇编语言都是面向硬件的程序语言。随着计算机的普及,人们意识到,应该设计一种语言,它接近于数学语言或人的自然语言,同时又不依赖计算机硬件,编出的程序能在所有机器上通用。1954 年,第一个完全脱离硬件的高级语言——FORTRAN

问世了,至今几百种高级语言相继出现,有重要意义的有几十种,影响较大、使用较普遍的有 FORTRAN、COBOL、Basic、LISP、Pascal、C、PROLOG、C++、VC、VB、Delphi、C♯、Python、Java 等。

高级语言是一种统称,并不是特指某一种具体的语言,每种高级语言的语法、语义和命令格式都不尽相同。同样的高级语言编制的程序,计算机也是无法直接执行的,必须借助"编译器"翻译成机器语言才能被执行。

高级语言的可阅读性非常高,如 Java 程序比较 m 和 n 的大小,输出如下提示。

```
if (n >m)
    System.out.println(n+"比"+m+"大");
else if(n ==m)
    System.out.println(n+"和"+m+"相等");
else
    System.out.println(m+"比"+n+"大");
```

高级语言的发展也经历了从早期语言到结构化程序设计语言,从面向过程到非过程化程序语言的过程。相应地,软件的开发也由最初的个体手工作坊式的封闭式生产,发展为产业化、流水线式的工业化生产。

20 世纪 60 年代中后期,软件越来越多,规模越来越大,而软件的生产基本上是各自为战,缺乏科学规范的系统规划与测试、评估标准,其恶果是大批耗费巨资建立起来的软件系统由于含有错误而无法使用,甚至带来巨大损失,软件给人的感觉是越来越不可靠,以致几乎没有不出错的软件。这一切极大地震动了计算机界,史称"软件危机"。人们认识到:大型程序的编制不同于写小程序,它应该是一项新的技术,应该像处理工程一样处理软件研制的全过程。程序的设计应易于保证正确性,也便于验证正确性。1969 年,人们提出了结构化程序设计方法,1970 年,第一个结构化程序设计语言——Pascal 语言出现,标志着结构化程序设计时期的开始。

20 世纪 80 年代初开始,软件设计思想又产生了一次革命,其成果就是面向对象的程序设计。在此之前的高级语言几乎都是面向过程的,程序的执行是流水线似的,一个模块被执行完成前,人们不能干别的事,也无法动态地改变程序的执行方向。这和人们日常处理事物的方式是不一致的,人是希望发生一件事就处理一件事,也就是说,不能面向过程,而应是面向具体的应用功能,也就是对象(object)。其方法就是软件的集成化,如同硬件的集成电路一样,生产一些通用的、封装紧密的功能模块,称为软件集成块,它与具体应用无关,但能相互组合,完成具体的应用功能,同时又能重复使用。对使用者来说,只关心它的接口(输入量、输出量)及能实现的功能,至于如何实现,那是它内部的事,使用者完全不用关心,C++、VB、Delphi 就是面向对象程序设计语言的典型代表。

高级语言的下一个发展目标是面向应用,也就是说,只需要告诉程序你要干什么,程序就能自动生成算法,自动进行处理,这就是非过程化的程序语言。

2. 软件系统及其组成

软件系统(software systems)从软件所处的层次角度划分为系统软件和应用软件。

1) 系统软件

系统软件由一组控制计算机系统并管理其资源的程序组成,其主要功能包括:启动计算机,存储、加载和执行应用程序,对文件进行排序、检索,将程序语言翻译成机器语言等。实际上,系统软件可以看作用户与计算机的接口,它为应用软件和用户提供了控制、访问硬件的手段。系统软件一般包括操作系统、语言处理系统(编译/翻译程序)、辅助程序、数据库管理系统。

(1) 操作系统(operating system,OS)。

操作系统是管理、控制和监督计算机软、硬件资源协调运行的程序系统,由一系列具有不同控制和管理功能的程序组成,它是直接运行在计算机硬件上的、最基本的系统软件,是系统软件的核心。操作系统是计算机发展中的产物,它的主要目的有两个:一是方便用户使用计算机,是用户和计算机的接口。比如用户键入一条简单的命令就能自动完成复杂的功能,这就是操作系统帮助的结果。二是统一管理计算机系统的全部资源,合理组织计算机的工作流程,以便充分、合理地发挥计算机的效率。操作系统通常应包括下列五大功能模块。

① 处理器管理。当多个程序同时运行时,解决处理器时间的分配问题。

② 作业管理。完成某个独立任务的程序及其所需的数据组成一个作业。作业管理的任务主要是为用户提供一个使用计算机的界面,使其方便地运行自己的作业,并对所有进入系统的作业进行调度和控制,尽可能高效地利用整个系统的资源。

③ 存储器管理。为各个程序及其使用的数据分配存储空间,并保证它们互不干扰。

④ 设备管理。根据用户提出使用设备的请求进行设备分配,同时还能随时接收设备的请求(称为中断),如要求输入信息。

⑤ 文件管理。主要负责文件的存储、检索、共享和保护,为用户提供文件操作的方便。

操作系统的种类繁多,依照功能和特性分为批处理操作系统、分时操作系统和实时操作系统等;依照同时管理用户数的多少分为单用户操作系统和多用户操作系统。按其发展前后过程,通常分成以下 6 类。

① 单用户操作系统(single user operating system):单用户操作系统的主要特征是计算机系统内一次只能支持运行一个用户程序。这类系统的最大缺点是计算机系统的资源不能充分利用。微型机的 DOS、Windows、macOS 操作系统属于这一类。

② 批处理操作系统(batch processing operating system):批处理操作系统是 20 世纪 70 年代运行于大、中型计算机上的操作系统。当时由于单用户单任务操作系统的CPU 使用效率低,I/O 设备资源未充分利用,因而产生了多道批处理系统,它主要运行在大中型机上。多道是指多个程序或多个作业(multi-programs or multi jobs)同时存在和运行,故也称为多任务操作系统。IBM 的 DOS/VSE 就是这类系统。

③ 分时操作系统(time-sharing operating system):分时系统是在一台计算机周围挂上若干台近程或远程终端,每个用户可以在各自的终端上以交互的方式控制作业运行。在分时系统管理下,虽然各用户使用的是同一台计算机,但却能给用户一种"独占计算机"的感觉。实际上是分时操作系统将 CPU 时间资源划分成极小的时间片(毫秒量级),轮

流分给每个终端用户使用,当一个用户的时间片用完后,CPU 就转给另一个用户,前一个用户只能等待下一次轮到。由于人的思考、反应和键入的速度通常比 CPU 的速度慢得多,所以只要同时上机的用户不超过一定数量,人们不会有延迟的感觉,好像每个用户都独占着计算机。分时操作系统是多用户多任务操作系统,Linux、UNIX 是国际上最流行的分时操作系统。此外,Linux 可以运行在多种硬件平台上,如具有 x86、680x0、SPARC、Alpha 等处理器的平台。此外,Linux 还是一种嵌入式操作系统,可以运行在掌上电脑、机顶盒或游戏机上。UNIX 具有网络通信与网络服务功能,也是广泛使用的网络操作系统,主要应用在服务器上。

④ 实时操作系统(real-time operating system):在某些应用领域,要求计算机能对数据进行迅速处理。例如,在自动驾驶仪控制下飞行的飞机、导弹的自动控制系统中,计算机必须对测量系统测得的数据及时、快速地进行处理,以便达到控制的目的,否则就会失去战机。这种有响应时间要求的快速处理过程叫作实时处理过程,当然,响应的时间要求可长可短,可以是秒、毫秒或微秒级的。对于这类实时处理过程,批处理系统或分时系统均无能为力,因此产生了另一类操作系统——实时操作系统。配置实时操作系统的计算机系统称为实时系统。实时系统按使用方式可分成两类:一类是广泛用于钢铁、炼油、化工生产过程控制,武器制导等各个领域中的实时控制系统;另一类是广泛用于自动订票系统、情报检索系统、银行业务系统、超级市场销售系统中的实时数据处理系统。

⑤ 网络操作系统(network operating system):计算机网络是通过通信线路将地理上分散且独立的计算机联结起来的一种网络,有了计算机网络之后,用户可以突破地理条件的限制,方便地使用远处的计算机资源。提供网络通信和网络资源共享功能的操作系统称为网络操作系统。

⑥ 微机操作系统:微机操作系统随着微机硬件技术的发展而发展,从简单到复杂。Microsoft 公司开发的 DOS 是一种用户单任务系统,而 Windows 操作系统则是一种用户多任务系统,经过十几年的发展,已从 Windows 3.1 发展到目前的 Windows NT、Windows 7 和 Windows 11,是当前微机中广泛使用的操作系统之一。Linux 是一个源码公开的操作系统,目前已被越来越多的用户采用,是 Windows 操作系统强有力的竞争对手。

另外,智能终端上也有很多操作系统,如苹果的 iOS,Google 的安卓以及 Microsoft 的 Windows Phone 系统等。

(2) 语言处理系统(翻译程序)。

机器语言是计算机唯一能直接识别和执行的程序语言,如果要在计算机上运行高级语言程序,就必须配备程序语言翻译程序(以下简称翻译程序)。翻译程序本身是一组程序,不同的高级语言都有相应的翻译程序。对于高级语言来说,翻译的方法有以下两种。

① 一种称为"解释"。早期 Basic 源程序的执行都采用这种方式。它调用机器配备的 BASIC"解释程序",运行 BASIC 源程序时,逐条把 BASIC 的源程序语句进行解释和执行。它不保留目标程序代码,即不产生可执行文件。这种方式速度较慢,每次运行都要经过"解释",边解释边执行。

② 另一种称为"编译",它调用相应语言的编译程序,把源程序变成目标程序(以 obj

为扩展名），然后再用连接程序把目标程序与库文件相连接，形成可执行文件。尽管编译的过程复杂一些，但它形成的可执行文件（以 exe 为扩展名）可以反复执行，速度较快。运行程序时，只要键入可执行程序的文件名，再按 Enter 键即可。

将高级语言编写的程序转换成目标程序，即对源程序进行编译和解释任务的程序，分别叫作编译程序和解释程序。如 C 等高级语言，使用时需有相应的编译程序；Java 等高级语言，使用时需用相应的解释程序。

（3）辅助程序（helper program）。

辅助程序能够提供一些常用的服务性功能，为用户开发程序和使用计算机提供了方便，像微机上经常使用的诊断程序、调试程序、编辑程序等。

（4）数据库管理系统（data base management system，DBMS）。

在信息社会里，社会和生产活动产生的信息很多，使人工管理难以应付，人们希望借助计算机对信息进行搜集、存储、处理和使用。数据库系统（data base system，DBS）就是在这种需求背景下产生和发展的。数据库是指按照一定联系存储的数据集合，可为多种应用共享。数据库管理系统（database management system，DBMS）则是能够对数据库进行加工、管理的系统软件。其主要功能是建立、消除、维护数据库及对库中数据进行各种操作。数据库系统主要由数据库、数据库管理系统以及相应的应用程序组成。数据库系统不但能够存放大量的数据，更重要的是能迅速、自动地对数据进行检索、修改、统计、排序、合并等操作，以得到所需信息。这一点是传统的文件柜无法做到的。

2）应用软件

为解决各类实际问题而设计的程序系统称为应用软件，例如 Word、WPS 以及各种管理软件等。从其服务对象的角度，又可分为通用软件和专用软件两类。

（1）通用软件。

这类软件通常是为解决某一类问题而设计的，而这类问题是很多人都要遇到和解决的。例如：文字处理、表格处理、电子演示等。

（2）专用软件。

市场上可以买到通用软件，但有些具有特殊功能和需求的软件是无法买到的。比如某个用户希望有一个程序能自动控制车床，同时也能将各种事务性工作集成统一管理。因为专用软件对于一般用户比较特殊，所以专用软件一般都是人力自行开发的。当然，开发出来的这种软件也只能专用于某种情况。

1.3.3　计算机的体系结构

1. 冯·诺依曼体系结构

计算机的体系结构是指构成系统主要部件的总体布局、部件的主要性能以及这些部件之间的连接方式。虽然计算机的结构有多种类别，但是就其本质而言，大都服从计算机的经典结构，即冯·诺依曼等 1946 年提出的冯·诺依曼结构。一个完整的现代计算机由运算器、控制器、存储器、输入设备和输出设备组成。目前计算机已发展到了第 4 代，仍然遵循冯·诺依曼原理和结构。冯·诺依曼体系结构的要点如下：

① 计算机由运算器、控制器、存储器、输入设备和输出设备五大部分组成。

② 数据和程序以二进制代码形式不加区别地存放在存储器中，存放的位置由地址确定。

③ 控制器根据存放在存储器中的指令序列（程序）进行工作，并由一个程序计数器控制指令的执行。控制器具有判断能力，能以计算结果为基础选择不同的工作流程。

在计算机的五大部分中，控制器和运算器是其核心部分，称为中央处理器单元（CPU），各部分之间通过相应的信号线相互联系。冯·诺依曼结构规定控制器是根据存放在存储器中的程序来工作的，即计算机的工作过程就是运行程序的过程。为了使计算机能进行正常工作，程序必须预先存放在存储器中。因而这种体系结构的计算机是按照存储程序的原理工作的。

控制器中的程序计数器总是存放着下一条待执行指令在存储器中的地址，由它控制程序的执行顺序。当控制器取出待执行的指令后，对指令进行译码，根据指令的要求控制系统内的活动。

2. 计算机体系结构的评价标准

评价一个计算机系统的标准有速度、容量、功耗、体积、灵活性、成本等指标。目前常用的计算机评测标准如下：

（1）时钟频率（处理机主频）。

表示 CPU 运算速度的指标之一，时钟频率只能用于同一类型、同一配置的处理机相比较。如 Intel 酷睿 i7 7700/3.6GH$_Z$ 比 Intel 酷睿 i7 6950X/3GH$_Z$ 快 20%。当然，实际运算速度还与 cache、内存、I/O 以及执行的程序等有关。

（2）指令执行速度。

一种经典的表示运算速度的方法，即表示每秒百万条指令数 MIPS(million instructions per seconds)。对于一个给定的程序，

$$MIPS = 指令条数 / (执行时间 \times 10^6) = F_Z/CPI = IPC \times F_Z$$

其中，F_Z 为处理机的工作主频；CPI(cycles per instruction)为每条指令所需的平均时钟周期数；IPC 为每个时钟周期平均执行的指令条数。

（3）吉普森(Gibson)法。

通过计算各类指令的加权平均执行时间可以得到一个等效的指令执行速度，用于衡量计算机的整体性能。等效指令执行时间的计算公式如下：

$$T = \sum_{i=1}^{n} (W_i \times T_i)。$$

（4）数据处理速率 PDR(processing data rate)法。

PDR$=L/R$；　$L=0.85G+0.15H+0.4J+0.15K$；　$R=0.85M+0.09N+0.06P$

其中，G 是每条定点指令的位数；M 是平均定点加法时间；H 是每条浮点指令的位数；N 是平均浮点加法时间；J 是定点操作数的位数；P 是平均浮点乘法时间；K 是浮点操作数的位数。

数据处理速率 PDR 法采用计算"数据处理速率"PDR 值的方法来衡量机器性能。PDR 值越大，机器性能越好，PDR 与每条指令和每个操作数的平均位数以及每条指令的平均运算速度有关。

（5）基准程序测试法（核心程序法）。

基准程序测试法：把应用程序中出现最频繁的那部分核心程序作为评价计算机性能的标准程序，在不同的机器上运行，测量其执行时间，作为各类机器性能评价的依据，称为基准程序 Benchmark。基准程序测试法反映机器的持续性能。

1.4　计算机网络

1.4.1　计算机网络概述

计算机网络是一种数字化的通信网络，它允许结点共享资源。在计算机网络中，计算设备使用结点之间的连接，即数据链路来交换数据。这些数据链路是通过电线或光缆等有线介质或 WiFi 这样的无线介质建立起来的。计算机网络的结点包括主机，比如个人计算机、移动终端和服务器以及各种用于通信的网络硬件。全球第一个计算机网络可以追溯到 20 世纪 50 年代后期北美防空司令部用于收集各地雷达站数据的 SAGE 系统。而互联网的鼻祖则是在 1969 年全球第一个运营的数据包交换网络——美国高等研究计划署网络（ARPANET）。计算机网络经过大半个世纪的发展，已经可以支持大量的应用和服务，比如访问万维网、数字视频、数字音频、共享存储服务器和打印机，以及使用电子邮件和即时消息等应用程序，成为人类工作和生活的基础设施之一。

计算机网络是利用通信设备和通信线路将地理位置不同的、功能独立的多个计算机系统连接起来，以功能完善的网络软件和通信协议实现网络的硬件、软件及资源共享和信息传递的系统。计算机网络是由资源子网和通信子网两部分组成的。网络中实现资源共享功能的设备及其软件的集合称为资源子网，包括服务器、工作站、共享的打印机和其他设备及相关软件。通信子网是实现网络通信功能的设备及其软件的集合，包括通信设备、网络通信协议和通信控制软件等。

1. 计算机网络的功能

计算机网络是计算机技术和通信技术紧密结合的产物，不仅使计算机的作用范围超越了地理位置的限制，而且大大加强了计算机本身的信息处理能力。计算机网络向用户提供的最重要功能包括共享软硬件资源和信息通信。

① 共享硬件资源：用户能够共享众多联网硬件设备资源，比如服务器资源、存储设备和打印机等。

② 共享软件资源：用户能够共享配置和升级高效简便的网络版软件，并且可以通过服务器共享数据信息。

③ 信息交换和通信：计算机网络实际上是一种计算机通信系统，网络中的计算机之

间可以快速可靠地传递数据,实现文件的复制和传输,也可以通过软件收发电子邮件和发送即时消息。

此外,还可以通过计算机网络提高系统的可靠性、实现分布式处理以及综合信息服务。

① 提高系统的可靠性:在单机情况下,任何一个系统都可能发生故障,这样就会带来不便。而当计算机联网后,各计算机可以通过网络互为备份,当某台计算机发生故障时,则可由其他的计算机代为处理。甚至在网络的某些结点上设置专门的备用设备,这样计算机网络就能提高系统可靠性。如果在系统设计之初就将数据和信息资源存放于多个不同的地点,就可以防止因故障而无法访问或因自然灾害造成的数据破坏,这也是目前在各个重要机构的数据信息网中常用的灾备中心的设计思路。

② 实现分布式处理:对于大型任务,如果集中在一台计算机上运行负荷太重,则可以将任务分散到不同的计算机分别完成,或由网络中比较空闲的计算机分担负荷。计算机连成网络有利于共同协作进行重大项目的开发和研究,利用网络还可以将许多小型机或微型机连成高性能的分布式计算系统,使其具有解决复杂问题的能力,从而大大降低费用。

③ 综合信息服务:计算机网络可以向全社会提供各地的经济信息、科研情报、商业信息和咨询服务,如因特网上的 WWW 服务。

2. 计算机网络的分类

计算机网络的划分标准多种多样,比如按通信介质可以分为有线网和无线网,按用途可以分为公用网和专用网,按传播技术可以分为点到点式网络和广播式网络。但是按网络覆盖范围划分是一种比较通用的划分标准,根据最新技术,可以把网络划分为个人网、局域网、城域网、广域网和互联网 5 种,图 1-8 所示为互联网、广域网和局域网的关系。

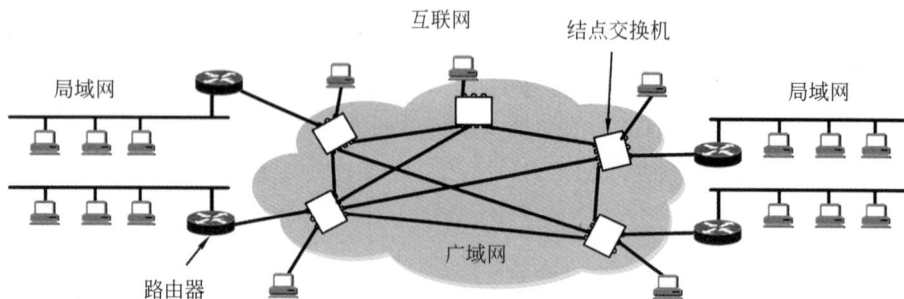

图 1-8 互联网、广域网和局域网的关系

(1) 个人网 PAN(personal area network)。

个人范围(随身携带或数米之内)的计算设备组成的通信网络,包括计算机、移动终端、智能手表和数码影音设备等。个人网既可以用于这些设备之间的数据交换,又可以将这些设备连接到高层网络或互联网。个人网可以采用有线连接,例如 USB 或 Firewire 总线,也可以采用无线连接,例如红外、NFC 或蓝牙。采用无线技术的个人网,又称为无线个人网 WPAN(wireless personal area network)。

（2）局域网 LAN(local area network)。

局域网是最常见、应用最广的一种网络。现在局域网随着整个计算机网络技术的发展和提高得到应用和普及，几乎每个机构、每个家庭都有自己的局域网。局域网是一个可连接住宅、学校、实验室、校园或办公大楼等有限区域内计算机的计算机网络,它所覆盖的地区范围较小,一般是几米至十千米以内。局域网在计算机数量配置上没有太多的限制,少的可以只有两台,多的可达几百台。局域网的特点是连接范围窄、用户数少、配置容易和连接速率高。以太网和 WiFi 是目前局域网中最常用的两项技术,其中商用的以太网最快速率已经达到 10G 了。

（3）城域网 MAN(metropolitan area network)。

改进局域网中的传输介质,扩大网络的覆盖范围,可以在一个城市但不在同一园区范围内进行计算机互联。这种网络的连接距离可以达到 10～100 千米。城域网比局域网扩展的距离更长,连接的计算机数量更多,在地理范围上是局域网的延伸。在一个大型城市或都市区,一个城域网通常连接着多个局域网。光纤连接的引入,使城域网中高速的局域网互联成为可能。

（4）广域网 WAN(wide area network)。

广域网也称为远程网,覆盖的范围比城域网更广,它一般是在不同地区的局域网或城域网互联,通常跨接很大的地理范围,从几十至几千千米,能连接多个地区、城市和国家,或横跨几个大洲,并能提供远距离通信,形成国际性的远程网络。

（5）互联网(Internet)。

又称为"因特网",是网络与网络之间串联形成的庞大网络,这些网络以一组标准的TCP/IP 相连,连接着全球几十亿个设备,形成逻辑上的单一网络。它由从地方到全球范围的几百万个私人的、学术界的、企业的和政府的网络构成,这种将计算机网络连接在一起的方法称作"网络互联",在这个基础上发展出覆盖全世界的互联网络就称为互联网。

从地理范围来说,它是全球计算机的互联,这种网络的最大的特点就是不定性,整个网络的计算机每时每刻随着人们网络的接入不断地发生变化。互联网拥有范围广泛的信息资源和服务,例如相互关系的超文本文件、万维网的应用、支持电子邮件的基础设施、点对点网络、文件共享以及 IP 电话服务等。

局域网、城域网和广域网三者之间的比较分析如表 1-4 所示。

表 1-4　局域网、城域网和广域网比较分析

对　比	类　型		
	局域网（LAN）	城域网（MAN）	广域网（WAN）
覆盖范围	几米至十千米以内	10～100 千米	几十至几千千米
协议标准	IEEE 802.3	IEEE 802.6	IMP
结构特征	物理层	数据链路层	网络层
典型设备	集线器	交换机	路由器
终端组成	计算机	计算机或局域网	计算机、局域网、城域网

对　比	类　　型		
	局域网（LAN）	城域网（MAN）	广域网（WAN）
特点	连接范围小、用户数少、配置简单	实质上是一个大型的局域网，传输速率高；技术先进、安全	主要提供面向通信的服务，覆盖范围广，通信的距离远，技术复杂

3. 计算机网络的硬件

硬件是计算机网络的物理基础。要构成一个计算机网络系统，首先要将计算机及其附属硬件设备与网络中的其他计算机系统连接起来。不同的计算机网络系统，在硬件方面是有差别的。随着计算机技术和网络技术的发展，网络硬件日趋多样化，功能更加强大，更加复杂。一般来说，网络硬件可以分为 3 类。

- 计算机系统：工作站（终端设备，又称客户机，通常是个人计算机）、网络服务器（又称主机，通常是高性能计算机）。
- 网络通信设备：包括网络交换设备、互联设备和传输设备，比如网线、网卡、交换机、路由器等。
- 网络外部设备：打印机、存储设备、影音设备等。

以下为几种常见的网络通信设备。

1）网线

除了无线连接之外，网线是连接局域网必不可少的物理介质。常见的网线主要有双绞线、同轴电缆和光缆三种。双绞线是由许多对线组成的数据传输线，特点是价格便宜，所以被广泛应用。根据 ISO/IEC 11801 标准分类，常见的双绞线有五类线（CAT-5，最大速率为 100Mb/s）、超五类线、六类线（CAT-6，最大速率为 1000Mb/s）、七类线、超七类线。同轴电缆由一层层的绝缘线包裹着中央铜导体的电缆线，特点是抗干扰能力好，传输数据稳定，价格也便宜，同样被广泛使用，如有线电视线等。光缆是目前最先进的网线，由细如发丝的玻璃纤维，即光纤外加绝缘套组成的，由于靠光波传送，它的特点就是抗电磁干扰性极好，保密性强，速度快，传输容量大。

2）网卡

网卡又称网络接口控制器或网络适配器，是一块被设计用来允许计算机在计算机网络上进行通信的计算机硬件，使得用户可以通过电缆或无线相互连接。每个网卡都拥有电气电子工程师协会（IEEE）分配的一个独一无二的物理地址（MAC 地址），为 48 位二进制串行号，被写在卡上的一块 ROM 中，记录为 12 位 16 进制码。没有任何两块被生产出来的网卡拥有同样的地址，以保证在网上传播的数据信息能够被准确无误地定位到硬件源头。

3）交换机

交换机是一个用于扩大网络的设备，如图 1-9 所示，交换机能为子网中提供更多的连接端口，被广泛应用于 OSI 参考模型的第二层，即数据链路层。交换机内部的 CPU 在每个端口成功连接时,通过将 MAC 地址和端口对应,形成一张 MAC 地址表。在今后的通信中,发往该 MAC 地址的数据包将仅送往其对应的端口,而不是所有的端口。因此交换机可用于划分数据链路层广播,即冲突域;但它不能划分网络层广播,即广播域。

4) 路由器

路由器是连接两个以上网络的设备,提供路由与转送两种重要机制,如图 1-10 所示。决定数据包从来源端到目的端所经过的路由路径(主机到主机之间的传输路径)的过程称为路由;将路由器输入端的数据包移送至适当的路由器输出端(在路由器内部进行)称为转送。路由工作在 OSI 模型的第三层,即网络层,由于位于两个或更多个网络的交汇处,从而可以在它们之间传递分组数据。路由器与交换机的区别主要是路由器属于 OSI 第三层的产品,而交换机是 OSI 第二层的产品。第二层的产品功能在于,将网络上各个电脑的 MAC 地址记在 MAC 地址表中,当局域网中的电脑要经过交换机交换传递数据时,就查询交换机上 MAC 地址表中的信息,将数据包发送给指定的电脑,而不会像第一层的产品(如集线器),每台在网络中的电脑都发送。而路由器除了有交换机的功能外,更拥有路由表作为发送数据包时的依据,在有多种选择的路径中选择最佳的路径。此外,并可以连接两个以上不同网段的网络,而交换机只能连接两个。

图 1-9 交换机

图 1-10 路由器

4. 计算机网络软件

计算机网络除了必须拥有硬件组成外,还要加上相应的网络软件,才能成为一个完整的计算机网络系统,才能根据网络通信协议实现信息的发送、接受以及对通信过程进行控制,从而使用户能够共享网络的资源。在网络系统中,网络上的每个用户都可享有系统中的各种资源,因此系统必须对用户进行控制,否则就会造成系统混乱、信息数据的破坏和丢失。为了协调系统资源,系统需要通过软件工具对网络资源进行全面的管理、调度和分配,并采取一系列的安全保密措施,防止用户不合理地对数据和信息进行访问。网络软件是实现网络功能不可缺少的软件环境。网络软件包括以下内容。

① 网络操作系统:是对计算机网络进行自动管理的机构,以实现系统资源共享、管理用户对不同资源进行访问,它是最主要的网络软件。网络操作系统是用于管理网络软、硬件资源,提供简单网络管理的系统软件。常见的操作系统均包含网络功能特性。

② 网络协议和协议软件:通过协议程序实现网络协议功能。按网络所采用的协议层次模型(如 ISO 建议的开放系统互联基本参考模型)组织而成。除物理层外,其余各层协议大都由软件实现。每层协议软件通常由一个或多个进程组成,主要任务是完成相应

层协议所规定的功能,以及与上、下层的接口功能。

③ 网络通信软件:用于实现计算机之间的通信和信息传输,监督和控制通信工作的软件。它除了作为计算机网络软件的基础组成部分外,还可用作计算机与自带终端或附属计算机之间实现通信的软件。

④ 网络管理及网络应用软件:网络管理软件是用来对网络资源进行管理和对网络进行维护的软件。网络应用软件是为网络用户提供服务,并为网络用户解决实际问题的软件。

网络软件研究的重点不是在网络中互联的各个独立的计算机本身的功能,而是如何实现网络特有的功能。

5. 无线局域网

无线局域网 WLAN(wireless local area network)是目前最热门的一种局域网,它与传统局域网的主要不同之处就是传输介质的不同。传统局域网都是通过有形的物理介质连接的,如双绞线、同轴电缆和光缆等,而无线局域网不依靠任何导线连接,而是通过可以在真空中传播的无线电波来连接的。无线局域网摆脱了有形传输介质的束缚,提供了移动接入的功能,给许多需要发送数据但又不能坐在办公室等固定场所的人员提供了方便。当大量持有便携式计算机的用户都在同一个地方同时要求上网时,若用线缆连网,则布线是个很大的问题,这时采用无线局域网就比较容易实现。只要在网络的覆盖范围内,就可以随时随地连接无线网络,与服务器及其他工作站连接。

无线局域网遵循 IEEE 802.11 标准,第一个版本发布于 1997 年。1999 年,业界成立了 WiFi 联盟,致力于解决匹配 802.11 标准的产品生产和设备兼容等问题。IEEE 802.11 标准一直在演进,目前已经发展到第七代,参数如表 1-5 所示。

表 1-5 IEEE 802.11 各版本参数

IEEE 标准	简 称	年 份	最大速率/Mb·s⁻¹	频率/GHz
802.11be	WiFi 7	2024	1376～46120	2.4/5/6
802.11ax	WiFi 6E	2020	574～9608	6
	WiFi 6	2019		2.4/5
802.11ac	WiFi 5	2014	433～6933	5
802.11n	WiFi 4	2008	72～600	2.4/5
802.11g		2003	6～54	2.4
802.11a		1999		5
802.11b			1～11	2.4
802.11		1997	1～2	

WiFi 的设置至少需要一个接入点 AP(access point)和一个或多个客户端。无线 AP 每 100ms 将服务设置标识 SSID(service set identifier)经由信号台(beacons)数据包广播

一次，所有 WiFi 客户端都能收到这个 SSID 广播数据包，客户端可以借此决定是否要和这一个 SSID 的 AP 连接。此外，随着携带式 WiFi 路由器 MiFi 的出现，可以很容易地创建自己的 WiFi 热点，通过电信网实现上网。大部分智能手机也可充当小型无线路由器，供周围的设备连接互联网。WiFi 无线通信也可以不通过接入点，直接从一台客户端连接到另一台客户端，这就是点对点的 ad-hoc 模式，这种无线 ad-hoc 模式受到掌上游戏机、数码相机和其他消费性电子设备的欢迎。WiFi 网络覆盖范围有限，一个使用 802.11b 或 802.11g 的典型无线路由器和天线，在无任何障碍物的情况下覆盖范围可达到室内 $50m^2$，室外 $140m^2$。802.11n 则可到达超过这个范围两倍的距离。

1.4.2 Internet 基础

Internet 是全世界最大的计算机网络，承载着大量的信息资源和服务，如超文本文档、万维网（WWW）、电子邮件、电话、电子商务、网络聊天和文件共享的应用，是一个信息资源和资源共享的集合。Internet 是由许多子网相互连接而成的，每个子网中都连接若干台计算机，以相互交流信息资源为目的。

1. Internet 的概念及特点

1）Internet 的概念

Internet 即互联网、因特网，指由多个计算机网络相互连接而成的一个网络，如图 1-11 所示。它是在功能和逻辑上组成的一个大型网络。

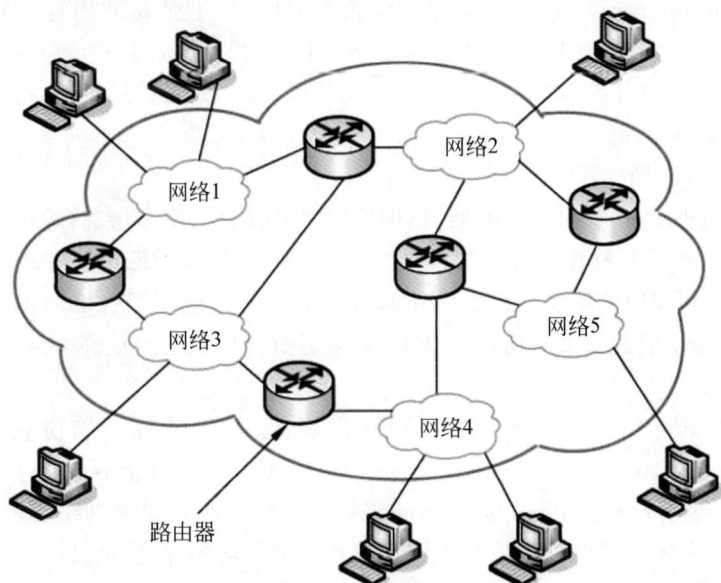

图 1-11　网络互联示意图

Internet 从广义上讲就是"连接网络的网络"，这种将计算机网络互相连接在一起的方法称为网络互联。它是一个全球公有、使用 TCP/IP 这套计算机系统，简称"互联网"。

2）Internet 的特点

Internet 是全球范围内最大的计算机网络,它拥有成千上万的主机和数以亿计的网络用户。通过 Internet 网络,人们可以学习、购物、娱乐、社交等,Internet 正在不断改变着人们的生活和工作方式。Internet 具有如下特点。

- 自由,互联网能够不受空间限制进行信息交换,用户的言论、使用以及信息的流动都是自由的。
- 开放,Internet 是世界上最开放的计算机网络,任何一台计算机,只要能够支持 TCP/IP,就可以连接互联网,实现信息交换。
- 交互,交换信息具有互动性(人与人、人与信息之间可以互动交流)。
- 平等,互联网中的计算机不分等级,没有特权。
- 资源共享,互联网是一个没有中心的自主式开放组织,其发展强调的是资源共享。
- 虚拟,互联网通过对信息的数字化处理,使得互联网能够通过虚拟技术实现许多传统现实中才具有的功能。
- 个性化,互联网作为社交的虚拟社区,可以突出个性化,互联网引导的是个性化的时代。
- 信息交换能以多种形式存在(视频、图片、文字等)。

2. OSI 参考模型和 TCP/IP

为了能使各种计算机在世界范围内互联为网络,国际标准化组织 ISO 和国际电报电话咨询委员会 CCITT 联合制定了开放系统互联参考模型 OSI/RM(open system interconnection reference model),简称 OSI 模型,推荐所有公司使用这个规范来控制网络,以便相互联结。计算机网络体系结构划分为七层,为开放式互联信息系统提供了一种功能结构的框架。OSI 参考模型并没有提供明确的方法,只是描述了一些概念,用来协调进程间通信标准的制定。

1）OSI 参考模型

OSI 定义了网络互联的七层框架(物理层、数据链路层、网络层、传输层、会话层、表示层、应用层),即 ISO 开放互联系统参考模型,如图 1-12 所示。每一层实现各自的功能和协议,并完成与相邻层的接口通信。OSI 的服务定义详细说明了各层所提供的服务。某一层的服务就是该层及其下各层的一种能力,它通过接口提供给更高一层。

2）TCP/IP

真正实现 Internet 的是一整个互联网协议族,称为传输控制协议/因特网协议(transmission control protocol/Internet protocol,TCP/IP),又名网络通信协议。TCP/IP 是 Internet 的基础通信架构,是 Internet 最基本的协议,主要由网络层的 IP 和传输层的 TCP 组成。它定义了电子设备连入因特网和数据传输的标准,即 TCP/IP 提供点对点的链接机制,将数据应该如何封装、定址、传输、路由以及在目的地如何接收都加以标准化。它将软件通信过程抽象为四个抽象层,从下往上分别为网络接口层、网络层、传输层和应用层,每一层都呼叫它的下一层所提供的协议来完成自己的需求。

在每一层实现的协议也各不同,即每一层的服务也不同。图 1-13 列出了每层主要的

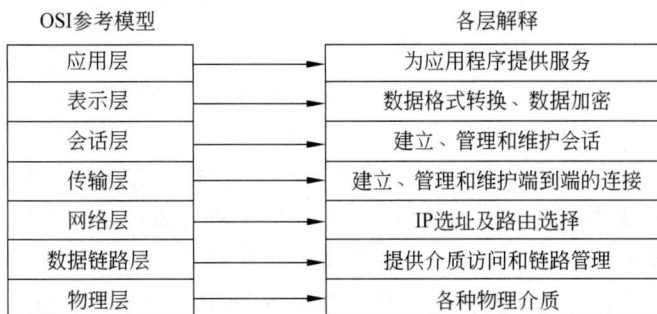

图 1-12 OSI 参考模型

协议。

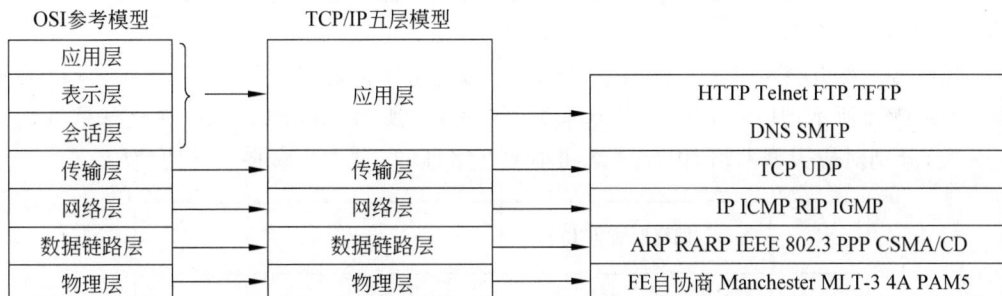

图 1-13 OSI 参考模型和 TCP/IP 的对应关系及各层协议

网络层的 IP 是用于报文交换网络的一种面向数据的协议,这一协议定义了数据包在网际传送时的格式。目前使用最多的是 IPv4 版本,这一版本中用 32 位定义 IP 地址,尽管地址总数达到 43 亿,但是仍然不能满足现今全球网络飞速发展的需求,因此 IPv6 版本应运而生。在 IPv6 版本中,IP 地址共有 128 位。IPv6 目前并没有普及,许多互联网服务提供商并不支持 IPv6 的连接。但是可以预见,将来在 IPv6 的帮助下,任何电子设备和家用电器都可以连入互联网。

传输层的 UDP 和 TCP 用于控制数据流的传输。UDP 是一种不可靠的数据流传输协议,仅为网络层和应用层之间提供简单的接口。而 TCP 则具有高度可靠性,通过为数据包加入额外信息,并提供重发机制,保证数据包不丢包、没有冗余包以及数据包的顺序。对于一些需要高可靠性的应用,可以选择 TCP;相反,对于性能优先考虑的应用,如流媒体等,则可以选择 UDP。通俗而言,TCP 负责发现传输的问题,出现问题就发出信号,要求重新传输,直到所有数据包安全正确地传输到目的地。而 IP 是给因特网的每一台联网设备规定一个地址。

最顶层的是一些应用层协议,它们定义了一些用于通用应用的数据包结构,数据从网络相关的程序以这种应用内部使用的格式传送,然后被编码成标准协议的格式。其中包括域名服务协议 DNS、文件传输协议 FTP,所有的 Web 页面服务使用超文本传输协议 HTTP、邮局协议 POP3、简单邮件传输协议 SMTP 和远程登录协议 Telnet 等。

3. IP 地址

最初设计互联网络时,为了便于寻址以及层次化地构造网络,每个 IP 地址包括两个标识码(ID),即网络 ID 和主机 ID,同一物理网络上的所有主机都使用同一个网络 ID,网络上的一个主机(包括网络上的工作站、服务器和路由器等)有一个主机 ID 与其对应。

IP 地址是 IP 提供的统一的地址格式,它为互联网上的每一台主机分配一个逻辑地址,以屏蔽物理地址的差异。日常所见的是每台联网的 PC 上都需要 IP 地址才能正常通信。IP 地址分为 IPv4 与 IPv6 两大类,目前常见的是 IPv4 地址。在没有特别说明的情况下,IP 地址都是指 IPv4 地址,它是一个 32 位的二进制数。为便于使用,IP 地址分为 4段,每段 8 位,用十进制数字表示,常以 XXX.XXX.XXX.XXX 形式表现,每段数字的范围为 0~255。比如,IP 地址 128.1.1.10 代表的是 32 位二进制地址 10000000.00000001.00000001.00001010。

Internet 委员会定义了 5 种 IP 地址类型,以适应不同容量的网络,即 A、B、C、D、E 五类,如图 1-14 所示,其中 A、B、C 是基本类,如表 1-6 所示,由 Inter NIC 在全球范围内统一分配,分别对应大型网络、中型网络和小型网络,D、E 类作为多播和保留使用。

A类	0	网络地址（7位）	
B类	10	网络地址（14位）	
C类	110	网络地址（21位）	
D类	1110	多播地址（28位）	
E类	11110	保留用于将来和实验使用	

图 1-14　IP 地址分类

表 1-6　A、B、C 类地址分配

网络类别号	最大网络数	第一个可用的网络号	最后一个可用的网络号	每个网络中的最大主机数
A	126	1	126	16777214
B	16382	128.1	191.255	65534
C	2097150	192.0.1	223.255.255	254

(1) A 类 IP 地址:在 IP 地址的四段号码中,第一段号码为网络 ID,剩下的三段号码为主机 ID。如果用二进制表示,A 类 IP 地址就由 1B 的网络 ID 和 3B 的主机 ID 组成,网络地址的最高位必须是"0",并且数字 0 和 127 不作为 A 类地址网络 ID,因此 A 类网络ID 数量较少,仅有 126 个网络,每个网络可以容纳的主机数达 1600 多万台,适用于大型网络。A 类 IP 地址的默认子网掩码为 255.0.0.0。

(2) B 类 IP 地址:在 IP 地址的四段号码中,前两段号码为网络 ID。如果用二进制表示,B 类 IP 地址就由 2B 的网络 ID 和 2B 的主机 ID 组成,网络 ID 的最高位必须是 "10"。B 类 IP 地址中网络的标识长度为 16 位,主机标识的长度为 16 位,因此共有 16382 个网络,其中 172.16.0.0 和 172.31.255.255 保留。每个网络所能容纳的计算机数为 6 万多台,适用于中型网络。B 类 IP 地址的默认子网掩码为 255.255.0.0。

(3) C 类 IP 地址:在 IP 地址的四段号码中,前三段号码为网络 ID。如果用二进制表示,C 类 IP 地址就由 3B 的网络 ID 和 1B 的主机 ID 组成,网络地址的最高位必须是 "110"。C 类 IP 地址中网络的标识长度为 24 位,主机标识的长度为 8 位,C 类网络 ID 数量较多,共有 2097150 个网络,其中 192.168.0.0 和 192.168.255.255 保留。每个网络最多只能包含 254 台主机,适用于小规模的局域网。C 类 IP 地址的默认子网掩码为 255.255.255.0。

由于互联网迅猛发展,联网的主机越来越多,而 32 位的 IPv4 地址能提供约 42.9 亿个地址,无法满足需求,地址空间的不足妨碍了互联网的进一步发展。为了扩大地址空间,拟通过 IPv6 重新定义地址空间。IPv6 采用 128 位地址长度,记录为 32 位 16 进制码。IPv6 除了一劳永逸地解决了地址短缺问题,也在其他很多方面改进了 IPv4。

4. 域名

IP 地址是长长的几组数字,记忆起来很不方便。为了方便人们更好地记住位于网络上服务器的具体名称和位置,人们就用英文字母来代替 IP 地址,这种英文字母称为域名。域名以主机、子域和域的形式表示,与数字的 IP 地址相对应。由于真正区分主机的还是 IP 地址,所以当用户输入域名后,浏览器必须先去一台有域名和 IP 地址对应表的主机中去查询这个域名的 IP 地址,这台被查询的主机叫域名服务器(domain name server, DNS)。

一台主机的域名由它所属各级域和分配给主机的名字共同构成,如计算机名、组织机构名、网络类型名、最高层域名。因此,域名结构由若干分量组成,一般不能超过 5 级,从左到右域的级别变高,各级之间用"."隔开,如:分配给主机的名字.三级域名.二级域名.顶级域名。域名在整个 Internet 中是唯一的,当高级子域名相同时,低级子域名不允许重复。每一级域名长度的限制是 63 个字符,域名总长度则不能超过 253 个字符。域名同时也仅限于 ASCII 字符的一个子集,这使得很多其他语言无法正确表示它们的名字和单词。另外,域名中的大小写是没有区分的。一台服务器只能有一个 IP 地址,但是却可以有多个域名。常见的部分组织的通用顶级域名如表 1-7 所示。

表 1-7　组织的顶级域名

域 名 代 码	适 用 机 构	域 名 代 码	适 用 机 构
com	公司、商业机构	org	协会等非盈利机构
edu	学术与教育机构	mil	美国军事部门
gov	政府部门机构	pro	专业人员(医生、律师等)
net	网络服务机构	info	信息服务机构

常见的国家代码顶级域名如表 1-8 所示。

表 1-8　部分国家的顶级域名

域 名 代 码	国　　家	域 名 代 码	国　　家
cn	中国	au	澳大利亚
fr	法国	jp	日本
de	德国	us	美国
in	印度	uk	英国
ca	加拿大	ru	俄罗斯

域名服务器是进行域名和 IP 地址转换的服务器。域名服务器中保存了一张包含域名和与之相对应的 IP 地址信息的表,以解析所提供的域名。例如,在浏览器中输入域名"www.gpnu.edu.cn"之后,首先会到域名服务器查询它所对应的 IP 地址,然后向该 IP 地址发送请求,才能正确地打开广东技术师范大学官网的主页。

5. 万维网

万维网(WWW)的英文全称为 World Wide Web,是 Internet 提供的目前最流行、最方便的信息服务工具,是一个由许多互相链接的超文本组成的系统,通过 Internet 访问。万维网分为 Web 客户端和 Web 服务器程序,用户通过 Web 客户端(一般为浏览器)访问浏览 Web 服务器上的页面。在这个系统中,每个有用的事物都称为一样"资源",并且由一个全局统一资源标识符标识。这些资源通过超文本传输协议传送给用户,而用户通过单击链接来获得资源。其核心部分由三个标准构成。

1) 统一资源标识符(URI)

URI 用于标识某一互联网资源名称的字符串。该标识允许用户对网络中的资源通过特定的协议进行交互操作。URI 可被视为统一资源定位符(URL)、统一资源名(URN)或两者兼备。URN 如同一个人的名称,而 URL 代表一个人的住址。换言之,URN 定义某事物的身份,而 URL 提供查找该事物的方法。

2) 超文本传送协议(HTTP)

HTTP 是一种用于分布式、协作式和超媒体信息系统的应用层协议。作为 WWW 数据通信的基础,它负责规定客户端和服务器怎样互相交流。用于从 WWW 服务器传输超文本到本地浏览器,可以使浏览器更加高效,使网络传输减少。设计 HTTP 的最初目的是提供一种发布和接收 HTML 页面的方法。通过 HTTP 或 HTTPS 请求的资源由 URI 来标识。在浏览器的地址框中输入一个 URL 或是单击一个超级链接,URL 就确定了要浏览的地址。浏览器通过 HTTP 将 Web 服务器上站点的网页代码提取出来,并翻译成漂亮的网页。

3) 超文本标记语言(HTML)

HTML 是一种用于创建网页的标准标记语言,作用是定义超文本文档的结构和格式。"超文本"就是指页面内可以包含图片、链接,甚至音乐、程序等非文字元素。HTML

通过标记符号来标记要显示的网页中的各部分。网页文件本身是一种文本文件,通过在文本文件中添加标记符可以告诉浏览器文字如何处理、图片如何显示以及画面如何安排。浏览器按顺序阅读网页文件,然后根据标记符解释和显示其标记的内容。但需要注意的是,对于不同的浏览器,对同一标记符可能会有不完全相同的解释,因而可能显示不同的效果。

1.5　网络信息安全

人类正处在一个信息化的时代,网络已经成为人们工作和生活中不可缺少的工具。随着网络在全球范围内迅速普及,信息传递也由利用物理介质的传统方式转变为通过网络传播,所以网络信息的安全问题日益重要。信息与网络涉及国家的政府、军事、科技、文教、企业等诸多领域,在计算机信息网络中存储、传输和处理的许多信息是政府宏观调控决策、商业经济信息、银行资金转账、股票证券、能源资源数据、科研数据等重要信息,其中有很多是敏感信息甚至是国家机密,所以难免会吸引来自世界各地的各种人为攻击(如制造计算机病毒、信息窃取、伪造用户身份、入侵工业和军事网络等)。因此网络信息安全事关国家安全,信息化建设事关国家发展、社会稳定、企业生存和发展等重大问题。

1.5.1　网络信息安全现状

互联网与生俱有的开放性、交互性和分散性特征使人类所憧憬的信息共享、开放、灵活和快速等需求得到满足。网络环境为信息共享、信息交流、信息服务创造了理想空间,网络技术的迅速发展和广泛应用为人类社会的进步提供了巨大推动力。正是由于互联网的开放特性,也产生了许多安全问题。

另外,互联网的商业模式不断创新,线上线下服务融合不断加速,公共服务上网步伐不断加快。以手机为中心的智能设备的普及进一步促进"万物互联",构筑智能家居和人车互联的新体验。随着信息化基础建设的推进,网络信息安全管理已经成为影响国家安全和社会稳定的重要因素,特别是随着5G移动时代的来临,其重要性将更加突出。

《中华人民共和国网络安全法》于2017年6月1日起施行,全国人大常委会也建议加快个人信息保护和关键信息基础设施保护等相关配套法规的立法进程。相关法案的建立和实施将极大地促进我国网络信息安全领域的技术发展。我国信息安全相关的研究经历了通信保密和数据保护两个阶段,正在进入网络信息安全研究阶段,已经开发研制出防火墙、安全路由器、安全网关、黑客入侵检测、系统脆弱性扫描软件等产品。但因网络信息安全是一个综合、交叉的学科领域,综合了数学、物理、生化、电子信息技术和计算机技术等诸多学科的长期积累和最新发展成果,因此十分复杂。国际上已有众多先进完善的网络安全解决方案和产品,但由于出口限制和国家安全等方面的问题,不能直接用于我国的网络信息安全保障。在注重内外兼顾的信息安全综合审计上,国内的理念意识早于国外,产品开发早于国外,目前在技术上有一定优势。

1.5.2　网络信息安全性威胁

归纳起来,网络信息安全性威胁主要有三方面:计算机病毒、黑客攻击和拒绝服务。

1. 计算机病毒

计算机病毒是人为制造的,是编制者在程序中插入的破坏计算机功能或数据的,并且可以自我复制的一组计算机指令或程序代码。自1986年第一个公认的计算机病毒"大脑"(C-Brain)出现,全世界已有上万种计算机病毒问世,每个月都有几百种新病毒出现。层出不穷的计算机病毒给用户造成严重的心理压力,极大地影响了计算机的使用效率,并带来难以估量的损失。

2. 黑客攻击

黑客是对计算机科学、编程和设计方面具有高度理解的计算机用户,利用自己的技术专长专门攻击别人的网站和计算机而不暴露身份,这种非法活动是恶意的,会给受害者带来难以预计的损失。黑客采用的攻击和破坏方式多种多样,对没有网络安全防护设备或防护级别较低的网站和系统进行攻击和破坏,给网络的安全防护带来严峻的挑战。恶意攻击大致分为两种:一种是主动攻击,即黑客侵入系统后以各种方式破坏对方信息的有效性和完整性;另一种是被动攻击,这种攻击是在不影响网络正常工作的情况下利用技术手段截获、窃取、破译,以获得对方网络上传输的有用信息。这两类攻击都会给网络信息安全带来巨大隐患,造成损失。

3. 拒绝服务

拒绝服务(DoS)攻击是目前较常见的一种攻击类型。被攻击的服务器在短时间内收到大量垃圾信息或干扰信息,使得服务器相关服务崩溃,系统资源耗尽,导致服务器无法向正常用户提供服务。拒绝服务攻击的目的很明确,就是让合法用户不能正常访问网络资源,从而达到其不可告人的目的。

常见的DoS攻击有带宽攻击和连通性攻击两种。

- 带宽攻击以极大的通信量冲击网络,使得所有可用的网络资源都被消耗殆尽,最后导致合法的用户请求无法通过。
- 连通性攻击用大量的连接请求冲击计算机,使得所有可用的操作系统资源都消耗殆尽,最终计算机无法再处理合法用户的请求。

1.5.3　解决网络信息安全的主要途径

解决网络信息安全问题的主要途径是利用数据加密与认证、网络访问控制技术。数据加密与认证用于隐蔽传输信息、认证用户身份、网络访问控制技术等。

1. 数据加密

数据加密防止数据被查看或修改,并在不安全的信道上提供安全的通信信道。加密的功能是将明文通过某种算法转换成一段无法识别的密文。一般的数据加密模型如图 1-15 所示。

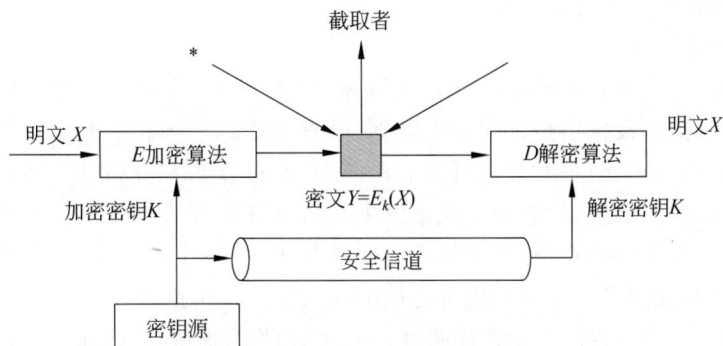

图 1-15　一般的数据加密模型

通常状况下,在对计算机网络的加密信息处理中,基本的信息加密方式主要有链接加密、首尾加密以及节点加密 3 种。

2. 数字认证技术

数字认证技术泛指使用现代计算机技术和网络技术进行的认证。数字认证可以减少运营成本和管理费用,减少金融领域中的多重现金处理和现金欺诈现象。随着现代网络技术和计算机技术的发展,数字欺诈的现象越来越普遍,比如,用户名下文件和资金传输可能会被伪造或更改。数字认证提供了一种机制,使用户能证明其发出信息来源的正确性和发出信息的完整性。数字认证的另一个主要作用是操作系统可以通过它来实现对资源的访问控制。

3. 网络访问控制技术

网络访问控制技术用于对系统进行安全保护,抵抗各种外来攻击,致力于提供介入控制和保证数据传输安全的技术手段。为了抵御网络威胁,并能及时发现网络攻击线索,修补有关漏洞,记录和审计网络访问日志,以及尽可能地保护网络安全,可采取以下防御技术。

1) 防火墙

"防火墙"是一种由计算机硬件和软件的组合使互联网与内部网之间建立起一个安全网关(security gateway),从而保护内部网免受非法用户的侵入机制。经过长期的验证,防火墙能够阻挡对网络的非法访问和不安全数据的传递,使得本地系统和网络免于受到来自外部网络的安全威胁,已经被广泛应用于内部网络和外部公共网络互联的环境中,是内、外部网络之间的第一道屏障。防火墙之所以能够保障网络安全,是因为防火墙可以扫描流经它的网络通信数据,对一些攻击进行过滤,以免其在目标计算机上被执行。防火墙可以通过关闭不使用的端口来禁止特定端口的流出通信,封锁木马,还可以禁止来自特殊站点的访问,从而防止来自非法入侵者的不良企图。防火墙可以记录和统计有关网络使用滥用的情况。防火墙技术属于典型的被动防御和静态安全技术,主要是实现网络安全的安全策略,而这种策略是预先定义好的。在策略中涉及的网络访问行为可以实施有效管理,而策略之外的网络访问行为则无法控制。但是防火墙技术只能防外不防内,不能防范网络内部的攻击,也不能防范病毒。网络管理员可将防火墙技术与其他安全技术配合使用,以更好地提高网络的安全性。

2)入侵检测与防护

入侵(intrusion)是指试图破坏计算机保密性、完整性、可用性或可控性的一系列活动。入侵活动包括非授权用户试图存取数据、处理数据或妨碍计算机的正常运行。入侵检测(intrusion detection)是对入侵行为的检测,它通过收集和分析计算机网络或计算机系统中若干关键点的信息,检查网络或系统中是否存在违反安全策略的行为和被攻击的迹象。入侵检测作为一种积极、主动的安全防护技术,提供了对内部攻击、外部攻击和误操作的实时保护,在网络系统受到危害之前响应入侵并进行拦截。

入侵检测与防护的技术主要有两种:入侵检测系统(intrusion detection system,IDS)和入侵防护系统(intrusion prevention system,IPS)。入侵检测系统注重的是网络安全状况的监管,通过监视网络或系统资源寻找违反安全策略的行为或攻击迹象,并发出报警。因此绝大多数入侵检测系统都是被动的,在攻击实际发生之前,它们往往无法预先发出警报。入侵防护系统则倾向于提供主动防护,注重对入侵行为的控制。其设计宗旨是预先对入侵活动和攻击性网络流量进行拦截,避免其造成损失,而不是简单地在恶意流量传送时或传送后才发出警报。入侵防护系统是通过直接嵌入网络流量中实现这一功能的,即通过一个网络端口接收来自外部系统的流量,经过检查确认其中不包含异常活动或可疑内容后,再通过另外一个端口将它传送到内部系统中。这样,有问题的数据包,以及所有来自同一数据流的后续数据包都能在入侵防护设备中清除掉。

3)虚拟专用网络 VPN

虚拟专用网络 VPN(virtual private network)是依靠因特网服务提供商和其他网络服务提供商在公用网络中建立专用的、安全的数据通信通道的技术。VPN 是加密和认证技术在网络传输中的应用。VPN 网络连接由服务器、客户机和传输介质三部分组成,其连接不是采用物理介质,而是使用称为"隧道"的技术作为传输介质,而这个隧道建立在公共网络之中。为了保证数据安全,VPN 服务器和客户机之间的通信数据都进行了加密处理。有了数据加密,就可以认为数据是在一条专用的数据链路上进行安全传输,就如同专门架设了一个专用网络一样,其实质上就是利用加密技术在公网上封装出一个数据通信隧道。

4)安全扫描

安全扫描包括漏洞扫描、端口扫描、密码类扫描(发现弱口令密码)等。安全扫描可以使用一种扫描器软件来完成,扫描器是最有效的网络安全检测工具之一,它可以自动检测远程或本地主机、网络系统的安全弱点以及所存在可能被利用的系统漏洞。

5)网络蜜罐技术

蜜罐(honeypot)技术是一种主动防御技术,是入侵检测技术的一个重要发展方向,也是一个"诱捕"攻击者的陷阱。蜜罐系统是一个包含漏洞的诱骗系统,它通过模拟一个或多个易受攻击的主机和服务,给攻击者提供一个容易攻击的目标。攻击者往往在蜜罐上浪费时间,延缓对真正目标的攻击。由于蜜罐技术的特性和原理,因此它可以对入侵的取证提供重要的信息和有用的线索,便于研究入侵者的攻击行为。

1.5.4　计算机病毒

1. 计算机病毒的概念

计算机病毒(computer virus)在《中华人民共和国计算机信息系统安全保护条例》中被明确定义为"编制或者在计算机程序中插入的破坏计算机功能或者破坏数据,影响计算机使用并且能够自我复制的一组计算机指令或者程序代码"。计算机病毒通常潜伏在计算机的存储介质或程序里,条件满足时即被激活,通过修改其他程序的方法将自身以某种形式复制到其他程序中。当复制成功时,受影响的程序即被认为是感染了该计算机病毒。

绝大多数计算机病毒的目标是运行 Windows 的系统,并且尝试不同的机制,以感染新的主机。计算机病毒经常使用复杂的反检测和隐身策略,以规避防病毒软件。病毒编制者创建病毒的动机包括寻求利润、操纵和控制舆论,以达到政治目的、证明软件存在漏洞、破坏和拒绝服务、自娱自乐或者仅仅为了探索网络安全问题和改进算法。一个有效的计算机病毒必须具有搜索功能,用来查找值得感染的目标文件或磁盘,并且计算机病毒包含复制功能,以便将自己复制到目标程序中。

2. 计算机病毒的主要特征

1) 传染性

这是病毒的基本特征,是判断一个程序是否为计算机病毒的最重要特征,一旦病毒被复制或产生变种,其传染速度之快令人难以想象。

2) 破坏性

任何计算机病毒感染了系统后,都会对系统产生不同程度的影响。发作时轻则占用系统资源,影响计算机运行速度,降低计算机工作效率,使用户不能正常使用计算机;重则破坏用户计算机的数据,甚至破坏计算机硬件,给用户带来巨大损失。

3) 寄生性

一般情况下,计算机病毒都不是独立存在的,而是寄生于其他程序中。当执行这个程序时,病毒代码就会被执行。在正常程序未启动之前,用户是不易发觉病毒的存在的。

4) 隐蔽性

计算机病毒具有很强的隐蔽性,它通常附在正常的程序之中,或藏在磁盘隐秘的地方,有些病毒采用了极其高明的手段来隐藏自己,如使用透明图标、注册表内的相似字符等,而且有的病毒在感染了系统之后,计算机系统仍能正常工作,用户不会感到任何异常。在这种情况下,普通用户无法在正常的情况下发现病毒。

5) 潜伏性

大部分病毒感染系统之后,一般不会马上发作,而是隐藏在系统中,就像定时炸弹一样,只有在满足特定条件时才被触发。例如,黑色星期五病毒,不到预定时间,用户就不会觉察出异常。一旦遇到 13 日并且是星期五,病毒就会被激活,并且对系统进行破坏。

3. 计算机病毒的分类

计算机病毒数量繁多,按照不同特点,可以有多种分类方法。同时,根据不同的分类方法,同一种计算机病毒也可以属于不同的种类。

1) 根据病毒存在的媒体划分

(1) 网络病毒:通过计算机网络传播感染网络中的可执行文件。

(2) 文件病毒:感染计算机中的文件(如 com、exe、doc 等类型文件)。

(3) 引导型病毒:感染启动扇区(boot)和硬盘的系统引导扇区(MBR)。

还有这三种情况的混合型,例如:多型病毒(文件和引导型)感染文件和引导扇区两种目标,这样的病毒通常都具有复杂的算法,它们使用非常规的办法入侵系统,同时使用了加密和变形算法。

2) 根据病毒传染渠道划分

(1) 驻留型病毒:这种病毒感染计算机后,把自身的内存驻留部分放在内存(RAM)中,这一部分程序挂接系统调用并且合并到操作系统中去,它始终处于激活状态,一直到关机或重新启动。

(2) 非驻留型病毒:这种病毒得到机会激活时并不感染计算机内存。一些病毒在内存中留有小部分,但是并不通过这一部分进行传染,这类病毒也被划分为非驻留型病毒。

3) 根据破坏能力划分

(1) 无害型:除了传染时减少磁盘的可用空间外,对系统没有其他影响。

(2) 无危险型:这类病毒仅仅是减少内存、显示图像、发出声音及同类影响。

(3) 危险型:这类病毒在计算机系统操作中造成严重的错误。

(4) 非常危险型:这类病毒删除程序、破坏数据、清除系统内存区和操作系统中重要的信息。

这些病毒对系统造成的危害,并不仅仅是本身的算法中存在危险指令,也包括当它们传染其他程序时会引起无法预料和灾难性的后果,由病毒引起其他程序产生的错误也会破坏数据和扇区。某些无害型病毒也可能会对其他版本的 Windows 和其他操作系统造成破坏。

4) 根据算法划分

(1) 伴随型病毒:这类病毒并不改变文件本身,它们根据算法产生 exe 文件的伴随体,具有同样的名字和不同的扩展名。例如:xcopy.exe 的伴随体是 xcopy.com。病毒把自身写入 com 文件并不改变 exe 文件,当 DOS 加载文件时,伴随体优先被执行,再由伴随体加载执行原来的 exe 文件。

(2)"蠕虫"型病毒:通过计算机网络传播,不改变文件和资料信息,利用网络从一台机器的内存传播到其他机器的内存,计算机将自身的病毒通过网络发送。有时它们存在于系统,一般除了内存不占用其他资源。

(3) 寄生型病毒:除了伴随和"蠕虫"型,其他病毒均可称为寄生型病毒,它们依附在系统的引导扇区或文件中,通过系统的功能传播。

4.计算机病毒的预防

对于任何计算机系统来说,病毒始终是不可避免的一种威胁。计算机病毒可导致系统故障、毁坏数据、浪费计算机资源、增加维护成本等,每年造成数百亿的经济损失。相应地也诞生了防病毒软件行业,开发出许多防病毒工具,向各种操作系统的用户销售或免费分发。尽管目前尚无防病毒软件能够对抗所有计算机病毒,但是计算机安全研究人员正在积极寻找新的方法,使防病毒解决方案能够更有效地检测新兴的病毒。平时使用计算机和其他智能电子设备的时候,只要做到以下几方面,就会大大减少病毒感染的机会。

1)建立良好的安全习惯

不要打开一些来历不明的邮件及附件,并尽快删除,不要浏览不良网站和打开来路不明的链接,来路不明的链接很可能是蠕虫病毒自动通过电子邮件或即时通信软件发送的,大多这样的链接都是指向利用浏览器漏洞制作的网站。这类网站往往包含大量盗取他人信息的病毒,访问这些网站后不用下载也会被其控制和感染病毒,计算机中的信息都会被自动盗走。

不要执行从 Internet 下载后未经杀毒处理的软件等,在连接到互联网和打开安全性未知的软件之前安装杀毒软件与防火墙产品,并且及时更新。杀毒软件不是万能的,用户自身的安全行为依然是保证系统安全的关键因素。

2)关闭或删除系统中不需要的服务

默认情况下,许多操作系统会安装一些辅助服务,如 FTP 客户端、Telnet 和 Web 服务器。这些服务为攻击者提供了方便,而又对用户没有太大用处,如果删除他们,就能大大减少被攻击的可能性。

3)及时修补操作系统以及主要软件的安全漏洞

据统计,80%的网络病毒是通过系统安全漏洞传播的,像红色代码、尼姆达、冲击波等病毒,所以应该定期升级操作系统,以防患于未然。设置一个复杂的系统密码,关闭系统默认网络共享,防止局域网入侵或弱口令蠕虫传播。定期检查系统配置实用程序启动选项卡情况,及时停止不明的 Windows 服务。

4)及时安装防火墙

安装较新版本的个人防火墙,并随系统启动一同加载,在防火墙的使用中应禁止来路不明的软件访问网络。防火墙可以"主动防御"以及实时监控注册表,每次不良程序针对计算机的恶意操作都可以实施拦截阻断,防止多数黑客进入计算机偷窥、窃密或放置黑客程序。

5)安装专业的防病毒软件进行全面监控

在病毒日益增多的今天,使用杀毒软件进行防杀病毒,是简单有效和越来越经济的选择。用户安装了反病毒软件后,应该经常升级至最新版本,保持最新病毒库,以便能够查出最新的病毒。

选择包含实时扫描功能的杀毒软件。为了防止计算机遭遇病毒或蠕虫,需要一个实时的自动扫描工具,以确保日常操作时可以及时发现病毒和蠕虫的感染,并阻止其蔓延。

实时扫描可能会给系统性能带来一定的压力,但一定不要关闭该功能,特别是在浏览网页和收发电子邮件时不能关闭杀毒软件的实时扫描功能来获得额外的性能提高。

定期对计算机系统进行全面扫描。仅仅依靠实时扫描是远远不够的,还应该经常对系统进行全面扫描。实时扫描只能在病毒感染前进行监测,如果系统在连接时被感染可以有效地予以保护,即使这样也有可能出现病毒没有包含在反病毒软件的特征代码库里的情况,定期全面扫描可以发现这些漏网的病毒。

对于杀毒软件的选择,可以关注一些主流杀毒软件评测机构的报告,比如 AV-TEST 和 AV-Comparatives 的评测报告。这些机构每年都有数次对市场上优秀的杀毒软件进行全方位的测试评选,根据近几年的评选结果,Avira、Bitdefender 和 Kaspersky 都是比较优秀的 PC 端杀毒软件,并且都提供免费版给个人用户使用。

6) 谨慎使用盗版软件和被破解的软件

这类软件往往被制作者植入了病毒或者留有后门盗取用户信息。尽量到官方网站下载和使用相关的软件。不要运行不安全的程序,特别是一些具有诱惑性的文件名的程序,单击运行后病毒就在系统中运行了。

7) 使用复杂的密码

有许多网络病毒就是通过猜测简单密码的方式攻击系统的。因此使用复杂的密码将会大大提高计算机的安全系数。

8) 迅速隔离受感染的计算机

当发现计算机病毒或异常时,应立即中断网络,然后尽快采取有效的查杀病毒措施,以防止计算机受到更多的感染,或者成为传播源感染其他计算机。

习　　题

1. 简述计算机硬件系统的组成部分及其功能。
2. 计算机硬盘和内存的主要区别是什么?在计算机运行过程中分别起什么作用?
3. 简述操作系统的作用。
4. 什么是计算机网络?它的主要功能有哪些?
5. 描述计算机网络中 IP 地址和 MAC 地址的区别。
6. 常见的计算机安全防范措施有哪些?

第 2 章 新一代信息技术

学习目标：

➢ 了解大数据的基本概念和特征及其在不同行业的应用场景。

➢ 了解云计算的基本概念、类型和应用场景。

➢ 了解电子商务的基本概念、主要特点和应用场景。

➢ 了解人工智能的基本概念、发展历史和主要应用场景。

➢ 了解物联网的发展历史和主要应用场景。

➢ 了解虚拟现实和增强现实的基本概念、发展历史和主要应用场景。

2.1 大数据及其应用

2.1.1 大数据概述

2008 年 9 月，美国《自然》杂志专刊 *The next Google* 第一次正式提出"大数据"的概念。大数据(big data)是指在规模、速度和多样性上超出传统数据处理能力的数据集合。它不仅包括结构化数据(如数据库中存储的表格数据)，还涵盖非结构化数据(如文本、图像、视频等)和半结构化数据(如 XML、JSON 等)。麦肯锡全球研究院在 2011 年 5 月第一次给出了大数据清晰的定义：大数据是一种规模大到在获取、存储、管理、分析方面大大超出了传统数据库软件工具能力范围的数据集合，通常具有海量的数据规模、快速的数据流转、多样的数据类型和价值密度低四大特征，具体如下。

1. 数据的体量(volume)

大数据的核心特征之一是其庞大的数据体量，通常以 TB(千兆字节)、PB(拍字节)甚至 EB(艾字节)计量。随着互联网、物联网(IoT)、社交媒体以及其他数码设备的普及，数据生成的速度和数量都在急剧上升。传统数据库系统常常无法有效存储和处理如此大规模的数据，导致了对新型数据存储解决方案(如分布式数据库、云计算存储等)的需求不断增长。大数据技术，如 Hadoop 和 NoSQL 数据库，便是在这种环境下应运而生的，能够高效地管理和分析海量数据。

2. 数据的速度（velocity）

大数据的生成和处理速度极快，这意味着数据的流入和分析的实时性至关重要。在许多应用场景中，如金融交易、社交媒体和在线游戏，数据以惊人的速度产生，通常要求对数据进行即时处理和分析。这种对实时性的需求促使了流媒体处理技术的发展，例如Apache Kafka和Apache Flink等流处理框架，它们能够在数据生成的瞬间进行分析和决策，帮助企业实时响应市场变化、用户行为或设备状态。

3. 数据的多样性（variety）

大数据的来源极其多样，包括结构化数据（如数据库中的表格数据），半结构化数据（如XML和JSON文件），以及非结构化数据（如文本、图像、视频和音频）。这种多样性使得数据的处理变得复杂，因为不同的数据类型需要不同的处理方法和工具。例如，处理社交媒体内容需要自然语言处理技术，而图像和视频数据的分析则要求计算机视觉技术。为了有效地整合和分析这些不同类型的数据，企业通常需要采用多种数据处理和分析工具，如数据湖、ETL（提取、转换和加载）工具以及基于云的分析平台。

4. 数据的价值（value）

尽管大数据的体量巨大，然而真正有价值的信息通常只是其中的一小部分。大数据的最终目标在于从海量的数据中提取有用的信息和洞察，以支持数据驱动的决策。为此，企业需要实施有效的数据挖掘和分析技术，如机器学习、人工智能和统计分析等，以识别潜在的模式和趋势。这种价值提取不仅可以帮助企业优化业务流程、提高客户满意度，还能在产品开发、市场营销和风险管理等领域产生深远的影响。因此，数据的价值还与企业的策略和执行能力密切相关，如何有效利用数据成为企业在竞争中胜出的关键。

大数据的"4V"特征突出表明了其复杂性和挑战性。企业需要充分理解数据的体量、速度、多样性和价值，以便有效地管理和利用大数据，推动业务创新和决策优化。随着大数据技术和分析能力的不断提升，能够灵活应对这些挑战的组织将能够在竞争中占据优势，挖掘出更为深刻的商业洞察。

2.1.2　大数据的应用场景

现代社会是一个高速发展的社会，科技发达，信息流通，人们的交流越来越密切，大数据就是这个高科技时代的产物，包括金融、汽车、零售、餐饮、电信、能源、教育、政务、医疗、体育、娱乐等在内的各行各业累积的数据量越来越大（图2-1），未来的时代将是数据科技（data technology，DT）时代。在大数据中，非结构化数据越来越成为数据的主要部分。互联网数据中心（internet data center，IDC）的调查报告显示：企业中80%的数据都是非结构化数据，这些数据每年都按指数增长60%。在以云计算为代表的技术创新大幕的衬托下，这些原本看起来很难收集和使用的数据开始容易被利用，通过各行各业的不断创新，大数据正逐步为人类创造更多的价值，极大地推动了各行业的创新和发展。

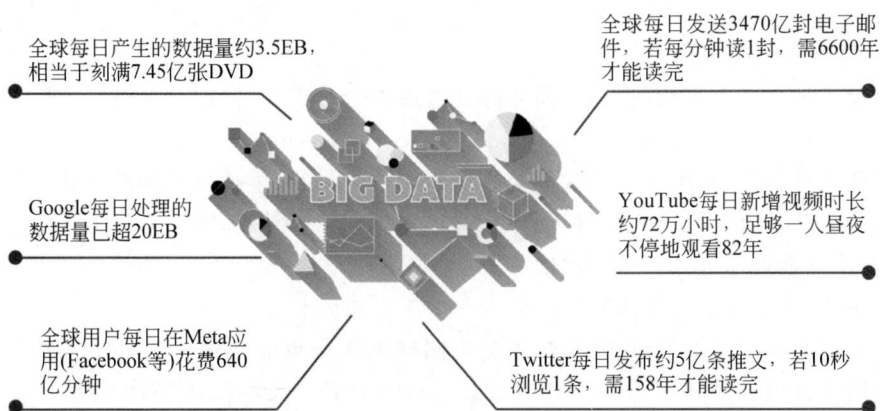

全球每日产生的数据量约3.5EB，相当于刻满7.45亿张DVD

全球每日发送3470亿封电子邮件，若每分钟读1封，需6600年才能读完

Google每日处理的数据量已超20EB

YouTube每日新增视频时长约72万小时，足够一人昼夜不停地观看82年

全球用户每日在Meta应用(Facebook等)花费640亿分钟

Twitter每日发布约5亿条推文，若10秒浏览1条，需158年才能读完

图 2-1　大数据的来源

1. 医疗健康领域

大数据在医疗健康领域的应用涵盖了疾病预测和预防、个性化治疗、医疗资源的优化分配、医疗决策的辅助、医疗质量的监控和改进、公共卫生管理以及医药研发等多方面。这些应用不仅提高了医疗服务的效率和质量，也为患者提供了更加精准和个性化的医疗服务。然而，大数据在医疗健康领域的应用也面临着数据隐私保护、数据质量等挑战，需要持续关注和解决。

1）疾病预测和预防

在疾病预测和预防方面，首先，通过收集和分析患者的病历、生理指标和基因数据等大量医疗数据，可以建立疾病预测模型。这些模型利用数据挖掘和机器学习算法(如逻辑回归和决策树)能够预测某些疾病的发生概率，从而帮助医生和研究人员采取相应的预防措施。对于特定疾病(例如乳腺疾病)，可以通过生物信息学的手段分析基因数据，结合大数据分析平台(如 Apache Spark)来建立风险评估模型，以识别高风险人群，并进行早期干预。

2）个性化治疗

个性化治疗亦是大数据应用的重要领域。每个人的基因组和身体状况都是独一无二的，这就要求我们利用基因数据进行精准的治疗。在这一过程中，基因组分析工具和机器学习算法被广泛应用，以优化个性化治疗方案。通过对大量数据的分析，医生可以了解不同治疗方案在类似病情患者中的效果，从而为患者选择最佳的治疗方案。这些数据驱动的方法能够有效提高治疗效果，并最大限度地减少不必要的医疗干预。

3）医疗资源的优化分配

在医疗资源的优化分配中，需求分析和资源配置是关键环节。通过收集和分析医疗数据，可以了解不同地区和医院的医疗需求，从而优化资源的分配。利用社会网络分析和地理信息系统(geographic information system，GIS)技术，能够更好地理解患者的就医流动情况，并合理规划医院的床位和医生资源，提高医疗服务的效率。通过运营研究和优化算法的应用，医疗资源的配置也得到合理安排，确保每一位患者都能得到及时的医疗服务。

4）医疗决策的辅助

医疗决策是一个复杂的过程,需要综合考虑多个因素,大数据分析可以为医生提供决策支持。通过开发临床决策支持系统(clinical decision support system,CDSS)和应用数据可视化工具,可以将患者历史数据与临床指南整合,为医生提供更加准确和科学的医疗决策支持。此外,借助机器学习模型分析大量病历和治疗结果,能够为医生提供有效的治疗推荐,使其能迅速选择合适的治疗方案。

5）医疗质量的监控和改进

在医疗质量的监控与改进中,数据分析同样发挥着重要作用。通过建立质量管理体系和使用统计过程控制(statistical process control,SPC)技术,医疗机构能够评估服务质量,如手术成功率和并发症发生率,找出存在的问题,并采取相应的改进措施。同时,通过实施 PDCA(plan-do-check-act)循环持续监测医疗质量,利用反馈分析系统收集信息,推动医疗服务质量的不断提升。

6）公共卫生管理

大数据还在公共卫生管理中发挥了不可或缺的作用。流行病的实时监测和预测能够为公共卫生部门提供及时的预警信息,利用实时数据分析平台(如 Hadoop)和动态监测系统分析健康数据,并建立流行病预警模型。此外,通过地方病相关数据的分析与流行病学工具的结合,可以制定更有效的防治策略,降低地方病的发病率和死亡率。

7）医药研发

在医药研发领域,诸多技术同样推动了工作效率。药物研发过程可通过高通量筛选(high-throughput screening,HTS)与计算药理学实现加速,通过分析大量药物试验数据筛选出具有潜力的药物候选物。而对药物副作用的研究则可以借助大数据分析技术与社交媒体分析扩大数据样本的数量和范围,更全面地分析药物的副作用和安全性。

2. 金融服务领域

大数据在金融服务领域的应用极为广泛且深入,为金融机构提供了更高效、更精准、更智能的服务方式。

1）风险管理

（1）信用风险评估:在信用风险评估方面,金融机构可以通过运用机器学习(machine learning)和数据挖掘(data mining)技术分析客户的信用历史、交易行为和财务状况等多维度数据。通过构建风险预测模型更准确地评估客户的信用风险,从而制定相应的贷款政策,调整贷款利率和额度,并降低不良贷款率。

（2）市场风险预测:大数据技术使得金融机构可以实时收集并分析市场数据和历史交易记录。通过应用时间序列分析(time series analysis)和回归分析(regression analysis),金融机构能够预测市场波动,识别不同资产之间的相关性,进而优化投资组合,降低市场风险。

（3）操作风险管理:针对操作风险,金融机构可以通过流程挖掘(process mining)和模式识别(pattern recognition)技术,对内部管理流程、员工行为和系统运行状况进行数据采集和分析,从而及时发现潜在的操作风险,并采取相应的措施进行防范。

2) 投资决策

(1) 量化投资:在量化投资中,金融机构利用大数据技术分析海量的市场数据和历史数据,使用算法交易(algorithmic trading)和统计分析(statistical analysis)来发现市场中的交易机会和趋势。为投资者提供科学的投资策略和组合建议,有助于提高投资回报率。

(2) 风险评估与预警:大数据技术还可以对投资组合进行风险评估,通过应用风险管理模型(risk management models)实时监控交易风险并进行预警,帮助投资者更好地管理投资风险。

3) 客户关系管理

(1) 客户画像:金融机构通过客户关系管理系统(customer relationship management,CRM)收集和分析客户的交易记录、消费行为和社交关系等信息,形成全面的客户画像。这使得金融机构能够实施精准营销和个性化服务,提升客户体验。

(2) 需求分析:基于客户画像,金融机构可以借助数据分析工具(data analysis tools)深入了解客户的需求和偏好,从而提供更符合其需求的产品和服务,提高客户的满意度和忠诚度。

4) 监管合规

(1) 监管数据收集与分析:金融机构需要高效地收集和处理大量的监管数据,以确保符合监管要求。借助大数据分析技术(big data analytics),金融机构可以及时发现并报告异常情况,以保护客户和金融系统的安全。

(2) 反欺诈与反洗钱:通过对大规模交易数据、客户行为数据的分析,应用机器学习(machine learning)和异常检测(anomaly detection)技术,金融机构可以构建模型和算法来识别潜在的欺诈行为和洗钱活动,以保护金融机构和客户的利益。

5) 业务创新与效率提升

(1) 产品创新:基于大数据分析,金融机构可以利用市场分析工具(market analysis tools)推出更符合市场需求和客户需求的创新产品,拓展市场份额。

(2) 流程优化:通过数据分析与自动化处理(automation)技术,金融机构可以优化业务流程,提高业务处理效率。同时,引入机器人流程自动化(robotic process automation,RPA)技术,有助于降低运营成本,提升整体效率。

3. 物联网领域

大数据在物联网(internet of things,IoT)领域的应用涵盖了数据处理与分析、实时监控与预测、用户体验优化、供应链管理优化、能源管理以及跨行业应用等多方面。这些应用不仅提高了企业和组织的运营效率和管理水平,还为用户提供更加便捷、高效和个性化的服务体验。

1) 数据处理与分析

物联网设备产生的海量数据是大数据的重要来源。大数据技术(big data technologies)能够处理这些来自不同类型传感器和设备的数据,从而挖掘出有价值的信息。这些信息对于优化系统性能、预测设备故障、改进供应链管理等具有重要意义。涉及的具体技术包括数据挖掘(data mining)、机器学习(machine learning)和数据仓库(data warehouse)等，这些技术能够帮助企业高效地分析和存储数据。

2）实时监控与预测

物联网结合大数据技术可以实现对设备和系统的实时监控。例如，在智能制造领域，通过在生产线上部署传感器和智能设备，可以实时收集设备运行数据，利用大数据技术进行分析，预测设备故障，并提前进行维护，减少停机时间和维修成本。具体技术如流数据处理(stream processing)和预测分析(predictive analytics)能够实时处理和分析数据。此外，在智能交通领域，大数据和物联网的结合可以实时监控交通状况，预测拥堵情况，为城市交通管理提供科学依据，相关技术包括地理信息系统(geographic information systems，GIS)和交通流量分析(traffic flow analysis)。

3）用户体验优化

物联网设备可以收集大量关于用户行为和偏好的数据。通过大数据分析，企业可以深入了解用户需求，优化产品设计和服务流程，提升用户体验。具体技术包括用户行为分析(user behavior analytics)和个性化推荐系统(personalized recommendation systems)，这些技术能够帮助企业根据用户习惯和偏好进行产品和服务的定制。例如，智能家居系统可以根据用户的日常习惯自动调整家居环境，提供更加舒适和便捷的生活体验。

4）供应链管理优化

物联网传感器可以实现实时供应链跟踪，提供关于产品位置、状态、温度等关键信息。结合大数据技术，企业可以实时了解供应链状况，优化库存管理、减少浪费，并快速响应市场变化。具体技术如物联网平台(IoT platforms)和实时数据分析(real-time data analytics)可以帮助企业监控和管理供应链。例如，在冷链物流中，通过物联网和大数据技术可以实时监控产品温度，确保产品质量和安全。

5）能源管理

物联网和大数据在能源管理领域也有重要应用。通过连网传感器收集能源使用数据，利用大数据技术进行分析和优化，可以实现能源的智能分配和节约。涉及的具体技术包括智能计量(smart metering)和能源管理系统(energy management systems)，这些技术能够帮助企业实时监控和优化能源使用。例如，在智能建筑中，通过物联网设备收集照明、空调等系统的能耗数据，利用大数据分析进行能源管理，可以降低能耗成本，并提升能源使用效率。

4. 社交媒体和市场营销领域

大数据在社交媒体和市场营销领域的应用极为广泛，通过深入分析用户数据和市场趋势，企业能够制定更加精准和有效的市场策略，实现更好的营销效果，极大地提升了企业的运营效率和市场竞争力。

1）用户画像

大数据技术(big data technologies)帮助企业构建用户画像，深入了解每个用户群体的需求、行为偏好和消费能力。这种信息整合通过数据挖掘(data mining)和用户行为分析(user behavior analytics)技术实现,企业能够更精准地识别目标用户,制定相应的市场策略,从而提高营销效果。例如,企业可利用社交媒体分析工具(social media analytics tools)汇总用户评论和互动,以标识出不同用户群体的特征。

2）趋势预测

通过分析大量数据,尤其是历史数据和实时数据,企业可以预测市场趋势,如新产品需求、竞争对手行为等。这种预测能力依赖于预测分析(predictive analytics)和机器学习(machine learning)技术,使企业能够识别模式和趋势,从而及时调整市场策略,把握市场机遇。例如,利用时间序列分析(time series analysis),企业能够监测产品销售和市场动态,预测未来的市场需求。

3）优化产品和服务

企业可以通过分析用户反馈和行为数据、流量分析(web traffic analysis)和客户满意度调查数据发现产品或服务中的问题,并及时进行调整和优化。这一过程常常利用数据可视化(data visualization)技术,帮助决策者更直观地理解数据信息,做出更科学、更精准的决策,从而提高产品和服务的竞争力。

4）个性化营销

大数据技术使企业能够实现个性化营销,根据每个用户的兴趣和需求提供定制化的产品或服务信息。具体技术包括推荐系统(recommendation systems)和行为分析(behavioral analysis),这些技术能够基于用户的历史数据和行为模式提供个性化的广告展现。这种精准投放不仅提高了广告效果,还降低了营销成本,提升了客户的转换率。

5）营销效果评估

大数据技术帮助企业实时监测营销活动的表现,收集反馈数据(feedback data),以便及时调整策略。通过效果分析(effectiveness analysis),企业可以评估广告效果并优化广告投入。例如,使用多渠道数据分析(multichannel data analysis),企业可以跟踪不同渠道的营销效果,从而提高投入产出比(return on investment,ROI)。

6）社交媒体营销

在社交媒体平台上,大数据被广泛应用于视觉识别(visual recognition)、个性见解(personal insight)和提高定位(enhanced targeting)等方面。例如,通过图像识别技术(image recognition technology),营销人员可以检测并分析用户生成的内容,识别图片中的文字或对象,生成自定义分类器,帮助其检测并参与社交网络上的客户互动。此外,大数据社交媒体分析(social media analytics)可以揭示用户的个性化属性,帮助营销人员获得对用户的整体理解,从而进行个性化交互,改进转换策略。

在全球范围内,运用大数据推动经济发展、完善社会治理、提升政府服务和监管能力正成为趋势,发达国家相继制定实施大数据战略性文件,大力推动大数据发展和应用。目前,我国互联网、移动互联网用户规模居全球第一,拥有丰富的数据资源和应用市场优势,大数据的部分关键技术研发取得突破,涌现出一批互联网创新企业和创新应用,一些地方政府已启动大数据相关工作。坚持创新驱动发展,加快大数据部署,深化大数据应用,已成为稳增长、促改革、调结构、惠民生和推动政府治理能力现代化的内在需要和必然选择。

2.2 云计算及其应用

2.2.1 云计算概述

云计算(cloud computing)是继 20 世纪 80 年代大型计算机到客户端—服务器的大转变之后的又一种巨变,是分布式计算(distributed computing)、并行计算(parallel computing)、效用计算(utility computing)、网络存储(network storage)、虚拟化(virtualization)、负载均衡(load balance)、热备份冗余(high available)等传统计算机和网络技术融合发展的产物。云计算是通过互联网提供计算资源和服务模式,允许用户按需获取和使用计算能力、存储空间、应用程序等资源,而无须购买和维护本地硬件和软件。云计算的"云"就是存于互联网上的服务器集群上的软件和硬件资源。云计算的核心思想是将计算资源(包括服务器、存储、数据库、网络、安全、软件等)集中在云端,并通过网络提供给用户,以便用户可以按需访问和使用这些资源。美国国家标准与技术研究院(NIST)将云计算定义为:云计算是一种按使用量付费的模式,这种模式提供可用的、便捷的、按需的网络访问,进入可配置的计算资源共享池(资源包括网络、服务器、存储、应用软件、服务),这些资源能够被快速提供,只需投入很少的管理工作,或与服务供应商进行很少的交互。云计算的部署模型主要有公有云、私有云和混合云 3 种类型。

(1)公有云:是由第三方云服务提供商管理的云环境,这些资源服务于多个用户(即多个组织或个人),通常是按照按需付费的模式。用户不需要购买硬件或软件,只需通过互联网访问服务。公有云的优势包括成本效益、可扩展性和易于访问。

(2)私有云:是为单一组织量身定制的云环境,可以由组织自行管理,也可以由第三方服务提供商托管。私有云为组织提供了更高的控制、定制性和安全性,适合需要严格控制数据和应用的企业和机构,比如金融和医疗行业,私有云的缺点是投入成本较大。

(3)混合云:结合了公有云和私有云的优势,使得数据和应用可以在两者之间共享。企业可以根据业务需求和安全性选择在私有云上运行敏感应用,同时利用公有云的可扩展性和弹性。这种灵活性使得组织能够在优化成本和安全性之间取得平衡。

从技术上看,大数据与云计算的关系就像一枚硬币的正反面一样密不可分,大数据分析常和云计算联系在一起,因为实时的大型数据集分析需要像 MapReduce 一样的框架来向数十、数百甚至数千台电脑分配工作。

2.2.2 云计算的应用场景

随着数字化时代的不断深入,云计算作为一种灵活、高效的计算模式,正成为企事业数字转型的核心引擎。云计算(cloud computing)已经在多个领域的应用场景持续演进。特别是深度整合人工智能(artificial intelligence)和机器学习(machine learning)技术、边缘计算(edge computing)的演进、多云和混合云策略(multicloud and hybrid cloud strategies)的盛行以及基础设施即代码(infrastructure as code,IaC)的进步等趋势,进一步推动云计算的发展与应用。云上的 AI 服务将为人们提供更丰富的数据分析和预测能力,帮助人们更好地理解业务数据,做出智能决策,并推动业务创新。

1. 企业业务应用

企业利用云计算来运行自身的业务应用程序,如 ERP(enterprise resource planning)、CRM(customer relationship management)、HRM(human resource management)等。通过云计算,企业可以轻松进行数据管理(data management),降低 IT 成本,并提高响应速度和可靠性。云计算提供了大数据存储和处理的基础设施,使企业能够快速获得洞察力和预测性分析结果(predictive analytics),因此能够更有效地支持决策制定和市场策略调整。例如,基于云的分析平台能够整合来自不同业务部门的数据,进行深度数据分析,帮助实现业务优化。

2. 应用程序开发测试环境

云计算为开发人员提供了独立、高效、可定制的开发和测试环境(development and testing environment),让开发人员可以更加轻松地进行应用程序的开发和测试。利用容器技术(containerization,如 Docker 和 Kubernetes),开发团队能够轻松部署和管理开发和测试环境,提高协作效率。此外,云平台的弹性特性使得开发者能够按需扩展资源,降低了开发过程中的基础设施管理成本。

3. 游戏开发与运营

云计算提供了高性能和高并发的游戏平台,能够快速部署并易于扩展,使得游戏开发商可以迅速推出新游戏,同时实现更好的用户交互和游戏体验。通过云技术,游戏开发商可以利用边缘计算(edge computing)降低延迟,确保玩家的实时互动流畅体验。此外,云计算也支持大量用户同时在线和动态更新内容,为游戏玩家提供无缝的游戏体验。

4. 网络媒体领域

云计算提供了高效、稳定的网络媒体平台,能够更好地管理和存储大规模的媒体数据(media data),实现视频流式传输(streaming)、实时转码(real-time transcoding)等功能,使用户能够随时随地享受优质的媒体内容。利用内容分发网络(content delivery network),流媒体服务能够将内容快速推送到全球用户,提高用户的观看体验。此外,云计算还为媒体文件的存储和管理提供了灵活的解决方案,支持各种格式和类型的文件处理。

5. 教育与科研领域

云计算为在线教学提供了便利条件,教育机构和教育工作者可以构建自己的在线教育平台,将教学资源和学习资料存储在云端,方便学生随时随地访问和学习。教育云平台利用学习管理系统(learning management system)提供个性化学习体验和进度追踪。同时,学生还可以在虚拟实验室中进行各种实验操作,如化学实验和物理实验,避免了资源的浪费和实验过程中的危险。数字化图书馆通过云存储将大量纸质书籍和资料转换为数字资源,存储在云端,方便用户随时随地访问。

6. 医疗健康领域

医疗机构将患者的病历数据存储在云端,实现数据的共享和协同工作,提高医疗服务的效率和质量。云计算技术能够支持医疗机构存储和处理医疗图像数据(如 CT、MRI 等),并结合人工智能技术进行疾病图像分析,提升诊断准确性。通过云计算,医疗机构能够提供远程医疗服务(telemedicine),如在线问诊、视频医疗和电子病历查询,使患者方便快捷地获得医疗服务,特别是在偏远地区的病患,享受到专业的医疗支持。

7. 其他领域

云存储(cloud storage)是一种新兴的网络存储技术,通过集群应用、网络技术或分布式文件系统(distributed file system)等功能,使网络中的各种存储设备协同工作,以提供数据存储和业务访问功能。这种技术实现了异地备份(offsite backup)和容灾(disaster recovery),同时强大的数据恢复能力(data recovery)确保了数据的安全性。云计算的强大计算和存储能力也为人工智能的快速发展提供了支撑,许多 AI 模型的训练和推理都依赖云端计算资源,使得开发者能够在短时间内处理海量数据,提升模型的准确性和效率。

2.3 电子商务及其应用

2.3.1 电子商务概述

电子商务(E-commerce)的发展可以追溯到 20 世纪 60—70 年代。当时,企业采用电子数据交换(electronic data interchange,EDI)进行交易。随着互联网技术的进步和宽带的普及,电子商务迅速发展,购物网站的数量不断增加。电子商务是指通过互联网进行的商品和服务的买卖活动。它涵盖了广泛的商业交易类型,包括企业与消费者之间的交易(business to consumer,B2C)、企业与企业之间的交易(business to business,B2B)、消费者之间的交易(consumer to consumer,C2C)等。电子商务的主要特点如下。

1. 全球性

电子商务打破了传统商业模式的地理限制,使得企业和消费者能够在全球范围内进行交易。无论消费者身处何地,只需通过互联网就可以访问世界各地的商家和产品。这种全球性的特征为企业尤其是中小企业打开了国际市场的大门,使他们能够接触更广泛的客户群体。例如,通过建立国际化的在线商店,企业能够在不同国家和地区销售产品,从而实现营业额的增长。此外,跨境电商的出现也促进了不同文化的交流和融合,推动了全球经济的发展。

2. 便捷性

电子商务的便捷性体现在消费者可以随时随地通过互联网访问商家并进行消费。无论是手机、平板还是电脑,只要有网络连接,消费者就能够浏览商品、比较价格、完成支付和跟踪订单。这种便利性不仅节省了时间,还让消费者能够在自己的舒适环境中购物,消除了传统购物中因时间和空间限制带来的不便。此外,许多电子商务平台提供一键购物、快速结账等功能,使购物体验更加流畅和快速。

3. 成本效益

电子商务通常能显著降低运营成本,这使得企业能够以更具竞争力的价格提供商品和服务。在线商店省去了实体店铺的租金和维护成本,减少了库存和人力成本。企业可以通过精确的数据分析来优化库存管理,降低过剩库存的风险。此外,电子商务平台还可以直接将消费者的需求与生产者对接,减少中间环节,进一步降低交易成本,从而为消费者提供实惠的价格。

4. 信息丰富

网络平台上充斥着大量产品信息和用户评价,这使得消费者能够轻松访问并筛选出符合自己需求的商品。在购买决策过程中,消费者可以通过产品描述、图片或视频以及用户评分和评论等多种形式获取信息。这种信息的丰富性帮助消费者在比较不同商品时能够更直观地了解各自的优缺点,从而做出更明智的购买决策。此外,社交媒体和网络论坛等平台也为消费者提供了更多的交流和分享渠道,增强了购物前的决策过程。

5. 个性化

科技的进步,尤其是人工智能、机器学习和大数据分析(big data analytics),使得电子商务中的个性化营销和精准投放成为可能。通过分析用户的浏览历史、购买记录和行为模式,企业能够更好地理解消费者的需求,提供有针对性的产品推荐和定制化服务。例如,流行的推荐系统(recommendation systems)能够根据用户的兴趣和消费习惯推送相关商品,提升购买率。此外,邮件营销(E-mail marketing)也可以根据用户的偏好进行个性化调整,从而提高推广的有效性和用户的响应率。

6. 互动性与社交化

电子商务还具有高度的互动性。消费者不仅可以浏览产品,还可以与商家进行实时沟通,比如通过在线客服、社交媒体评论或即时消息等方式。这种互动不仅能增强消费者的购物体验,还为商家提供了收集客户反馈和意见的渠道。此外,电子商务平台通常具备社交化特征,允许用户分享购买经历、发布评价、参与讨论等,这些行为的社交性增强了消费者的参与感,促进了口碑传播和忠诚度的建立。

7. 安全性与信任

随着电子商务的普及,消费者对网络购物的安全性与信任问题日益重视,主流的电子商务平台通过采用先进的加密技术、支付验证机制以及客户隐私保护措施来提高交易的安全性。此外,通过第三方支付、用户反馈和评价体系等方法,增强了消费者对电子商务平台的信任感。企业构建良好的信用体系,使消费者在享受便捷的同时也能够保障其权益,进而促进交易的顺利进行。

8. 灵活的支付方式

电子商务的另一个重要特点是提供多样化、灵活的支付方式。消费者可以选择信用卡、借记卡、电子钱包(如微信、支付宝、PayPal、Apple Pay 等)甚至加密货币等方式进行支付,支付方式的多样化不仅提高了消费的便利性,还减少了因支付问题可能导致的交易失败。同时,随着技术的发展,分期付款、后付款(buy now,pay later)等新兴支付模式也逐渐成为趋势,进一步增强了消费者的购买能力。

2.3.2　电子商务的应用场景

电子商务的快速发展不仅改变了传统商业模式,还在全球范围内连接了供应链,推动了经济的数字化转型。下面阐述电子商务的主要应用场景。

1. 在线零售

在线零售是电子商务中最常见的形式之一,企业通过自有网站或第三方电商平台(如亚马逊、京东和淘宝、阿里巴巴和拼多多等)直接向消费者销售商品。消费者可以随时随地浏览产品、比较价格、查看评论,并便捷地下单购买。这种模式涵盖了B2C(企业对消费者)和B2B(企业对企业)交易。在线零售打破了时间和空间的限制,为消费者提供了极大的便利,从而推动了整体零售市场的增长。此外,在线零售的竞争加剧也促使企业不断优化产品质量和服务,提高了消费者的满意度。

2. 在线拍卖

在线拍卖平台(如 eBay)允许消费者在规定时间内对于商品进行竞标,出价最高者获得商品。这种拍卖模式特别适合独特或稀有商品(例如收藏品),通过竞争定价吸引买家,形成了一个完全不同于传统定价方式的市场。在线拍卖不仅能够提升买家的参与感,也为卖家提供了一个灵活的定价机制,最大限度地实现了商品价值。随着卖家和买家的增加,在线拍卖也成为发现珍稀商品的一个重要渠道,推动了收藏品市场的活跃。

3. 移动电商

随着智能手机的普及,移动电商迅速崛起,商家通过手机应用和优化的移动网站提供购物服务。消费者可以方便地通过手机浏览和购买商品,享受随时随地的购物体验。随着移动支付(如支付宝和微信支付)的普及,移动电商发展势头强劲。移动电商使消费者能够利用碎片化时间购物,更加高效和方便。此外,移动电商也为商家提供了更多的营销渠道,商家可以通过推送通知、短信营销等方式与消费者进行更加直接的互动,提升营销效果。

4. 跨境电商

跨境电商指的是消费者和企业在国际进行商品或服务的交易,通常通过专门的平台(如阿里巴巴等)实现。通过这种模式,消费者可以直接从国外购买商品,享受低价或独特商品的优势。跨境电商使得供应链更加全球化,扩大了消费者的选择范围,消费者可以有机会接触更多国际品牌和产品。同时,跨境电商也带动了国际物流和支付系统的发展,促进了各国经济的互联互通。

5. 社交电商

社交电商利用社交媒体平台(如 Facebook、Instagram、微信等)进行产品推广和销售。商家可以通过社交媒体与潜在客户互动,分享品牌故事,发布产品信息,进行即时反馈,并利用用户生成内容(如评论、晒图等)提高品牌的可信赖度。社交电商将购物体验与消费者的社交生活相结合,提升了品牌的曝光率和消费者与品牌的黏性。此外,社交电商促进了口碑营销和病毒式传播,社交媒体的分享功能让营销变得更加自然和高效。

6. 订阅服务

订阅服务模式允许消费者定期自动接收商品或服务,如音乐或视频流服务(如 Spotify、Netflix),或定期收到盒装产品(如美食盒、化妆盒等)。这种模式不仅为商家创造了稳定的收入源,还为消费者提供了便捷的购物体验。通过订阅服务,商家能够更加精准地预测需求并优化库存管理,减少销售波动。同时,定期的消费模式也增强了消费者的忠诚度,商家可以通过提供个性化推荐进一步提升消费者的满意度。

7. 数字产品销售

随着信息技术的发展,电子商务的范围已经扩展到内部产品,如电子书、软件、音乐和在线课程等数字商品。消费者可以通过互联网迅速便捷地购买这些数字产品,实现即时交付,减少库存和运输成本。数字产品的销售使得企业能够降低运营成本,提高利润率。消费者能够快速获得所需内容,从而改善了用户体验。此外,数字内容的广泛传播也促进了知识和文化的共享,为教育和娱乐行业提供了新的机遇。

8. 服务交易

电子商务不仅限于商品交易,还包括服务类产品的交易。例如,在线咨询、教育培训、设计服务等。平台如 Upwork、Fiverr 等允许自由职业者与客户进行直接交易,满足各类服务需求。服务交易通过数字化连接了服务提供者和客户,提高了服务的效率和灵活性。企业可以根据实时需求灵活调配资源,而客户则能够找到合适的服务提供者,优化时间和成本。

　　电子商务的快速发展为消费者和企业带来了更多的选择和便利。通过不同的应用场景，电子商务满足了不同市场需求，从而在全球经济中占据了越来越重要的位置。随着技术的不断进步，未来电子商务将继续演变，可能会出现更多新型的商业模式和交易形式。

2.4　人工智能及其应用

2.4.1　人工智能概述

　　20 世纪 40 年代，艾伦·图灵提出了"图灵机"的概念，为数字计算机的理论基础提供了支持。图灵的"计算机智能"问答(图灵测试)探索了机器是否能够思考的问题。1956 年的达特茅斯会议通常被视为人工智能(artificial intelligence，AI)的"诞生"事件。在此会议上，约翰·麦卡锡等学者首次提出了"人工智能"这一术语，并计划利用模拟人类思维的方式开发智能机器。人工智能是计算机科学的一个分支，旨在创造智能系统，这些系统能够执行通常需要人类智能的认知任务，如理解自然语言，进行学习和推理。在某些情况下，人工智能可以指代能够完成特定任务的智能系统(如语音助手、图像识别系统等)，这些系统在特定域内表现出"智能"行为。

　　人工智能的发展既有曲折，也有进步，经历了多个阶段。以下不仅展示了人工智能领域的技术进步，也反映出人工智能在实际应用中的坎坷发展过程。

1. 萌芽期(20 世纪 30 年代至 60 年代)

　　20 世纪 30 年代，数理逻辑的形式化和智能可计算思想开始构建计算与智能的关联概念。1943 年，沃伦·麦卡洛克(Warren McCulloch)和沃尔特·皮茨(Walter Pitts)提出了神经元的数学模型，以及 1948 年控制论的创立，为以行为模拟的观点研究人工智能奠定了技术和理论根基。

2. 黄金发展阶段与第一次寒冬(20 世纪 60 年代至 80 年代初)

1) 符号主义兴起

　　20 世纪 60 年代，符号主义成为主流，认为人类智能是由符号操作实现的。科学家们通过构建规则和模型来模拟人类的推理过程，使得一些复杂的领域能够通过程序进行自动化。DENDRAL 是早期的专家系统之一，由斯坦福大学的研究人员于 20 世纪 60 年代开发。它的主要目的是帮助化学家解析质谱数据，以推断有机化合物的结构。它是第一个成功的专家系统，展示了计算机可以利用专家知识解决复杂问题，为后来的专家系统和人工智能研究奠定了基础。20 世纪 70 年代，斯坦福大学的爱德华·肖特利夫(Edward Shortliffe)开发的 MYCIN 是一个用于诊断和治疗细菌感染的专家系统，其采用规则基础的推理方法来分析病人的症状和实验室结果，以帮助医生识别特定类型的细菌感染，并推荐相应的抗生素治疗方案。MYCIN 是早期成功应用于医疗领域的专家系统之一,证明了专家系统在专业领域中的潜力,其设计理念影响了后续许多与医学相关的 AI 系统,推动了医学人工智能的发展,促使医疗领域持续探索智能化解决方案。

2)第一次寒冬

20 世纪 70 年代,由于早期的人工智能未能如预期般实现其潜力,导致了资金削减和研究者的流失,人工智能进入低谷期,称为"第一次寒冬"。当时的算法和计算能力受到限制,无法有效处理复杂的实时数据,这种技术上的不足使得许多理论和实验无法转换为实际应用,引发了对整个行业的广泛失望。经历了这一阶段后,研究者和投资者对 AI 的信心逐渐减弱,许多人转向其他领域研究,导致该行业在数年间陷入低迷。这一时期的挑战不仅体现在技术层面,也反映了对 AI 应用前景的怀疑。尽管如此,这段时间也为后来的技术突破和研究方向调整提供了反思的契机,促使学术界和工业界在后续发展中更加注重实际应用与技术可行性。

3. 复苏与成长阶段(20 世纪 80 年代至 21 世纪初)

1)连接主义兴起

20 世纪 80 年代,连接主义逐渐取代符号主义成为主流,此前受到技术和计算能力限制的领域在这一阶段迎来了新的发展机遇,特别是专家系统的兴起和神经网络的复苏,为 AI 的发展注入了新的活力。反向传播算法(BP 算法)的提出为训练多层神经网络提供了有效的方法,推动了神经网络研究的复兴。在这一时期,AI 在自然语言处理、计算机视觉等领域取得了显著进展,出现了语音识别、语音翻译计划等新技术,并且专家系统开始应用于解决实际问题中,使得人工智能实用化。同时,一些领域的专家开始为人工神经元网络建立规则,用这些规则进行推理。与第一次兴起相比,第二次兴起更加注重实用性和应用领域,但仍然面临计算性能和数据量的限制。

2)第二次低谷

20 世纪 80 年代末至 90 年代初,尽管第二次兴起期间人工智能取得了一些进展,但神经网络在解决复杂问题时仍然力不从心。同时,由于计算性能瓶颈和数据量的限制,专家系统的实用性只局限于特定领域,难以扩展到其他领域,缺乏学习和适应能力,难以处理不确定性和模糊信息,并且升级难度高,构建和维护成本居高不下。这些因素共同导致了人工智能的市场需求急速下降,商业机构开始冷落人工智能领域,使得人工智能的发展再次陷入困境,人工智能的研究方向变得迷茫,许多研究者开始质疑人工智能的可行性,认为人类的智能无法被机器复制,这种迷茫和质疑进一步加剧了人工智能研究的困境,研究进展缓慢,许多研究机构和企业开始寻求新的技术方向和突破口。

4. 现代化与全面发展阶段(21 世纪初至今)

随着计算机计算能力的显著提升和互联网的普及,处理大量数据成为可能,人工智能研究开始从基于符号规则的系统转向基于数据的学习方法,更加注重对复杂问题的理解和解决能力。在此阶段,深度学习技术以及图像识别技术的突破、海量的数据、强大的算法和运算能力共同推动了人工智能飞速发展,人工智能迎来了第三次爆发。

1）机器学习的崛起与深度学习的突破

自 20 世纪 80 年代末以来,机器学习逐渐成为人工智能领域的核心,逐步取代了传统的基于规则的系统。在深度学习的推动下,AI 技术取得了显著的突破,主要体现在以下几方面。

(1) 算法创新:新的学习算法的出现,如支持向量机(SVM)和决策树等,不仅丰富了模型的多样性,还提升了系统在大规模数据集上的训练和预测能力。这些创新算法使得机器学习能够适应更复杂的任务,从而提升了整体性能。

(2) 深度学习的兴起:深度学习框架的建立,特别是卷积神经网络(CNN)和递归神经网络(RNN)的提出,极大地推动了图像处理和自然语言处理等领域的发展。2012 年,在 ImageNet 大赛上,深度学习方法以压倒性优势获得胜利,标志着这一技术在图像识别领域的成功崛起,迅速引发了广泛的研究与应用热潮,为此后的 AI 研究奠定了坚实的基础。

2）大数据与计算资源的协同

AI 的现代发展得益于大数据与计算能力的双重推进,主要表现为数据的丰富性和云计算的普及。

(1) 数据丰富性:社交媒体的广泛应用、电子商务的蓬勃发展以及传感器和智能设备的日益普及,生成了庞大的数据集。这些海量数据为机器学习模型提供了丰富的信息来源,使得模型能够不断学习和优化,从而更精确地满足实际应用需求。数据在规模和多样性上的增长,为 AI 的进步提供了强大的动力。

(2) 云计算的普及:云计算的出现使个人和企业能够以较低的成本获得强大的计算资源,从而加速了复杂深度学习模型的训练过程。借助于云计算的平台,用户能够随时访问和使用巨量的计算力量,这为创新和实验提供了广泛的可能性。此外,在线开源平台(如 TensorFlow 和 PyTorch)的普及,为研究人员和开发者搭建了便利的技术基础,推动了 AI 方法的传播和应用,加速了人工智能技术的成熟。

3）AI 的广泛应用

近年来,人工智能在多个行业范畴内迅速应用,极大地推动了行业变革,下面简要陈述 AI 在以下几个领域的应用。

(1) 金融科技:人工智能在金融科技领域的应用极大地提升了效率和精准度。在信贷评估方面,AI 可以分析大量的借款人数据,提供更准确的信用评分,降低信贷风险。在欺诈检测中,通过机器学习模型实时监测交易数据,快速识别并预防潜在的欺诈行为。此外,市场分析工具利用 AI 处理海量的市场数据,帮助金融机构做出更有效的投资决策。同时,算法交易和智能投资顾问等新兴服务不仅优化了用户体验,还通过自动化流程大幅降低了运营成本。

(2) 医疗保健:在医疗保健领域,AI 技术正在改变传统的诊疗方式。通过先进的数据分析和预测模型,医生能够实现提前诊断和个性化治疗,从而提高治疗效果,并减少误诊和漏诊的风险。此外,AI 还在新药研发中发挥了重要作用,通过模拟实验和分析数据缩短研发周期,并提高成功率。在公共卫生方面,AI 可以处理电子健康记录,识别潜在的流行病趋势,帮助公共卫生部门制定及时的应对措施。

（3）智能交通：AI在智能交通领域的应用正致力于提升交通安全性与效率。利用先进的算法，城市交通管理系统能够实时分析交通流量数据，从而优化信号灯控制，减少交通拥堵。此外，自动驾驶汽车的开发得益于AI技术，凭借精准的传感器和处理能力，能够提高行车安全性，降低行车事故率，并减少二氧化碳排放。这些技术的进步不仅改善了城市的交通状况，也为可持续发展提供新的解决方案。

（4）智慧教育：在教育领域，AI同样展现出广泛的应用潜力。通过个性化学习平台，AI能够根据学生的学习进度和兴趣量身定制学习内容，提高学习效果。智能辅导系统能够实时评估学生的表现，提出针对性的建议和改进方案，大大增强了学生学习的主动性和效率。此外，教育数据分析工具使用AI技术处理大量的学习数据，帮助教育机构识别教学中的不足之处，优化课程设置，提升整体教育质量。这些创新不仅丰富了学习体验，也为教育公平提供了更多可能。

5. 未来挑战与考量

随着人工智能的迅速发展与广泛普及，其所面临的伦理、社会及技术挑战愈发复杂且紧迫，这些问题不仅影响技术的可持续发展，也关系到社会的整体福祉。

1）伦理与公平性问题

（1）算法偏见：AI系统在某些数据集上进行训练时，如果这些数据存在偏见，模型可能会放大这些偏见，从而影响决策的公正性。例如，在面试筛选系统中，如果所用的历史数据反映出性别、种族或其他形式的歧视，最终的选择结果可能会对某些群体造成不利。为了消除这种偏见，必须在数据收集和模型设计的早期阶段就引入公平性考量，确保算法的可靠性与透明度。

（2）道德责任：在自动驾驶汽车发生事故或无人机执行军事任务等情况下，如何界定责任是一个复杂而棘手的问题。这涉及法律、道德及社会价值观的交织，尤其在技术决策替代人类决策时，伦理问题更加凸显。需要建立清晰的法律框架和道德指引，制定责任归属标准，以应对这些技术带来的新挑战。

2）隐私与安全问题

（1）数据隐私：随着人工智能技术对大量个人数据的依赖，数据的收集、存储和使用引发的隐私问题逐渐成为公众关注的焦点。如何在充分利用数据推动技术发展的同时也能保护个人的隐私权，是一个亟待解决的重要课题。制定严格的数据管理政策、加强用户知情权和同意权，以及提升数据匿名化技术是应对这一挑战的关键措施。

（2）网络安全威胁：虽然AI技术为许多领域提供了便利，但同时也可能被不法分子利用，通过自动化技术进行网络攻击。这就要求企业和政府部门必须不断加强网络安全防护机制，及时更新技术手段和防御策略，以应对日益复杂的网络安全威胁。强化网络安全意识培训，提升个人与企业的安全防范能力也至关重要。

人工智能的发展为各个行业带来了深刻的变革，但同时也引发了伦理、隐私和安全等复杂问题。面对这些挑战，学术界、技术界和政策制定者需共同努力，制定科学合理的法规和指导方针，确保人工智能的健康发展与应用。未来，如何有效引导和管理人工智能技术，将不仅是技术创新的关键，也是促进社会和谐发展的必要条件。

2.4.2　人工智能的应用场景

人工智能已在多个领域和行业中得到广泛的应用,这些应用展示了 AI 的强大能力和巨大潜力。随着技术的进步,AI 的应用场景不断扩展,推动各个行业的高效化、自动化和智能化。以下是一些主要的应用场景及相关技术。

1. 医疗健康领域

(1) 医学影像分析:AI 利用深度学习中的卷积神经网络(CNN)分析医学影像(如 X 光片、CT 扫描、MRI 等)辅助医生进行疾病诊断。AI 系统能够识别微小的病变,提高早期发现疾病(如肺癌、乳腺癌等)的准确性,进而改善患者治疗效果。前沿技术,如辐射剂量优化也在通过 AI 改进,以降低患者风险。

(2) 个性化治疗:AI 通过整合患者的基因组、大数据和临床信息,使用机器学习算法制定个性化治疗方案。这种方法能够基于患者的特定遗传变异和病历推荐个性化药物和疗法,如针对特定癌症患者的靶向治疗。

(3) 药物研发:在药物发现过程中,AI 利用自然语言处理和数据挖掘来快速筛选新的药物分子。通过模拟分子与靶点的相互作用,AI 能够加速化合物的筛选和优化过程,显著缩短药物研发周期。

2. 金融服务领域

(1) 风险评估与管理:AI 通过机器学习模型分析大量历史数据,使金融机构能够实时对客户信用、市场波动进行评估。使用强化学习算法可为风险管理提供动态优化的解决方案,帮助银行和保险公司预测和降低风险。

(2) 算法交易:AI 将在市场变化时生成自动化交易决策,提高交易执行的速度和准确性。利用高频交易算法,AI 能够在毫秒级别内做出市场反应,获取微薄的利润,然而这一技术的快速发展也带来了市场稳定性的挑战。

(3) 客户服务:AI 驱动的聊天机器人通过集成自然语言处理技术,不仅能提供高效的客户服务,还可以自我学习并提升应答质量。为满足个性化需求,这些系统能够通过交互历史分析用户情绪和偏好,提供定制化的服务。

3. 交通与自动驾驶领域

(1) 自动驾驶汽车:自动驾驶汽车应用了计算机视觉、传感器融合和深度学习技术,能够实时处理来自雷达、摄像头等传感器的数据,保持对周围环境的感知。策略性强化学习算法不断完善决策过程,使汽车能够在复杂的交通环境中安全驾驶。

(2) 交通管理:AI 通过实时分析交通流量数据,可以预测交通拥堵并优化信号灯控制策略。这种方案结合了大数据分析与实时监控系统,能提升城市交通系统的整体效率。

(3) 共享出行服务:在共享出行应用中,AI 利用匹配算法和路径优化技术提升司机与乘客的匹配效率。算法优化确保乘客按最短时间到达目的地,同时降低运营成本。

4. 零售与电子商务领域

(1) 个性化推荐:AI 将用户的行为数据与产品特征相结合,应用协同过滤和内容推荐系统,为消费者提供个性化购物体验。随着用户交互数据增加,系统的推荐精度也相应提升,提高了转化率。

(2) 库存管理:AI 通过预测分析,综合历史销售数据和季节性趋势优化库存管理和补货决策。这种方法不仅有助于降低库存成本,还可以显著提高客户满意度。

(3) 虚拟购物助手:AI 聊天机器人和虚拟助手能够与用户进行自然语言交互,助力用户快速找到所需产品。通过语音识别和情感分析技术,这些助手能够理解用户情感,提升客户购物体验。

5. 制造业与工业领域

(1) 预测性维护:AI 结合物联网设备和传感器数据监控设备运行状态,通过数据分析预测潜在故障。这种维护方法可以减少停机时间,提高生产效率和设备的使用寿命。

(2) 机器人自动化:AI 驱动的工业机器人在工厂环境中执行多种任务(如装配、焊接、质检等)。通过计算机视觉和深度学习,这些机器人能够处理复杂的视觉任务,并自主适应生产流程的变化。

(3) 供应链优化:AI 通过分析多源数据(供货商、市场需求和物流模式)优化供应链决策。使用机器学习算法预测需求波动,帮助企业更有效地进行库存管理和资源分配,降低运营成本。

6. 教育领域

(1) 个性化学习:AI 通过分析学生学习风格和进度,使用自适应学习系统提供量身定制的学习资源。结合自然语言处理技术,系统能够自动调整内容和难度,帮助学生在各项技能上取得进展。

(2) 智能辅导:AI 驱动的辅导系统(如智能学习平台)提供及时反馈和个性化练习,帮助教师识别并解决学生学习中的问题。这种辅导系统的核心在于运用学习分析技术来增强教育效果。

(3) 学习分析:AI 分析学生的学习路径和数据,识别学习障碍并生成报告,助力教师调整教学策略,提升教育质量和学生参与度。

7. 智能家居领域

(1) 智能助手:AI 语音助手(如 Amazon Alexa、Google Assistant 等)利用自然语言处理和机器学习技术,通过语音控制家居设备,提高居住的便利性与舒适度。随着技术发展,智能助手将更加智能化,能够理解复杂指令和语境。

(2) 安全监控:AI 监控系统结合深度学习和图像识别,能够快速识别可疑活动并自动发送警报。同时,它们能够分析不同情境下的监控视频,并评估风险,从而增强家庭安全保障。

(3)节能控制:AI利用机器学习算法分析家庭能源使用习惯,智能调节家庭设备的运行状态,确保节能的同时提升居住舒适度。这种智能化控制不仅可节省家庭开支,还能为环境保护贡献力量。

8. 自然语言处理领域

(1)语言翻译:AI驱动的翻译工具(如 Google Translate)基于深度学习和神经网络翻译模型,大幅提升翻译质量,特别是在复杂语言和语境中的应用正快速提升准确度。

(2)文本生成:AI可生成各种类型的文本内容,并通过生成对抗网络(GAN)或预训练语言模型(如 GPT、BERT)进行创作。这种技术的进步正在改变内容创作的方式,同时也为市场分析提供支持。

(3)情感分析:AI使用自然语言处理技术分析社交媒体和用户反馈,识别情感倾向和公众舆论。这能够帮助企业及时回应市场需求和调整战略,增强品牌忠诚度。

9. 农业领域

(1)精准农业:AI通过分析海量的气象、土壤和作物数据,能够为农民提供科学的种植和管理建议,优化作物产量和质量。数据挖掘与机器学习结合,使农民能够基于预测数据制订种植计划。

(2)病虫害监测:AI利用图像识别技术对作物进行实时监测,能够及时发现并识别病虫害,提供推荐的防治策略。这种智能化管理显著提高农业产出,减少农药使用。

(3)无人机监测:AI驱动的无人机结合高分辨率成像技术,对农田进行细致监测,能够实现大面积的实时数据采集。这不仅提高了监测效率,还为精准农业提供有力支持。

10. 游戏与娱乐领域

(1)虚拟角色与对战:在视频游戏中,AI用于控制非玩家角色(non-player characters,NPC),创造更为智能的对抗和互动体验。例如,使用深度学习和行为树设计复杂的 AI 决策,使虚拟角色在与玩家交互时展现出更自然的反应。

(2)内容推荐:流媒体平台(如 Netflix、Spotify)使用 AI 算法分析用户行为,为他们推荐个性化的影视和音乐内容。这种推荐系统基于协同过滤和深度学习技术,提升用户黏性和满意度。

人工智能的应用场景几乎涵盖了生活的方方面面,其潜力和影响力随着技术的不断进步而不断扩大。随着 AI 技术的不断演进,未来将有更多新兴行业和领域通过 AI 实现更高效化、自动化、智能化的运作模式。面向未来,各个行业需要在高新技术的推动下积极采用 AI 技术,以应对不断变化的市场需求和社会挑战。

2.5 物联网及其应用

2.5.1 物联网概述

物联网的概念可以追溯到 1999 年,当时麻省理工学院的 Kevin Ashton 首次提出"物联网"这一术语。此后,物联网的发展经历了多个重要的阶段,每个阶段都为其后续的演变奠定了基础。

1. 最初的应用阶段

在物联网的早期阶段,技术主要依赖于射频识别(RFID)和传感器技术。这些技术的应用主要集中在供应链管理和资产追踪领域。RFID 标签能够实时识别和跟踪物品,极大地提高了物流管理的效率。同时,传感器被广泛应用于监测环境条件(如温度、湿度等),为企业提供实时数据,以便做出快速反应。这一阶段的物联网应用虽然相对简单,但为后续更复杂的系统打下了基础。

2. 网络化和互联化阶段

随着互联网的快速普及,物联网进入了网络化和互联化的阶段。各种设备和传感器开始接入互联网,实现数据的实时交换和共享。这一阶段的关键在于网络协议的标准化,使得不同厂商的设备能够互联互通。设备之间的连接不仅限于 RFID 和传感器,智能家居、智能交通等领域也开始兴起,用户能够通过互联网远程监控和控制这些设备。数据的流动性和可访问性大大提升,促进了信息的透明化和决策的智能化。

3. 智能化阶段

进入 21 世纪的第二个十年,人工智能和机器学习技术的引入使物联网进入了一个新的智能化阶段。设备不仅能够收集和传输数据,还可以通过复杂的数据分析和模式识别做出智能决策。例如,智能家居系统可以根据用户的习惯自动调节温度和照明,工业设备能够预测故障并进行自我修复。这一阶段标志着物联网向更高的智能水平迈进,设备之间的互动变得更加灵活和自主,实现更复杂的任务和应用。

4. 未来展望

展望未来,物联网将继续向更高的层次发展。随着 5G 等新一代通信技术的普及,物联网设备的连接速度和数量将大幅提升,推动更多实时应用的落地。此外,安全性和隐私保护将成为物联网发展的重要议题。通过不断的技术创新和标准化,物联网将进一步融入日常生活,推动各行各业的智能化转型。物联网的未来充满了无限可能。

2.5.2　物联网的应用场景

物联网是一种通过互联网将各种设备、传感器和系统互联的技术,使得所有连接的设备能够收集、传输和分析数据,从而实现智能化管理和决策。下面简要阐述物联网的主要应用场景及其涉及的相关技术。

1. 智能家居

(1)智能家电:家庭中的冰箱、洗衣机、空调等设备通过物联网技术能够相互通信,支持远程控制和状态监测。例如,智能冰箱可以监测存货,并自动生成购物清单。相关技术包括无线通信技术(如 WiFi、Zigbee、蓝牙),传感器技术,云计算和移动应用开发。

(2)智能安防:智能视频监控系统和入侵报警器能够实时监控家庭环境,利用人工智能技术进行人脸识别和活动分析,提高家庭安全性。关键技术包括:视频分析、计算机视觉和物联网安全协议。

(3)环境监测:智能传感器用于监测室内外空气质量、温度、湿度等,并通过手机应用提供反馈。例如,智能温湿度计不仅能提供实时数据,也能通过学习用户习惯自动调整环境设置。相关技术包括环境传感器、数据分析、机器学习和消息队列遥测传输协议(message queuing telemetry transport,MQTT)。

2. 智能城市

(1)智能交通管理:物联网在交通流量监控、信号灯优化和公共交通调度方面的应用可以实时提供数据,帮助城市管理者做出决策。例如,通过交通摄像头和传感器统计流量变化,智能调节信号灯。相关技术包括传感器网络、大数据分析和边缘计算。

(2)公共设施监控:部署物联网技术实时监控城市基础设施(如路灯、公共厕所),并进行远程管理。例如,智能路灯可以根据光照强度自动调整亮度,从而节省能源。技术涉及远程监控系统、自动化控制和数据挖掘。

(3)废物管理:智能垃圾桶通过内置传感器监测垃圾容量,并在需要清空时自动通知管理人员,以优化垃圾收集路线。相关技术包括物联网传感器、数据分析和云服务。

3. 工业物联网

(1)设备监控与维护:在制造业中,机器设备通过传感器收集实时数据,实现故障预测与维护。例如,基于数据分析和机器学习的系统可以提前识别潜在问题,减少停机时间。关键技术包括预测性维护算法、数据可视化和物联网协议(如 MQTT;constrained application protocol,CoAP)。

(2)供应链管理:物联网将传感器和射频识别(radio frequency identification,RFID)标签结合,实现动态跟踪货物,提高物流和库存管理效率。技术涉及 RFID、GPS(全球定位系统)和区块链技术。

(3)工业自动化:智能设备之间的互联互通,通过集中控制系统提高生产效率和灵活性。例如,生产线上的机器人可以根据实时数据自动调整操作。相关技术包括 PLC (可编程逻辑控制器)、SCADA(监控与数据采集)系统和数据分析平台。

4. 健康护理

(1) 远程医疗:可穿戴设备(如智能手表、健康监测器)实时监测生理数据,并将信息传输给医疗提供者,以便进行诊断和治疗。相关技术有生物传感器、数据分析平台和数据安全技术。

(2) 智能药品管理:药品存储环境通过物联网技术实时监测温度、湿度,确保药品安全和有效性。相关技术包括环境监测传感器、自动化管理系统和数据记录与分析。

(3) 老年人护理:为老年人配备各种监测设备,实现对其健康状态的实时跟踪与报警。发生意外时,系统能及时向家属或护理人员发出警报。关键技术包括可穿戴设备、医疗数据分析和通信技术。

5. 农业物联网

(1) 精准农业:通过土壤传感器、气象监测和无人机等技术实现对农业生产的实时管理和优化,从而提高作物的产量和质量。例如,土壤湿度传感器能自动控制灌溉系统。相关技术包括无线传感器网络、数据分析技术、地理信息系统(GIS)和机器学习。

(2) 农业监控:利用无人机和传感器监测作物健康和环境状况,及时发现病虫害等问题。技术涉及遥感技术、图像识别和智能算法。

(3) 气候监控与预测:部署气象站和传感器,跟踪气候变化,提供农业管理决策支持。相关技术包括数据收集与分析和云平台。

6. 智能物流

(1) 货物追踪:通过 GPS 和 RFID 技术实时追踪货物,提供动态更新给客户和管理者,优化运输路线。关键技术有 RFID、GPS 和数据分析平台。

(2) 车辆管理:车载传感器实时监控车辆运行状态,评估燃油效率和驾驶安全。相关技术包括车载诊断系统(OBD)、地理信息系统(GIS)和数据可视化。

(3) 仓储管理:物联网在配送和库存管理系统中能自动识别和追踪存货,提高产品流动效率。技术包括自动化仓储系统、数据分析和机器学习优化算法。

7. 环境监测

(1) 空气质量监测:城市中部署传感器网络来实时监测空气中的污染物浓度,并向公众和政策制定者提供数据。相关技术包括环境传感器、数据分析与报告系统和云计算平台。

(2) 水质监测:通过水质传感器监测水源的 pH、浑浊度和污染物浓度,确保水质安全。技术涉及水质传感器和数据分析平台。

(3) 噪声监测:通过传感器收集噪声数据分析噪声源和时间模式,帮助城市管理者进行环境管理。相关技术包括声学传感器、数据分析和可视化工具。

8. 智能电网

（1）能源管理：物联网通过智能仪表和传感器监控电力消耗，确保能源的最优利用。相关技术包括智能计量设备、通信协议（如 device language message specification / companion specification for energy metering，DLMS/COSEM）和数据分析平台。

（2）需求响应：智能设备根据电力需求波动自动调节能源使用，以平衡供需。技术涉及负载管理系统、自动化控制和机器学习。

（3）故障检测：智能传感器可以监测电网运行状态，在发生故障时及时报警，减少停电时间。关键技术包括数据分析、快速响应系统和人工智能优化算法。

9. 智能建筑

（1）能源自动化：通过智能控制系统监测建筑内的能源使用，自动调节照明和温控。相关技术包括传感器网络、智能控制器和数据分析平台。

（2）访问控制：应用生物识别或物联网技术，增强建筑的安全性和管理效率。技术包括射频识别（RFID）技术、生物识别设备和智能安防系统。

（3）设施管理：利用物联网技术集成建筑的多个系统（如 HVAC、照明），提高运营效率，减少人工管理需求。涉及技术包括建筑自动化系统（BAS）、云控制平台和数据监控。

2.6 虚拟现实和增强现实及其应用

2.6.1 虚拟现实和增强现实概述

虚拟现实（virtual reality，VR）是一种利用计算机技术生成三维虚拟环境的系统，能够提供沉浸式体验，用户通过佩戴专门的设备（如 VR 头显、手套等）沉浸其中，与虚拟环境中的物体进行互动。它能够模拟出高度逼真的视觉、听觉、触觉等感官体验，让用户通过感官交互感觉仿佛置身于一个完全不同的世界。随着技术的不断发展和应用扩展，VR 已经成为一个多维度、多领域的热门话题。增强现实（augmented reality，AR）是一种将计算机生成的虚拟信息叠加到现实世界中的技术，与 VR 不同，AR 并不创建一个完全虚拟的环境，而是通过摄像头、传感器和显示设备，将计算机生成的图像、文字、音频等虚拟内容实时融合到用户所处的真实环境中，增强用户对现实的感知和理解。AR 的体验通常通过智能手机和平板电脑、AR 眼镜、投影系统等设备实现。

VR 和 AR 的起源可以追溯到 20 世纪中叶。1957 年，莫顿·海利格（Morton Heilig）发明了多通道仿真体验系统 Sensorama，为 VR 技术的诞生埋下了伏笔。虽然它更接近于多感官的沉浸式娱乐设备，但也包含了将信息叠加到用户感知中的思想。1968 年，计算机图形学之父伊凡·苏泽兰德（Ivan Sutherland）和他的学生开发了第一个计算机图形驱动的头盔显示器（HMD）及头部位置跟踪系统——达摩克利斯之剑，该技术当时显得原始且烦琐，但这一概念为后来的 VR 和 AR 技术发展奠定了重要基础，被认为是首个真正的 VR 和 AR 系统。

1. VR 的发展历程

VR 的发展可以分为以下 4 个阶段。

（1）20 世纪 60—80 年代：在这一时期，VR 的许多基础理论和技术被提出，但由于硬件能力的限制，应用场景主要集中在实验室环境中。美国国家航空航天局（National Aeronautics and Space Administration，NASA）的 VR 项目用于训练宇航员，许多大学和研究机构开始关注此领域。

（2）20 世纪 90 年代：随着计算技术的进步，VR 开始进入更多商业领域。像 SEGA 推出的虚拟现实游戏机和 Commercial VR 等设备吸引了公众的注意。然而，由于技术局限、成本高昂和市场认知不足，这一阶段的商业化尝试并未取得显著成功。

（3）21 世纪初：尽管 VR 在商业上经历了低谷，但科研界仍然在不断推进技术研究。这一时期，也是在图形处理单元（GPU）逐渐成熟之际，图形渲染速度与质量的显著提升为 VR 的发展奠定了基础。

（4）21 世纪 10 年代至今：2012 年，Oculus VR 发布了 Oculus Rift，并成功进行了众筹，标志着新一代 VR 的到来。随后的几年中，HTC Vive、Sony PlayStation VR、Meta Quest 等设备相继进入市场，推动了消费者对 VR 技术的新一轮热潮。与此同时，内容的丰富性和应用领域的拓展也在持续增长，娱乐场景、教育培训、医疗健康和工业设计等多领域的应用不断涌现。

2. AR 的发展历程

AR 的发展可以分为以下 5 个阶段。

（1）20 世纪 60—80 年代：这一时期，科学家们开始探索如何将计算机生成的图像与现实世界的图像相结合，通过技术手段扩展人类对现实世界的感知与交互。

（2）20 世纪 80—90 年代：在这一时期，AR 技术主要用于机器人视觉系统，帮助机器人进行定位和导航。

（3）20 世纪 90 年代至 21 世纪初：进入 20 世纪 90 年代，AR 技术经历了重要进展。1990 年，波音公司研究员汤姆·考德尔（Tom Caudell）首次提出了"增强现实"这一术语，标志着 AR 技术的概念正式确立。此后，AR 技术主要在实验室和专业领域发展，例如美国空军的虚拟帮助系统和哥伦比亚大学的 KARMA 修理帮助系统。1994 年，日本学者首次研发了以图像图案（如二维码）作为标识物的增强现实导航系统，这种基于标记的交互方式在后来的 AR 应用中广泛使用。1997 年，罗纳德·阿祖玛（Ronald Azuma）提出了被广泛接受的 AR 定义，强调三个关键特征：虚实结合、实时互动和 3D 注册。1998 年，Sportvision 公司在体育转播中引入了 AR 元素，比如橄榄球比赛中的"第一次进攻"黄色线。

（4）21 世纪初至 10 年代：随着移动设备和智能手机的迅速普及，AR 技术开始逐渐进入公众视野。2008 年，开发商 Layar 推出了首款 AR 浏览器，允许用户通过手机摄像头查看现实世界，并获取相应的虚拟信息。此举不仅使 AR 技术广泛传播，也启发了更多应用场景,推动了企业和开发者进入这一领域。

(5) 21 世纪 10 年代至今:进入 21 世纪,AR 技术在硬件和软件方面都取得了显著进步。2012 年,Google 推出了一款面向消费者的智能眼镜产品 Project Glass,标志着可穿戴 AR 设备的兴起。这个阶段见证了 AR 技术在消费电子领域的快速发展,苹果、华为等科技巨头也纷纷布局 AR 领域,推动了 AR 技术在教育、医疗、工业制造等领域的广泛应用。随着硬件性能的提升、软件算法的进步以及 5G 网络的支持,AR 技术正在不断成熟,体验的实时性和稳定性极大提升,进一步拓展了其应用场景。

2.6.2　VR 和 AR 的共性

VR 和 AR 作为沉浸式技术的两大分支,虽然在实现方式和应用场景上有所不同,但它们共享一些共同的技术基础,并且在应用领域及未来发展方向上存在诸多关联和交集。

1. 技术基础的共性

VR 和 AR 都依赖于以下核心技术。

1) 计算机图形学

两者都依赖于强大的计算机图形处理能力来生成三维环境或对象。无论是创建完全虚拟的世界(VR),还是将虚拟信息叠加到真实世界之上(AR),都需要高效的 3D 渲染技术。随着实时渲染技术(real-time rendering techniques)和光线追踪算法(ray tracing algorithms)的不断进步,图形在处理能力上不断提升,细节和光照效果变得愈发逼真,使得虚拟环境显得更加生动与真实,增强用户的体验质量。

2) 交互技术

为了实现用户与虚拟内容之间的自然互动,VR 和 AR 都需要使用动作捕捉、手势识别、语音控制等先进的交互技术。例如,通过追踪用户的头部移动来调整视角,或者允许用户用手势操作虚拟物体,使得用户能够更加直观地与虚拟环境交互。多种交互设备结合了触觉反馈技术(haptic feedback technology),能够传递虚拟物体的属性和触感,让用户在虚拟世界中感受更真实的互动体验,提升沉浸感和交互性。

3) 显示技术

尽管具体的显示方式有所不同,但两者都需要高质量的显示屏来显示清晰、流畅的虚拟内容。对于 VR 来说,这意味着高分辨率的头戴式显示器;而对于 AR 来说,则可能涉及透明镜片或其他形式的光学投影系统。显示硬件的进步对用户的视觉体验有着显著影响,尤其是 OLED(有机发光二极管)和高分辨率显示器的普及,显著改善了画面的清晰度,并有效减少了运动模糊(motion blur)和延迟(latency)。这些技术的进步确保了虚拟内容中景象的质量更加细腻、真实,为用户创造出色的视觉享受。

4) 传感器技术

位置跟踪、深度感知和其他类型的传感器对两种技术都很重要。比如,AR 通过摄像头捕捉现实环境,并对特定物体或标记进行识别;其次,传感器技术,如陀螺仪、加速度计和全球定位系统(GPS)等提供了用户位置和方向的信息,使虚拟内容可以在现实世界中准确定位,提高了互动的真实感。而 VR 则使用头戴式显示器和传感器,并应用头部追踪(head tracking)、手部追踪(hand tracking)和眼动追踪(eye tracking)等技术实时捕捉用户的运动和视线方向,实现更加自然和直观的交互体验,使操作更加流畅。依靠这些传感器来确保用户在虚拟空间中的运动能够被精确反映。

5) 人工智能(artificial intelligence,AI)技术

人工智能在 VR 和 AR 中的应用越来越普及,包括使用机器学习(machine learning)技术来优化用户体验的个性化以及实现更智能的 NPC 行为。AI 的参与使得系统能够更深入地理解和响应用户的互动,通过分析用户行为和喜好改进内容展示,提供个性化体验。这不仅提升了场景的互动性,还使用户探索虚拟环境时能够感知更为真实和复杂的动态情境,增强整个虚拟体验的深度,推动了 VR 和 AR 的智能化发展。

2. 应用领域的交集

VR 和 AR 在多个领域都有广泛应用,且在某些场景中可以相互补充。

1) 教育与培训

在这个领域,VR 和 AR 都可以创建逼真的模拟环境,帮助学习者更好地理解和记忆知识。例如,医学专业的学生可以在虚拟环境中进行手术模拟,提升技能;飞行员可在模拟飞行器中训练,强化应对复杂情况的能力。此外,教师可以利用 AR 进行教学演示,为学生提供沉浸式的学习体验。例如,利用 AR 技术为医学生展示互动式解剖学课程,学生可以观察和操作虚拟的人体模型,进一步加深对复杂解剖结构的理解,或是让学生在三维空间中探索历史事件、科学概念或生物结构,使其更直观地理解抽象概念。这种互动方式不仅增强了学生的学习兴趣,提高了参与感,还有助于提高学术成绩。

2) 医疗健康

在医疗行业,VR 为治疗焦虑症、创伤后应激障碍、慢性疼痛管理等提供了有效的治疗方法。科学研究表明,通过虚拟场景的模拟,患者可以在安全的环境中体验和处理恐惧,有效减轻症状。此外,VR 也被运用于病人康复和运动疗法,帮助患者恢复身体功能;AR 则用于手术导航,实时叠加患者的医学影像和身体数据,辅助医生进行精准的手术操作。通过这样的实时指导,医生可以更有效地识别病灶和重要器官,提高手术的安全性和成功率。

3) 零售与营销

AR 和 VR 为零售行业带来了全新的购物体验。在实体店或在线商店中,顾客可以使用 AR 应用程序查看产品的虚拟展示,或者进行虚拟试穿,仿佛置身于实际环境中。这种生动的互动体验显著提升了消费者的参与感,使他们在做出购买决策时更加自信。这不仅提高了顾客满意度,还增加了购买转化率。例如,家具零售商的 AR 应用允许顾客在自己家中虚拟摆放家具,帮助他们更好地选择,降低了退换货的概率。另外,VR 可用于创建沉浸式的购物体验,商家可以根据品牌形象和产品特性设计独一无二的虚拟商店,所有商品都可以以高分辨率的三维模型形式呈现,用户可以从各个角度查看商品细节,甚至进行"试穿"或"试用",打破物理空间的限制。结合 AI,虚拟商店还可以分析用户的偏好和历史购买记录,提供个性化的商品推荐和服务,创建更加个性化、互动性强且富有创意

的购物环境。

4）游戏与娱乐

在游戏行业，AR 和 VR 技术正在为游戏和娱乐行业注入创新活力，推动更沉浸的内容创作和互动模式。AR 技术将虚拟元素与现实世界相结合，创造出全新的游戏体验。比如，广受欢迎的 AR 游戏《口袋妖怪 GO》(*Pokémon GO*)让玩家在真实环境中捕捉虚拟生物，极大地增强了游戏的趣味性和交互性。此外，AR 技术被广泛应用于音乐会和文化活动中，通过实时互动和生动的视觉效果提供更加吸引人的体验。而 VR 则能带人们进入完全虚构的冒险世界，通过提供沉浸式体验和高度互动性，玩家能够深入感受游戏世界的每一个细节。例如，玩家可以在虚拟环境中探索、战斗或开展社交活动，获得更加真实的游戏体验。多款 VR 游戏，如《半条命：爱莉克斯》(*Half-Life：Alyx*)和 *BeatSaber* 受到玩家的广泛喜爱。

5）工业设计与制造

在工业和制造领域，AR 技术被广泛用于设备维修、组装指导和质量控制。技术人员通过 AR 眼镜或移动设备获取实时指引，查看设备的内部结构和运行参数，显著提高了工作效率和准确度。此外，AR 的应用还降低了培训成本，帮助新员工快速掌握设备操作和故障排查技能。明确的视觉指导有效减少了错误操作的发生，提高了整体生产效率。VR 则用于虚拟设计和产品测试，允许设计师在虚拟环境中快速创建和修改产品模型，无须制作实物原型。这种灵活性使设计团队能够在短时间内多次迭代，快速优化设计方案，减少实物模型的制作成本，提高设计效率和产品质量。

6）建筑与设计

AR 在建筑行业中具备独特的价值，帮助设计师和客户在项目开发初期清晰地可视化设计方案。通过将虚拟模型叠加到现实环境中，AR 使客户更直观地理解建筑设计的细节和布局，提升沟通效率，增强客户满意度。此外，客户可以在实际场地中体验设计效果，并即时提出意见，实现更高质量的建筑项目。同时，虚拟现实技术为建筑师与客户的沟通增添了新的维度。VR 允许设计师带客户进入设计方案中，在项目建设前探索空间布局和设计细节。这种沉浸式的体验不仅能进一步提升客户的满意度，还能有效减少设计变更的风险，优化整个设计流程。结合 AR 和 VR 技术，建筑行业可以提供更加直观、高效的沟通平台，确保所有利益相关者对最终成果有共同的理解和期望，促进更高品质建筑项目的实现。

2.6.3　VR 和 AR 的区别

VR 和 AR 是两种沉浸式技术，虽然它们都利用计算机生成的虚拟内容来增强用户体验，但在技术实现、用户体验和应用场景上存在显著区别。

1. 用户体验

VR 为高度沉浸方式，用户完全进入由计算机生成的三维环境中，与现实世界隔离。用户的视野被头戴式显示器或其他类型的封闭式显示设备所包围，无法直接看到周围的物理世界。

AR 为低沉浸方式,用户始终处于现实环境中,能够看到并感知到真实的周围环境。同时使用透明显示屏、智能手机摄像头或专用眼镜等设备,在真实视图中叠加数字信息或虚拟对象。这意味着用户可以在不脱离现实的情况下与虚拟元素互动。

2. 技术实现

VR 主要依赖头戴式显示器(HMD),如 Oculus Rift、HTC Vive、PlayStation VR 等,这些设备通常配备高分辨率的显示屏、传感器和耳机,以提供沉浸式的视觉和听觉体验。用户通过手柄、手套、全身追踪系统等设备与虚拟环境互动,这种高度互动的体验需要由高性能的计算机或游戏主机来支持复杂的图形渲染。VR 的技术基础涵盖计算机图形学、传感器技术、动作追踪和音频处理技术等多个领域,其中音频处理技术是提升用户体验的另一个关键元素。这种技术使用户能准确感知声音的来源和方向,增强真实感和沉浸感。高质量的音频体验不仅丰富了虚拟环境,还增强了互动的维度,使用户在虚拟世界中能够体验到更强的代入感。

AR 技术通过智能手机、平板电脑或专门的 AR 眼镜(如 Microsoft HoloLens、Magic Leap)等设备实现,这些设备通常配备摄像头、传感器和透明显示屏,用于捕捉现实环境,并在其上叠加虚拟内容。用户可以借助手势、语音或触摸等方式与虚拟元素互动,而 AR 系统依靠实时图像识别和跟踪技术来确保虚拟内容与现实世界的精准融合。AR 的技术基础不仅包括计算机图形学和传感器技术,还深度融合了计算机视觉、SLAM(同时定位与地图构建)及深度学习技术,以提供无缝且交互性强的增强现实体验。

3. 应用场景

VR 更适合创造完全虚构的体验。例如:在房地产领域使用 VR 技术,在购房前让买家虚拟实地参观几乎完工的房产项目,在无物理束缚的情况下充分了解房屋的布局、空间和氛围,显著提升了购房决策的信心和效率,使房地产交易更加透明和便捷。在社交与远程工作方面,VR 可以提供更加直观和沉浸的社交体验,让用户在虚拟环境中进行面对面的交流,促进团队协作,增强了社交关系的紧密性。

AR 更倾向于增强现实生活中的活动。例如:通过 AR 技术为游客提供实时的历史信息和场所介绍,帮助游客游览时获得丰富的背景知识。AR 导航应用能够通过叠加路线指引为用户提供简洁明了的导航体验。在文化和艺术领域,AR 技术为博物馆和展览增添了互动性和趣味性。访客可以通过扫描展品获取更深入的历史背景和创作故事,增强文化理解和欣赏深度。一些博物馆利用 AR 技术提供展品的多媒体解说、虚拟导览等服务,使参观更加生动,推动了文化传播。

2.6.4 VR 和 AR 面临的挑战

VR 和 AR 虽然在多个领域展现了巨大潜力,但也面临一些显著的挑战,它们可能影响其普及速度和应用效果。

1. VR 面临的挑战

（1）高成本：目前，高性能的 VR 设备（如头戴式显示器 HMD）和内容创作的成本仍较高，这限制了 VR 技术在更广泛领域的普及，特别是在教育和小型企业中。高昂的设备成本往往让许多潜在用户望而却步，增加了技术接受的门槛。

（2）技术限制：尽管相关技术不断发展，VR 系统仍需解决一些关键问题。例如，延迟和晕动症是影响用户体验的主要因素。用户在虚拟环境中体验到的不适感，可能导致长时间使用的难度。因此，提升用户舒适度和系统响应速度是亟待解决的技术挑战。

（3）内容生产：在 VR 领域，高质量和多样化的内容仍然较为匮乏，尤其是在某些特定行业的专业应用中。当前，内容创作的门槛相对较高，需要更专门的技能和资源，这限制了内容的丰富性与适用性。因此，降低内容创作的门槛将是促进 VR 技术广泛应用的关键。

2. AR 面临的挑战

（1）精确度和稳定性：为了提供逼真的 AR 体验，设备必须能够准确地理解和追踪用户的移动，并将虚拟对象稳定地叠加到现实世界中，这对传感器精度、计算机视觉算法以及实时处理能力提出了很高的要求。

（2）计算资源需求：实时生成高质量的 3D 模型和动画、处理复杂的图形渲染需要强大的图形处理能力、环境理解和交互逻辑，对移动设备的处理器、内存和其他硬件组件构成了挑战。

（3）隐私问题：AR 应用通常需要访问摄像头等敏感数据源，引发了关于用户隐私保护的关注。

（4）用户体验一致性：确保不同品牌和型号的 AR 设备之间的一致性体验是一个难题，特别是在软件更新和支持方面。

2.6.5　VR 和 AR 的融合与未来发展

随着传感器技术、计算机视觉算法、图形处理能力的进步以及网络连接速度的不断提高，VR 和 AR 设备更加轻便、低成本，同时支持更强的交互方式。VR 和 AR 的界限逐渐模糊，出现了混合现实（mixed reality，MR）技术，这是一种将虚拟世界与现实世界深度融合的技术，通过将数字内容与物理环境相结合，创造出一个全新的可视化环境。它融合了两者的优点，将虚拟与现实元素更加紧密地结合在一起，允许用户既可以看到真实世界的元素，也可以看到由计算机生成的虚拟物体，并与之互动。MR 技术的核心在于空间计算，它要求设备能够理解并重构用户的物理环境，以实现虚拟信息与现实世界的无缝对接。例如：Microsoft HoloLens 2 不仅支持传统的 AR 功能，还可以切换成全 VR 模式，提供了一个更为灵活的用户体验平台。MR 市场正在快速增长，MR 技术已广泛应用于教育、医疗、工业制造、娱乐等多个领域，随着 5G、AI 和云计算技术的发展，MR 设备的性能不断提升，应用场景也从娱乐逐步拓展到更多行业，市场潜力巨大。

计算机应用基础与计算思维(第 2 版·微课视频版)

将 VR 与 AR 融合的 MR 技术的发展将引领我们进入一个全新的时代,这个时代的特点是无界融合体验、个性化服务、社会协作新模式以及对可持续发展的贡献。

(1)无界融合体验:随着技术的不断进步,未来,虚拟与现实之间的界限将进一步模糊。用户将能够在日常生活中无缝切换虚拟与现实环境,这种无界融合体验将通过高度集成的硬件设备和先进的软件算法实现。例如,用户可以在家中通过 MR 设备与虚拟角色互动,同时感知周围的现实环境;在工作场景中,虚拟数据和工具可以实时叠加到现实操作中,提升工作效率和精准度。

(2)个性化服务:借助大数据分析和 AI 算法的支持,MR 应用将能够深入了解用户的个体需求和行为模式,提供高度个性化的服务。通过分析用户的交互数据,系统可以实时调整虚拟内容的呈现方式,更好地满足用户需求。例如,在教育领域,MR 可以根据学生的学习进度和兴趣点动态调整教学内容和互动方式;在娱乐领域,MR 可以根据用户的偏好生成个性化的虚拟场景和体验。这种个性化服务不仅提升了用户体验,还为内容创作者和开发者提供了更精准的用户洞察。

(3)社会协作新模式:MR 将成为远程协作的重要工具,打破地理限制,促进全球范围内的知识共享和文化交流。团队成员可以在不同物理位置实时互动,仿佛就在同一空间中,提升远程工作的效率和体验。对于跨国企业来说,这意味着更低的成本和更高的灵活性;而对于教育机构而言,则意味着更多元化的教育资源和国际交流机会。例如,在工业设计中,工程师和设计师可以通过 MR 设备共同查看和修改虚拟模型;在医疗领域,医生可以通过 MR 技术远程指导手术,提升医疗资源的利用效率。

(4)可持续发展:在环保、公益和灾害救援等领域,MR 技术将助力更高效的资源管理和公众教育。通过虚拟模拟和增强现实展示,MR 可以直观地呈现环境问题和灾害场景,帮助公众更好地理解可持续发展。例如,城市规划者可以通过 MR 模拟不同方案对环境的影响,选择最优解,以减少碳排放;在环保教育中,MR 可以模拟气候变化对生态系统的影响,增强公众的环保意识,提高公众对环境保护和社会问题的认识;在灾害救援中,MR 可以为救援人员提供实时的三维地图和环境信息,制定更加有效的应对措施,提升救援效率和安全性。这些应用不仅有助于实现可持续发展目标,也为构建和谐社会贡献力量。

总之,VR 和 AR 的融合正推动着一场深刻的变革。它不仅改变了我们与数字世界的交互方式,也为各行各业带来了新的增长点和发展机遇。通过不断创新和技术进步,我们将迎来一个更加智能、互联且可持续发展的未来。

第 **3** 章　计算思维基础

学习目标：

➢ 了解计算的基本概念,包括数值计算和符号推导,以及计算科学的定义和应用领域。

➢ 理解计算思维的学术定义,以及它在问题解决中的作用。

➢ 了解计算思维的关键内容,包括数学思维、分解思维、算法思维、编程思维和工程思维等。

➢ 理解计算思维的概念化、根本技能、人类思维、思想性质、数学与工程思维的融合,以及它的普遍适用性。

➢ 认识计算思维在不同领域中的应用,并产生影响。

以人工智能生成内容(artificial intelligence generated content,AIGC)为代表的人工智能新时代对教育提出了更高的要求:了解人工智能,运用人工智能,最终超越人工智能,做到人工智能不能完成的事情。将信息技术与人工智能技术进行深度融合,强调学习不应仅注重知识的学习,更应注重思维能力的培养,因此教师应将教育、教学的重心放在学生思维的培养和问题解决能力的提高上。教育部高等学校大学计算机课程教学指导委员会认为,系统地将计算思维落实到大学计算机基础教学当中是培养大学生计算思维能力的重要途径之一。计算机基础教学不仅为不同专业提供了解决专业问题的有效方法和手段,而且提供了一种独特的处理问题的思维方式。熟悉使用计算机基础及互联网,为人们终生学习提供了广阔的空间以及良好的学习工具与环境。计算思维的演变过程取决于计算工具的产生、变革及发展,即计算工具决定着思维。从结绳计数到电子计算机的计算工具的发展过程,实际上是计算思维内容不断形成、拓展的过程。然而人们仍然在问,计算思维是什么? 计算思维的内容、特征是什么? 回答诸类问题之前,首先阐述一下什么是计算与计算科学。

3.1　计算与计算科学

3.1.1 计算

在普通人眼里,计算就是计算机做的事情,如处理电子表格、处理文档、收发电子邮件等。计算机在人们印象中就是有逻辑演算、记忆、存储和输入输出的设备。自从计算机诞生以来,计算的概念已经存在了很长时间,现在许多科学家都将计算视为自然界中很普遍的现象。细胞、组织、植物、免疫系统和金融市场都存在计算过程,但是,显然和计算机的运作方式不一样,那么"计算"到底是什么呢?

所谓计算,抽象地说,就是从已知符号串开始一步一步地改变符号串,经过有限步骤,最后得到一个满足预先规定的符号串的变换过程。比如,从一个符号串 m 变换成另一个符号串 n。具体而言,从符号串 $12-3$ 变换成 9 就是一个减法计算。如果符号串 m 是 x^2,而符号串 n 是 $2x$,从 m 到 n 的计算就是微分运算。定理证明也是如此,比如令 m 表示一组公理和推导规则,令 n 是一个定理,那么从 m 到 n 的一系列变换就是定理 n 的证明。从某种意义上说,文字翻译也是计算,如 m 代表一个英文句子,而 n 为含义相同的中文句子,那么从 m 到 n 就是把英文翻译成中文。

计算从类型上讲,主要有两大类:数值计算和符号推导。数值计算包括实数和函数的加减乘除、幂运算、开方运算、方程的求解等。符号推导包括代数与各种函数的恒等式、不等式的证明,几何命题的证明等。

从人类开始使用计算起,就在不断地探索能够使计算更加便捷、快速的计算工具。计算工具的发展和计算科学的进步息息相关。算盘、机械式计算器、帕卡斯加法器、莱布尼茨手摇计算器、电动计算机与电子计算机以及量子计算系统等,人类的计算工具是随着计算科学的进步而逐渐发展的。

3.1.2　计算科学

计算科学主要是对描述和变换信息的算法过程,包括其理论、分析、设计、效率分析、实现和应用的系统研究。全部计算科学的基本问题是,什么能(有效地)自动运行,什么不能(有效地)自动运行。

随着存储程序式通用电子计算机在 20 世纪 40 年代的诞生,人类使用自动计算装置代替人工计算和手工劳动的梦想成为现实。计算科学的快速发展已取得大量成果,计算科学这一学科也应运而生。

美国总统信息技术顾问委员会对计算科学提供了一个定义,即:计算科学是一个迅速成长的、利用先进的计算能力去认识和解决复杂问题的多学科合成的领域,它"融合"了 3 个不同的元素。

(1)算法、建模和模拟软件:用以解决科学(如生物学、物理学、社会学等),工程以及人文学科中的各种问题。

(2)计算机与信息科学:发展和优化各种系统硬件、软件、网络及数据管理等要素,以解决计算中需要解决的各种问题。

(3)计算的基础设施:用以支持各种科学和工程问题的解决和计算机与信息科学自身的发展。

图 3-1 表明,计算科学的外围几乎无所不包,不仅包括政治学、生物学、医学、物理学、经济学、社会学、工程学、人文学科,还包括能源、制造业、气象学,以及国家安全,等等。正是计算科学向全社会各个领域的渗透,覆盖各个学科门类、各行各业,才提升了各行各业

的科学水平和相对应的智能化水平。智慧地球、智慧城市、智能终端、智能硬件、智能制造、智能物理系统(cyber-physical system)等新概念、新思想、新系统层出不穷。种种迹象表明,全球信息化的发展,正在从基于计算机科学(computer science)向着基于计算科学(computational science)转变。计算科学与计算机科学虽密不可分,但一字之差,内涵却有重大的差异。信息化发展的科学技术基础正在向所有学科领域拓展。可以说,计算科学覆盖到哪个学科,哪个学科就有可能产生革命性的变革和发展。

图 3-1　计算科学定义

3.2　计算思维的定义

2006 年 3 月,卡内基-梅隆大学周以真(Jeannette M. Wing)教授在国际著名计算机杂志 *Communications of the ACM* 上第一次提出并且界定了计算思维(computational thinking,CT)的学术定义:计算思维是涉及确切表达问题及其解决方案的思维过程,使解决方案能以一种信息处理代理可以有效执行的形式来表示。其通俗解释是运用计算机科学思维方式和基础概念来解答问题、进行系统设计以及理解人类行为的观念。2011 年,美国国际教育技术协会和计算机科学教师协会给出计算思维的操作性定义,指出"计算思维是一种解决问题的过程,该过程包括明确问题、分析数据、抽象、设计算法、评估最优方案、迁移解决方法六大要素"。在人智协同的 AI 时代背景下,计算思维被定义为像计算机科学家一样思考问题、理解问题、解决问题等一系列涵盖计算机科学的思维活动。对于21 世纪的人们来说,计算思维是一项非常重要的学习能力,计算思维作为人工智能的基础,对于我们认识和掌握人工智能大有帮助,因此,应该重视计算思维的培养。

1. 在研究层面

著名计算机科学家、图灵奖获得者詹姆士·格雷（James Gray）对于一个问题的解决思路是这样的。

首先，对该问题进行非常简单的陈述，即要说明解决一个什么样的问题。他认为，一个能够清楚表述的问题能够得到周围人的支持。虽然不清楚具体该怎么做，但对问题解决之后能够带来的益处非常清楚。

其次，解决问题的方案和所取得的进步要有可测试性。

最后，整个研究和解决问题的过程能够被划分为一些小的步骤，这样就可以看到中间每一个取得进步的过程。

2. 在技术层面

华盛顿大学史耐德·劳伦斯（Snyder Lawrence）教授在其撰写的《新编信息技术导论：技能、概念和能力》一书中指出，人们可以从抽象的角度来思考信息技术。他写道：当你成为数字文人之后，你可以从抽象的角度来思考技术，而且更喜欢（习惯）提以下问题。

（1）对于这个软件，我必须学会用哪些功能，才能帮助我完成任务？

（2）该软件的设计者希望我知道些什么？

（3）该软件的设计者希望我做些什么？

（4）该软件向我展示了哪些隐喻？

（5）为完成指定任务，该软件还需要其他哪些信息？

（6）我是否在其他软件中见到过这个软件中的操作？

3. 在专业层面

对于一个专业的计算问题，从计算的手段来看，应当使计算机械化（如算盘、计算器、模拟计算机、电子数字计算机）；从计算的过程来看，应当使计算形式化（如图灵机、计算理论）；从计算的执行来看，应当使计算自动化（如冯·诺依曼机）。

3.3　计算思维的关键内容

3.3.1　计算思维的主要思维

计算思维包含的主要思维方式有数学思维、分解思维、算法思维、编程思维和工程思维。因此，计算思维培养过程中的关键内容需要从以下五方面开展。

（1）数学思维：用数学模型重新定义所要解决问题的一种思维模式。在定义问题的过程中，需要学生使用脑海中已有的数学知识与新问题建立联系，处于学科概念层，在大学计算机应用基础课程中重在让学生掌握数据与算法等关键知识，为计算思维的形成打好基础。

（2）分解思维：用数学模型定义复杂问题后，将复杂问题进一步拆分成多个简单的子问题，这样就可以比较容易快速准确地找到这些子问题的解决方法和思路，最终复杂问题通过分解思维迎刃而解，实现复杂问题简单化。

（3）算法思维：基于算法的思维是经过研究后得出的科学方法、步骤或规则对问题进行抽象、建模，形成计算机可理解的思维，通过设计计算机数据结构（伪代码）来解决问题，而不是总想着通过人工计算的方式解决。

（4）编程思维：算法最终需要通过计算机语言来编程实现，编程思维以分析概念的本质和属性来解决问题的思维模式，是培养计算思维的手段，用编程的方式进行算法实现、可视化等，有助于对复杂问题有更加清晰的认知。

（5）工程思维：解决工程实践问题的思维模式，基于现实问题的一种目标导向性思维，运用系统分析的方法分析各个要素及其之间的联系，再整体规划解决思路，最后进行实践，检验真伪，运用模拟和简易建模等方法进行简易设计，是以工程知识为基础，设计一种解决实际问题的可行性思考方式。

3.3.2　基于计算思维的问题求解思路

比如，当我们必须求解一个特定的问题时，首先会问：解决这个问题有多么困难？怎样才是最佳的解决方法？当我们以计算机解决问题的视角来看待这个问题，需要根据计算机科学坚实的理论基础来准确地回答这些问题。同时，还要考虑工具的基本能力，考虑机器的指令系统、资源约束和操作环境等问题。

为了有效地求解一个问题，我们可能要进一步问：一个近似解是否就够了，是否有更简便的方法，是否允许误报和漏报？计算思维就是通过约简、嵌入、转换和仿真等方法，把一个看来困难的问题重新阐释成一个我们知道怎样解决的问题。

（1）计算思维是一种递归、并行处理。它可以把代码译成数据，又把数据译成代码。它是由广义量纲分析进行的类型检查。例如，对于别名或赋予人与物多个名字的做法，它既知道其益处，又了解其害处；对于间接寻址和程序调用的方法，它既知道其威力，又了解其代价；它评价一个程序时，不仅仅根据其准确性和效率，还有美学的考量；而对于系统的设计，还考虑简洁和优雅。计算思维是一种多维分析推广的类型检查方法。

（2）计算思维采用了抽象和分解来迎接庞杂的任务或设计巨大复杂的系统，它是一种基于关注点分离的方法（separation of concerns，SOC）。例如，它选择合适的方式去陈述一个问题，或者选择合适的方式对一个问题的相关方面建模，使其易于处理；它是利用不变量简明扼要且表述性地刻画系统的行为；它是我们在不必理解每一个细节的情况下就能够安全地使用、调整和影响一个大型复杂系统的信息；它就是为预期的未来应用而进行数据的预取和缓存的设计。

（3）计算思维是按照预防、保护及通过冗余、容错、纠错的方式，并从最坏情况进行系统恢复的一种思维。例如，对于"死锁"，计算思维就是学习探讨在同步相互会合时如何避免"竞争条件"的情形。

（4）计算思维利用启发式的推理来寻求解答，它可以在不确定的情况下规划、学习和调度。例如，它采用各种搜索策略来解决实际问题。计算思维利用海量数据来加快计算，在时间和空间之间，在处理能力和存储容量之间进行权衡。例如，它在内存和外存的使用上进行了巧妙设计；它在数据压缩与解压缩过程中平衡时间和空间的开销。

总之，计算思维与生活密切相关：当你早晨上班时，把当天所需要的东西放进背包，这就是"预置和缓存"；当你丢失自己的物品，你沿着走过的路线去寻找，这就叫"回推"；在对自己租房还是买房做出决策时，这就是"在线算法"；在超市买单时，决定排哪个队，这就是"多服务器系统"的性能模型；为什么停电时你的电话还可以使用，这就是"设计冗余性"和"失败无关性"。由此可见，计算思维的本质是抽象（Abstraction）和自动化（Automation），计算思维应该如同所有人都具备"读、写、算"（简称 3R）能力一样，成为适合每个人的普遍认识和普适性技能。

3.4 计算思维的特征

1. 概念化，不是程序化

计算机科学不是简单的计算机编程，计算机科学家思维也不是"码农"，即不仅能够使用计算机进行编程，还要求能够在抽象的多个层次上进行思考解决问题。如同计算机科学不只是关于计算机，就像音乐产业不只是关于麦克风一样。

2. 根本的技能，不是刻板的技能

计算思维是一种根本技能，是每一个人为了在人工智能时代中发挥职能所必须掌握的。刻板的技能意味着简单的机械重复。

3. 是人的思维，不是计算机的思维

计算思维是人类求解问题的一条途径，但决非要使人类像计算机那样思考。计算机枯燥且沉闷，人类聪颖且富有想象力。是人类赋予计算机激情。计算机赋予人类强大的计算能力，人类应该好好利用这种力量去解决各种需要大量计算的问题。

4. 是一种思想，不是人造产品

计算思维不只是将人类生产的软硬件等产品呈现到我们的日常生活中，更重要的是计算的意识，计算思维是人们用来问题求解、日常生活管理，以及与他人进行交流和互动的思想。

5. 数学思维和工程思维的融合

计算机科学在本质上源自数学思维，它的形式化基础源自数学。计算机科学的实现源自工程思维，因为我们构建的是能够与实际世界互动的系统，计算设备的限制迫使计算

机科学家必须考虑工程性,不能只是数学性的思考,所以计算思维是数学和工程思维的互补与融合。

6. 面向所有的人和所有地方

当计算思维真正融入人类活动的整体时,作为一个问题解决的有效工具,人人都应当掌握它,处处都会使用它。

计算思维就是一个引导着计算机教育家、研究者和实践者的宏大愿景。对于大学新生而言,就是培养"怎么像计算机科学家一样思维",使计算思维成为常识和普遍技能。由此,一个人可以主修计算机科学,接着从事医学、法律、商业、政治,以及任何类型的科学和工程,甚至艺术工作。同样,一个人也可以主修英语或数学,接着从事各种各样的职业。

3.5 面向计算思维的问题求解

随着生成式人工智能的发展,各种 AI 大模型和 AI 辅助学习平台可以迅速提供一些知识概念的查询或交互。因此,在"人工智能+"时代,计算机应用基础的培养目标需要注重学生计算思维的培养,而不再以传统的概念记忆与知识点的讲授为主,而更加侧重训练学生 3.3.1 节中的五种思维,更加注重学生利用计算思维解决复杂问题的能力。

图 3-2 香农"会走迷宫的老鼠"

1952 年,"信息论之父"香农(Shannon)曾推出了著名的"会走迷宫的老鼠"——忒修斯(Theseus),如图 3-2 所示。老鼠忒修斯有 3 个轮子、1 根磁铁以及铜线做成的胡须。通过胡须,老鼠可以感知是不是碰到了走不通的迷宫墙。迷宫地板背面有一个机械手臂,上面也有一个电磁铁,这样就可以移动机械手臂,带动机械鼠在迷宫里走动。如果老鼠发现正对的墙走不通,就会退回格子中间,旋转 90°,去尝试下一个方向,然后继续行走。直到走到终点,由一枚金属币标识,老鼠停止。尤其令人惊奇的是,如果把老鼠重新放回起点,它会直接沿着正确的路走到终点。如果调整了中间的线路隔板情况,老鼠还是会重新探索路线,正确走到终点。当时,香农还专门拍摄了一段影像,制作成电视节目,展示老鼠忒修斯的能力。这个节目引起了公众的极大兴趣,在当时的人们看来,这就是一只"会思考"的老鼠。其实,走迷宫的秘诀并不在老鼠身上,而是在迷宫的底板。香农用 50 个继电器控制机械手臂的移动,又用 75 个继电器来记录老鼠探索的每面墙是否能走通,通过这些简单的只具有开关功能的设备,最终实现了老鼠忒修斯的所谓"智能"。香农的发现代表了人类智慧的结晶和数字化世界的可能性。

问题求解选取"会走迷宫的老鼠",作为培养学生计算思维的案例,一方面是可以通过编程实践让学生体验计算机科学家的逻辑思维过程;另一方面对应所提到的五种思维方

式,将"会走迷宫的老鼠"问题拆分成与之对应的五个步骤,强化学生利用计算思维框架解决问题的处理过程。具体步骤如下:

(1)数学建模,培养数学思维,发现问题,用数学理论知识建模重新定义问题。

(2)问题分解,培养分解思维,将原复杂问题分解成容易处理的子问题。

(3)可行性分析,培养工程思维,将子问题协作、复用、集成解决工程实践问题。

(4)算法设计,培养算法思维,根据分解步骤列出流程图,写出算法的伪代码。

(5)编写程序,培养编程思维,利用所学计算机语言编写程序,并调试运行。

以问题解决为导向的方法有助于培育学生的计算思维。针对"会走迷宫的老鼠"的问题,在问题的引入环节,教师应该向学生抛出一个他们能够理解并解决的问题,同时要说明该问题发生的背景和条件,以便于学生思考问题。比如将问题"会走迷宫的老鼠"描述为一个 $n \times n$ 迷宫,老鼠如果想吃到迷宫出口处放着的奶酪,如何从入口到达出口?能否找到一条合适的路径?如果有,找出该路径,如图 3-3 所示。

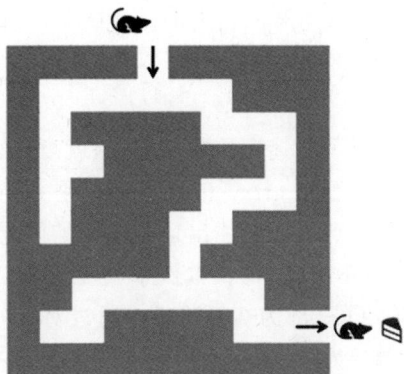

图 3-3 "会走迷宫的老鼠"示意图

1. 数学建模:培养数学思维

学生理解问题之后,就要对问题进行约简、构思、分析、建模。首先要做的就是仔细研究问题,找到问题的已知条件、未知条件以及两者之间的联系,弄清问题的目的。其中,已知条件是 $n \times n$ 的迷宫、迷宫的入口、迷宫的出口,未知是正确路径的步骤。最后的结果有两种:如果不能找到路径,那么老鼠就吃不到奶酪;反之,则是找到这条路径,吃到奶酪。

为了便于理解,先来假设这是一个 10×10 的迷宫,其中灰色格子是墙,白色格子代表路,10×10 表示迷宫的长和宽分别是 10,如图 3-4 所示。"灰色格子代表墙,白色格子代表路"是用语言形式描述的,需要转换成数学的形式。用 1 和 0 分别定义灰色格子和白色格子,可以得到图 3-5 所示的迷宫。

图 3-4 迷宫的数学化划分

1	1	1	1	0	1	1	1	1	1
1	0	0	0	0	0	0	0	1	1
1	0	1	1	1	1	0	0	0	1
1	0	0	1	1	1	1	1	0	1
1	0	1	1	1	1	1	1	0	1
1	0	1	1	1	0	1	0	0	1
1	1	0	0	0	0	0	0	1	1
1	0	0	1	1	1	1	0	0	0
1	1	1	1	1	1	1	1	1	1

图 3-5 用 1 和 0 定义迷宫

图 3-5 中的 10×10 的迷宫可以定义成以下二维数组。

```
array =[[1,1,1,1,0,1,1,1,1,1],
[1,0,0,0,0,0,0,1,1,1],
[1,0,1,1,1,1,0,0,0,1],
[1,0,0,1,1,1,1,1,0,1],
[1,0,1,1,1,0,0,0,1],
[1,0,1,1,1,0,0,1,1,1],
[1,1,1,1,1,0,1,1,1,1],
[1,1,0,0,0,0,0,0,1,1],
[1,0,0,1,1,1,1,0,0,0],
[1,1,1,1,1,1,1,1,1,1]]
```

有了对迷宫的数学定义,就可以很简单地定义迷宫的起点位置和出口位置。迷宫的起点位置是 arrry[0][4],出口是 array[8][9]。"会走迷宫的老鼠"问题就简化为找到一条从起点位置通往出口的路径的问题,如果存在,就输出这条路径;如果不存在,就返回文字"走不出迷宫"。本例中就是要在二维数组 array 中找到一条从 array[0][4]到 array[8][9]全部为 0 的路径。通过对该问题的梳理,用数学思维可以把"会走迷宫的老鼠"问题转变为老鼠在一个 10×10 的迷宫中行走,每走一步有两种结果:碰到墙返回,或找到正确的路。在这个过程中,学生将该问题用数学的方式表述出来,再进一步化抽象为具体,间接地训练学生的数学思维。

2. 问题分解:培养分解思维

将问题进行数学建模后,就要考虑怎么去解决问题,也就是将"会走迷宫的老鼠"问题分解成比较容易解决的子问题。在 10×10 的迷宫中,老鼠在 0 的小格子里可以选择向上、下、左、右 4 个相邻的格子走,因此可以进一步将 10×10 迷宫再分解成 3×3 的迷宫进行简化分析,进而得出整个迷宫的情况,如图 3-6 所示。

1	0	1
0	0	0
1	1	1

图 3-6 子问题分解

老鼠在每一个格子上的行走情况可以用数组的形式表示:假设老鼠在 array[i][j]($0<i<9,0<j<9$),与 array[i][j] 上、下、左、右相邻的元素分别是 array[i−1][j]、array[i+1][j]、array[i][j−1]、array[i][j+1]。只有这些相邻元素为 0 时,老鼠才能走过去。在该过程中,学生学会将 n 阶迷宫分解成一个个简单的三阶迷宫,从而将复杂问题简单化,有助于在生活和学习中举一反三,快速有效地解决问题。

3. 可行性分析:培养工程思维

在分析迷宫的过程中,学生可以基于现实问题画出迷宫的简单示意图,想象老鼠走迷宫过程中碰到的墙和路,运用系统分析的方法分析各个子模块及其之间的联系,进行一种在实际解决问题过程中的可行性分析,再整体规划解决思路,利用工程结构合理设计迷宫的形状,进而培养工程思维。

计算机应用基础与计算思维(第 2 版·微课视频版)

4. 算法设计：培养算法思维

要想计算机理解人的想法，就要将问题的解决步骤、方法转换成计算机能够识别理解表示方式，从而让计算机按照人的指令执行任务。通过前面对问题的数学建模、问题分解，基本上完成各个模块的构建，接下来最重要的就是将各模块整合到一起完成上述功能，即运用计算机语言，比如 Python 搭建程序、设计算法。接下来就上面的建模和问题分解进行算法设计。用文字描述该问题的算法如下。

（1）定义迷宫和起点位置，输入 $i \times j$ 个元素到数组 array[]。

（2）用 1 代表墙，0 代表路。

（3）如果当前位置是 0，则表示行走成功，并标记为 2，表示此路可行，后面的老鼠只要看到 2，就可以大胆前行；如果当前位置为 1，则行走失败，标记为 3，表示此路不通，后面的老鼠看见 3，就不要往这个方向走。

（4）输出结果。设有一个 array[10][10]的数组，将迷宫转换为 10×10 的小方格矩阵，其中单元格中数值为 1 的表示墙，为 0 的表示路。凡是行走成功的单元格，标记为 2；凡是行走失败的单元格，标记为 3。清晰合理的算法构建有助于后面程序的编写，算法流程图如图 3-7 所示。该程序采用递归的方法判断下一步的行走是否可行，通过重复执行指定的算法，将老鼠寻找路径的问题分解为一个个简单的子问题来解决。

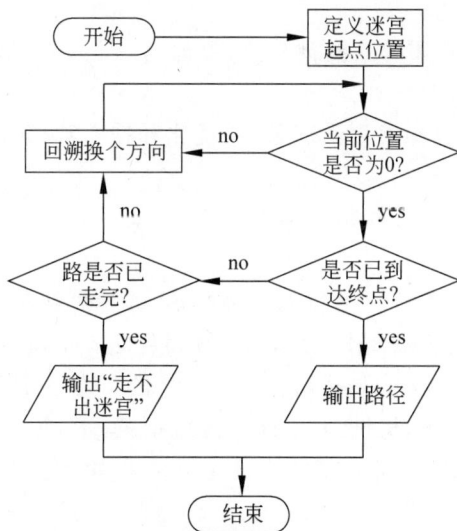

图 3-7 "会走迷宫的老鼠"算法流程图

5. 编写程序：培养编程思维

最后，以 Python 语言实现编码将算法过程可视化，从而检验结果的正确性。如果结果错误，再返回第 1 步的数学建模，找到问题所在，进行修改，直至找到正确的解决步骤。

面向计算思维的问题求解案例，是基于培养学生计算思维的思想来设计教学活动，学生按照计算思维的处理过程能更好地掌握解决问题的一般方法，举一反三，为以后使用计算思维解决问题打下基础。例如,通过数学建模的方法将问题数学化、一般化;通过问题分解的方法对问题进行剖析,分步解决复杂问题;通过算法设计的方法,用算法思维构建各模块;通过编写程序的方法检验结果的正确性。本案例将计算思维的几个重要思维方式融入程序设计,不仅能使学生理解和掌握信息技术的相关知识与技能,还能培养学生的计算思维。

3.6　计算思维对其他学科的影响

计算思维对于众多学科都有深刻影响,它建立在计算过程的能力和限制之上,由人、机器执行。计算方法和模型使我们敢于处理那些原本无法由个人独立完成的问题求解和系统设计,更加方便快捷地解决研究遇到的问题。我们需要的细腻、精确,都可以从计算思维获取。计算思维同样有着巨大作用,它能利用启发式推理来寻求解答,在不确定情况下进行规划、学习和调度,使我们在做各种专业研究时能取得更大成效和更高效率。下面列举了一些学科利用计算思维取得的研究成果。

(1) 生物学:霰弹枪算法(shotgun algorithm)大大提高了人类基因组测序的速度;蛋白质结构可以用绳结来模拟;蛋白质动力学可以用计算过程来模拟;细胞和电路类似,是一个自动调节系统。

(2) 脑科学:人脑可以看作一台计算机;视觉是一个反馈循环;用机器学习方法分析功能核磁共振(fMRI)数据。

(3) 化学:用原子计算探索化学现象;用优化和搜索算法寻找优化化学反应条件和提高产量的物质。

(4) 地质学:“地球是一台模拟计算机”;用抽象边界和复杂性层次模拟地球和大气层。

(5) 数学:发现“李群 E8”(248 维对称体),E8 的计算结果是一个庞大的矩阵,数据量约为 60GB。由 18 位数学家合作完成,整个项目耗时 4 年,超级计算机的计算时间约为 77 小时,计算结果包含约 2 亿个条目,相当于 2079 亿个数字;证明四色定理。

(6) 工程学(电子、土木、机械、航空航天等):计算高阶项可以提高精度,进而降低重量、减少浪费并节省制造成本;波音 777 飞机完全是采用计算机模拟测试的,没有经过风洞测试。

(7) 经济学:自动设计机制在电子商务(广告投放、在线拍卖)中广泛采用;许多麻省理工学院的计算机科学博士在华尔街从事量化金融、风险管理或算法交易等工作。

(8) 社会科学:社交网络是 Twitter 和 Facebook 等发展壮大的原因之一;统计机器学习被用于推荐和声誉排名系统,例如 Netflix 和联名信用卡等。

(9) 医学:机器人手术;电子病历系统需要隐私保护技术;可视化技术使虚拟结肠镜检查成为可能。

(10) 法学:斯坦福大学的 CL 方法包含人工智能、时序逻辑、状态机、进程代数、Petri 网等方面的内容;欺诈调查方面的 POIROT 项目为欧洲的法律系统建立了一个详细的本体论结构;关于犯罪现场调查的福尔摩斯项目。

(11)娱乐:电影梦工厂用惠普的数据中心进行电影《怪物史莱克》和《马达加斯加》的渲染工作;卢卡斯电影公司用一个包含200个节点的数据中心制作电影《加勒比海盗》。

(12)艺术:喷绘机器人Robotticelli。

(13)体育:阿姆斯特朗的自行车载计算机追踪人车统计数据;Synergy Sports公司对NBA视频进行分析。

(14)教育:计算思维促进了科学、技术、工程和数学(STEM)学科之间的整合,鼓励学生在一个综合的框架内思考和解决问题;使用数据分析来理解文学作品或社会趋势;创客空间(maker space)创建物理或虚拟的空间,让学生动手制作项目,从实践中学习计算思维,如编程、3D打印等。

(15)模拟:核试验模拟;利用Exascale计算对能源和环境进行建模和模拟;基于高性能计算机,用计算科学模拟飓风,使科学家可以看到飓风的内部。

第 **4** 章　中文 **Windows 10** 操作系统

学习目标：

➢ 熟悉 Windows 10 的系统功能和新特性；理解 Windows 10 与之前版本相比的改进和变化。

➢ 能够有效使用开始菜单、任务栏和桌面功能；学会设置桌面个性化，包括背景、主题以及窗口管理；掌握文件管理技能；学会使用文件资源管理器进行文件和文件夹的创建、编辑和删除；理解文件的基本属性和常见的文件管理操作，如复制、移动、重命名等。

➢ 理解硬盘的分区和格式化基本概念；学会使用磁盘管理工具进行磁盘的管理和维护。

➢ 学会设置和执行系统备份任务；理解如何使用还原点将系统恢复到先前状态。

➢ 熟悉如何安装、卸载和更新应用程序；掌握任务管理器的使用；学会查看和管理正在运行的程序及其资源使用情况；能够结束无响应的程序，并理解其对系统性能的影响。

4.1　Windows 操作系统概述

Windows 是 Microsoft 研发的一套图形化模式的操作系统，它问世于 1985 年，起初仅仅是 MS-DOS 模拟环境。随着电脑硬件和软件系统的不断升级，Windows 操作系统也在不断升级，从 16 位、32 位到 64 位。从最初的 Windows 1.0 到大家熟知的 Windows 3.1，Windows 3.2，Windows 95、NT、97、98、2000、Me、XP、Server、Vista，Windows 7，Windows 8，Windows 8.1，Windows 10，Windows 11 各种版本的持续更新，Microsoft 一直在尽力于 Windows 操作系统的开发和完善。

4.1.1　Windows 操作系统的特点

Windows 最大的特点是图形化界面。正因为该操作系统的推出，计算机打破了以往使用命令来接受用户指令的方式，开始进入图形用户界面时代，借助鼠标和键盘完成命令的执行。Windows 操作系统的主要特点如下。

（1）直观、高效的面向对象的图形用户界面，易学易用。

从某种意义上说，Windows 用户界面和开发环境都是面向对象的。用户采用"选择对象—操作对象"方式进行工作。

（2）用户界面统一、友好。

Windows 应用程序大多符合 IBM 公司提出的通用用户访问（common user access，CUA)标准，所有程序拥有相同或相似的基本外观，包括窗口、菜单、工具条等。

（3）丰富的与设备无关的图形操作。

Windows 的图形设备接口（graphics device interface，GDI)提供了丰富的图形操作函数，可以绘制诸如线、圆、框等几何图形，并支持各种输出设备。设备无关意味着不管是在针式打印机，还是在高分辨率的显示器上，都能显示出相同效果的图形。

（4）多任务。

Windows 是一个多任务的操作环境，它允许用户同时运行多个应用程序，或在一个程序中同时做几件事情。每个程序在屏幕上占据一块矩形区域，这个区域称为窗口，窗口是可以重叠的。用户可以移动这些窗口，或在不同的应用程序之间切换，并可以在程序之间进行手工和自动的数据交换和通信。虽然同一时刻计算机可以运行多个应用程序，但仅有一个是处于活动状态的，其标题栏呈现高亮颜色。一个活动的程序是指当前能够接收用户键盘输入的程序。

4.1.2　Windows 10 版本

Windows 10，中文名称为视窗 10，内核版本号为 Windows NT10.0。Windows 10 可供家庭及商业工作环境的 PC 和平板计算机使用，和同为 NT 6 成员的 Windows Vista 一脉相承。Windows 10 保留了包括 Aero 风格等多项功能，并且在此基础上增添了些许功能。2015 年 7 月 29 日 Windows 10 正式开发完成，并于同一时间正式发布。

Windows 10 有家庭版、专业版、企业版、教育版、专业工作站版、物联网核心版等几个不同的版本，每个版本针对不同的用户群体，具有不同的功能。

（1）Windows 10 Home(家庭版）。

这是最基本的版本，兼容 PC、平板计算机、笔记本计算机、二合一计算机等设备。它拥有 Windows 系统的标准化功能，如果工作没有特别要求，家庭版是一个不错的选择。

（2）Windows 10 Professional(专业版）。

以家庭版为基础，增添了管理设备和应用，保护敏感的企业数据，支持远程和移动办公，使用云计算技术。它还带有 Windows Update for Business，该功能可以降低管理成本，控制更新部署，让用户更快地获得安全补丁。

（3）Windows 10 Enterprise(企业版）。

以专业版为基础，增添了大中型企业用来防范针对设备、身份、应用和敏感企业信息的现代安全威胁的先进功能，供微软的批量许可客户使用。用户能选择部署新技术的节奏，包括使用 Windows Update for Business 的选项。作为部署选项，Windows 10 企业版将提供长期服务分支。

（4）Windows 10 Education(教育版)。

面向学校职员、管理人员、教师和学生。通过将面向教育机构的批量许可计划提供给客户,学校将能够升级 Windows 10 家庭版和 Windows 10 专业版设备。

（5）Windows 10 Pro for Workstations(专业工作站版)。

该版本包括了许多普通版 Win10 Pro 没有的内容,着重优化了多核处理以及大文件处理,面向大企业用户以及真正的"专业"用户,如 6TB 内存、ReFS 文件系统、高速文件共享和工作站模式。

（6）Windows 10IoT Core(物联网核心版)。

面对小型低价设备,主要针对物联网设备。已支持树莓派 2 代/3 代、Dragonboard 410c、MinnowBoard MAX 及 intel Joule。

4.2 图形用户界面

图形用户界面(graphical user interface,GUI)是指采用图形方式显示的计算机操作用户界面。与早期计算机使用的命令行界面相比,GUI 对于用户来说在视觉上更易于接受。

4.2.1 图形用户界面技术

Windows Aero 是从 Windows Vista 开始使用的新型用户界面,透明玻璃感让用户一眼贯穿。Aero 为四个英文单字的首字母缩略字:Authentic(真实)、Energetic(动感)、Reflective(反射)及 Open(开阔)。意为 Aero 界面是具立体感、令人震撼、具透视感和阔大的用户界面。除了透明的接口,Windows Aero 也包含了实时缩略图、实时动画等窗口特效,吸引用户的目光。

（1）Aero 桌面透视:鼠标指针指向任务栏上的图标,便会跳出该程序的缩略图预览,指向缩略图时还有该程序的全屏幕预览。此外,鼠标指向任务栏最右端的小按钮可显示桌面的预览。

（2）Aero 晃动:单击某一窗口后,摇一下鼠标,可让其他打开中的窗口缩到最小,再晃动一次便可恢复原貌。

（3）Aero Snap 窗口调校:单击窗口后拖曳至桌面的左右边框,窗口便会填满该侧桌面的半部。拖曳至桌面上缘,窗口便会放到最大。

4.2.2 Windows 10 窗口

当打开程序、文件或文件夹时,都会在屏幕上称为窗口的框或框架中显示,如图 4-1 所示。因为在 Windows 10 中窗口随处可见,了解 Windows10 窗口操作非常重要。

图 4-1　窗口组成

1．Windows 10 窗口操作

双击桌面上"此电脑"图标,打开"此电脑"窗口,进行如下操作。

(1)单击窗口右上角的三个按钮,分别可实现"最小化"、"最大化/还原"和"关闭"窗口操作。

(2)拖动窗口边框或窗口角,可以调整窗口大小。

(3)按住标题栏并拖动鼠标,可以移动窗口;双击窗口标题栏,可以最大化窗口或还原窗口。

(4)通过 aero snap 功能调整窗口的大小。窗口最大化快捷键:【Win+↑】;窗口靠左显示快捷键:【Win+←】;靠右显示快捷键:【Win+→】;还原或窗口最小化快捷键:【Win+↓】。

(5)单击"查看"按钮,可以看到"布局"分组,如图 4-2 所示,选择"中图标""小图标""列表"等功能按钮,观察"计算机"窗口格局的变化。

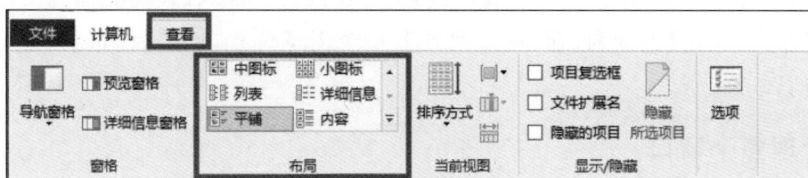

图 4-2　布局选项

（6）按下【Alt＋空格】组合键，在屏幕左上角打开控制菜单，然后使用键盘进行窗口操作。

（7）按下【Alt＋F4】组合键，可以关闭窗口。

（8）按下【PrintScreen】键，将当前整个屏幕存入剪贴板中；按下【Alt＋PrintScreen】键，将当前(活动窗口)存入剪贴板。

2. 使用 Windows 10 窗口的地址栏

（1）在"此电脑"窗口的导航窗格(左窗格)中选择"C:\用户"文件夹，在地址栏中单击"用户"右边的箭头按钮，可以打开"用户"目录下的所有文件夹，如图 4-3 所示。选择一个文件夹，如"公用"，即可打开"公用"文件夹。

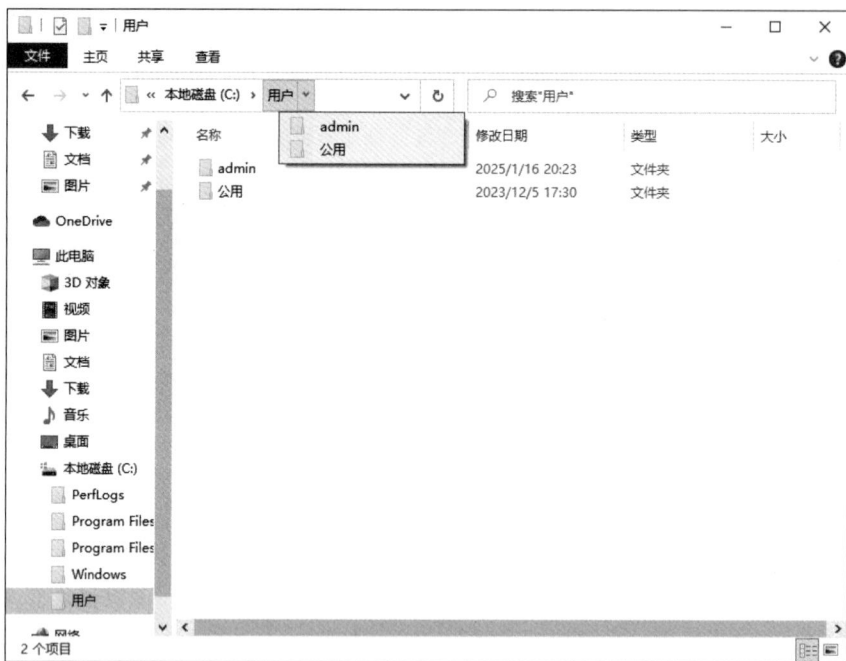

图 4-3　窗口地址栏

（2）在地址栏空白处单击，箭头按钮会消失，路径会按传统的文字形式显示。

（3）地址栏的右侧还有一个向下的箭头按钮，单击该按钮，可以显示曾经访问的历史记录。

（4）利用窗口左上角的【返回】和【前进】← →按钮，可以在浏览记录中导航，而无须关闭当前窗口。单击【返回】按钮，可以回到上一个浏览位置，单击【前进】按钮，可以重新进入之前所在的位置。

3. 管理多个窗口

所有打开的窗口都由任务栏按钮表示。如果有若干个打开的窗口，则 Windows 10 会自动将同一程序中的打开窗口分组到一个未标记的任务栏按钮。可以指向任务栏按钮

计算机应用基础与计算思维(第 2 版·微课视频版)

查看该按钮代表的窗口的缩略图预览。

使用 Aero 桌面透视预览打开窗口的步骤如下。

（1）指向任务栏上的程序按钮。

（2）指向缩略图。此时所有其他打开窗口都会临时淡出，以显示所选的窗口。

（3）将鼠标指向其他缩略图，以预览其他窗口。

若要还原桌面视图，可将鼠标移开缩略图位置。

如果不希望对任务栏按钮分组，可以关闭分组。但是如果不进行分组，则可能无法同时看到所有任务栏按钮。

停止分组任务栏上相似任务栏按钮的步骤如下。

① 通过单击【开始】按钮 ▦、设置 ⚙ 设置，然后在搜索框搜索"任务栏设置"。

② 打开"任务栏设置"界面，找到"合并任务栏按钮"，在下拉菜单中选择"从不"即可。

4. 四角分屏

Windows 10 新增了更强大的分屏功能，最多可将正在进行的四个不同窗口放到一起，如图 4-4 所示。

图 4-4　四角分屏

分屏的步骤如下。

① 直接把相应的窗口用鼠标拖到四个角的对应位置。

② 或者使用快捷键【Win ＋ ↓或↑】。

5. 跳转到窗口

快速更改正在使用的打开窗口的另一种方法是按下【Alt＋Tab】组合键。按下【Alt＋Tab】组合键时，可以看到所有打开窗口的列表。

若要选择某个文件，按住【Alt】键并继续按【Tab】键，直到突出显示要打开的文件。释放这两个键，可以打开所选窗口。

6. 排列窗口

若要排列打开的窗口，右击任务栏的空白区域，然后选择"层叠窗口"、"堆叠显示窗口"或"并排显示窗口"，含义如下。

① 层叠：在一个按扇形展开的堆栈中放置窗口，使这些窗口标题显现出来。

② 堆叠：在一个或多个垂直堆栈中放置窗口，视打开窗口的数量而定。

③ 并排：将每个窗口（已打开，但未最大化）放置在桌面上，以便能够同时看到所有窗口。

4.2.3　桌面主题设置

启动 Windows 10 后，整个显示屏幕称为桌面，在桌面任一空白位置右击，在弹出的快捷菜单中选择"个性化"，出现"个性化"设置窗口。

（1）设置桌面主题。

选择某一主题后，可以观察桌面主题的变化。

（2）设置整体颜色。

单击主题设置窗口左侧面板的"颜色"选项，在窗口右侧将打开"颜色"设置页面，选择一种主题色，即可发现窗口标题栏和边框的颜色变化。

（3）设置桌面背景。

单击设置窗口左侧的"背景"选项，即可切换桌面壁纸，还可设置为幻灯片放映。

（4）设置屏幕保护程序。

设置屏幕保护程序可设置屏幕内容、等待时间和保护密码等。

① 选择"设置"，在搜索框中搜索"屏幕保护程序设置"，即可出现屏幕保护程序设置窗口，在"屏幕保护程序"下拉框中选择一种屏幕保护程序，在"等待"处可以设置屏幕保护程序的等待时间，然后单击"设置"按钮。

② 如果要为屏幕保护设置密码，可以勾选设置窗口中的"在恢复时显示登录屏幕"选框。

（5）改变屏幕分辨率及窗口外观显示字体。

在桌面空白处右击，在弹出的快捷菜单中选择"显示设置"，可以设置屏幕文本、应用等项目的大小和屏幕分辨率的修改。

（6）桌面图标设置及排列。

① 在桌面显示控制面板图标。

在"主题"设置窗口的"相关的设置"中单击"桌面图标设置",勾选需要在桌面显示的图标,然后单击"确定"按钮即可。

② 桌面图标的排列方式。

在桌面空白处右击,在弹出的快捷菜单中选择"排序方式",在级联菜单中可以选择需要的桌面图标排列方式。

③ 设置桌面不显示任何图标。

在桌面空白处右击,在出现的"桌面快捷菜单"中依次选择"查看"→"显示桌面图标"项,如果再次选择"显示桌面图标"项,桌面上的所有图标都不显示。

4.2.4 菜单

【开始】菜单是计算机程序、文件夹和设置的主门户。之所以称为"菜单",是因为它提供一个选项列表,就像餐馆里的菜单那样。至于【开始】的含义,在于它通常是用户要启动或打开某项内容的位置。使用【开始】菜单可以执行这些常见的活动,如启动程序、打开设置、打开常用的文件夹、调整计算机设置、获取有关 Windows 操作系统的帮助信息、关闭/重新启动计算机、注销 Windows 或切换到其他用户账户等。

(1) 自定义【开始】菜单。

使用【开始】菜单,可以自己设定相关应用位置,更易于查找喜欢的程序和文件夹。

(2) 清理【开始】菜单和任务栏上的列表。

Windows 会保存打开的程序、文件、文件夹和网站的历史记录,并在【开始】菜单以及【开始】菜单和任务栏上的跳转列表中显示这些历史记录,也可以选择不显示该历史记录。

设置不显示历史记录的步骤如下。

通过依次单击【开始】按钮 ⊞ →"设置",在搜索框中搜索"开始设置",然后找到"在'开始'菜单或任务栏的跳转列表中以及文件管理器的'快速使用'中显示最近打开的项",关闭该项功能即可。

(3) 将程序锁定到【开始】菜单。

将程序快捷方式锁定到【开始】菜单的顶部,以便能够快速方便地打开这些程序。

将程序锁定到【开始】菜单的步骤如下:单击【开始】菜单,查找程序,右击该程序,然后单击"固定到开始屏幕"。该程序的图标将出现在【开始】菜单的右部。

(4) 后面带省略号(…)的菜单项,表示系统执行菜单命令,用户需要通过对话框进行设置,如图 4-5 所示。选择"断开网络驱动器的连接(C)…",出现"与网络驱动器断开连接"对话框。

4.2.5 鼠标的使用

鼠标主要有 5 种基本操作,分别是指向、单击、拖动、双击和右击,下面以右手操作鼠标为例讲解。

(1) 指向:将鼠标指向屏幕中的任何一个目标对象。

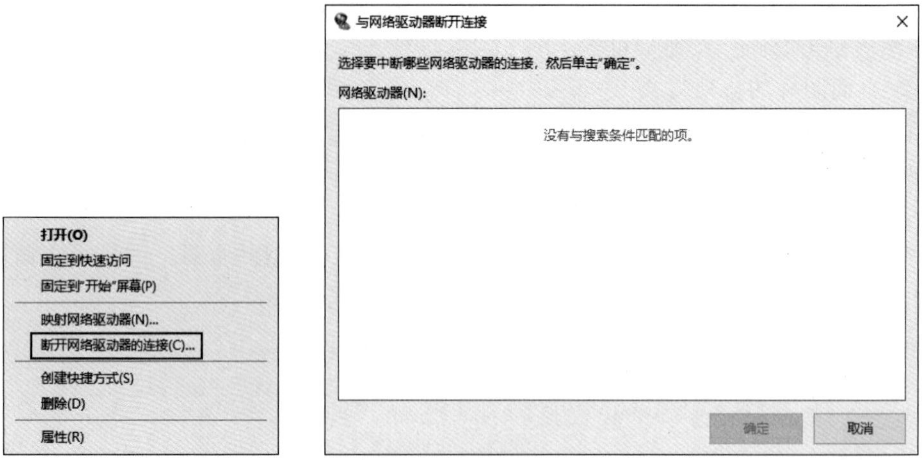

图 4-5 带省略号菜单项

（2）单击：鼠标指向一个目标对象后，单击鼠标左键用于选定对象。

（3）拖动：移动鼠标，指向某个目标对象后，按下鼠标左键后移动鼠标，将目标对象移动位置。

（4）双击：双击用于执行程序或打开窗口，如双击桌面上的"此电脑"图标，即打开"此电脑"窗口，双击某一应用程序图标，即可启动某一应用程序。

（5）右击：右击用于调出快捷菜单。右击桌面左下角的【开始】按钮，或右击任务栏上的空白处、桌面空白处、"此电脑"图标，一文件夹图标或文件图标，都会弹出不同的快捷菜单。

另外，在 Windows 10 中，通过拖动鼠标执行复制操作时，鼠标指针的箭头尾部会带有"＋"号。

4.3 文 件 管 理

4.3.1 文件与文件夹

文件是具有符号名的一组信息的集合，是程序和数据在磁盘上存储的基本形式。文件有 4 种属性：①"只读"属性，只能浏览，不能修改或删除；②"隐藏"属性，默认情况下不显示；③"存档"属性，既可以浏览，也可以修改，我们创建的文档，一般默认为存档属性；④"系统"属性，文件夹不具有"系统"属性。如果"系统"属性被选中，表示该文件是系统文件，Windows 必须依赖系统文件才能正常运行，不要随意删除系统文件。在默认情况下，"文件资源管理器"中是不显示系统文件的。设置文件属性，可以选定文件，右击，在弹出的快捷菜单中选择"属性"，在高级选项中可以设置"存档"属性。

Windows 10 的文件命名规则如下：

① 文件或者文件夹名称字符数不得超过 255 个字符。

计算机应用基础与计算思维（第 2 版·微课视频版）

② 文件名除了开头之外，任何地方都可以使用空格。

③ 文件名中不能有下列符号：\ / ： * ？" ＜＞| 。

④ 文件名不区分大小写，但在显示时可以保留大小写格式。

⑤ 文件名中可以包含多个间隔符，如"tang.yu.001"。

为了便于识别，对文件命名时用扩展名进行区分，所以文件名的一般格式为：主文件名.扩展名。由此可以根据扩展名判断文件的类型。文件的类型有多种，如可执行文件、数据文件、类或库文件、文本文件、图像文件等。常见的文件类型如表 4-1 所示。

表 4-1　常见的文件类型

文件类型	扩 展 名	文 件 描 述
文 档 文 件	txt、doc、docx、xml、pdf、wps、ppt、pptx、xls、xlsx	文档文件是存储文字信息的文件，用各种软件编辑之后保存的文件
图片文件	jpg、png、bmp、gif、tiff	记录图像信息的文件
网页文件	html、htm	网上常用的文件，可用 IE 浏览器打开
系统文件	int、sys、dll、adt	安装操作系统过程中自动创建的文件
声音文件	mp3、wav、wma、mid、aif	记录声音和音乐信息的文件
动画文件	avi、rm、mpeg、swf、mov	记录视频动画信息的文件，同时支持声音
压缩文件	rar、zip、z、gz	由压缩软件将文件压缩后形成的文件
可执行文件	exe、bat、com	双击该类文件，可执行相应程序

文件夹主要用来协助人们管理计算机文件，每一个文件夹对应一块磁盘空间，它提供了指向对应空间的地址，没有扩展名。文件夹的路径是一个地址，它告诉操作系统如何才能找到该文件夹（如：许多 Windows 系统文件都存储在一个路径为 C:\Windows 的 Windows 文件夹中）。文件夹的名称可根据需要命名。若要选定当前文件夹中的全部文件和文件夹，可使用组合键【Ctrl＋A】。

由于各级文件夹之间具有互相包含关系，使得所有文件夹构成树状结构，称为文件夹树。"文件资源管理器"左侧窗口中显示的是文件夹树，没有展开的文件夹前面显示 ﹥ 标记，展开后的文件夹前显示 ﹀ 标记，有的文件夹前没有任何标记，表示该文件夹没有嵌套子文件夹。

4.3.2　文件管理的基本操作

（1）打开文件资源管理器。

右击桌面左下角【开始】按钮，在出现的快捷菜单中找到"Windows 系统"，在下拉菜单中找到"文件资源管理器"，打开文件资源管理器窗口。也可以通过任务栏中的图标或搜索栏搜索"文件资源管理器"打开。

（2）设置文件及文件夹的显示方式及排列方式。

① 改变文件夹及文件的显示方式。

在文件资源管理器中打开"查看"菜单,如图 4-6 所示,或在文件资源管理器右边窗口的空白处右击,在弹出的快捷菜单中选择"查看"菜单,分别选择"大图标""中图标""小图标""平铺""内容""列表""详细信息"菜单项,可以改变文件夹及文件的排列方式。

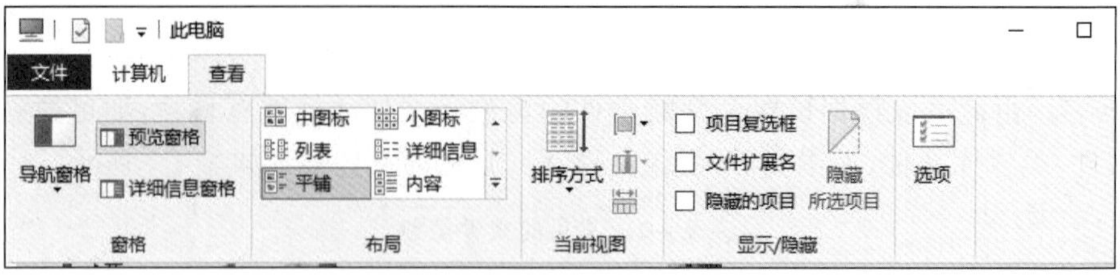

图 4-6　文件夹按"平铺"方式显示

② 改变文件夹及文件的图标排列方式。

选择菜单项"查看"→"排序方式",或右击,在弹出的快捷菜单中选择"排序方式",在弹出的列表中可按照不同的排序方式对图标的排列顺序进行排序。

(3) 创建文件夹。

在 C 盘上创建一个名为 GS 的文件夹,在 GS 文件夹下创建两个并列的二级文件夹,其名为 GS1 和 GS2。

方法一:在文件资源管理器窗口的导航窗格选定 C:\为当前文件夹,在右窗格中选择菜单命令"文件|新建|文件夹",右窗格出现一个新建文件夹,名称为"新建文件夹"。将"新建文件夹"改名为"GS"即可。双击 GS 文件夹,进入该文件夹,用上述同样方法创建二级文件夹"GS1"和"GS2"。

方法二:在文件资源管理器窗口的左窗格选定 C:\为当前文件夹,在右窗格任一空白位置处右击,在弹出的快捷菜单中选择"新建|文件夹",右窗格出现一个新建文件夹,名称为"新建文件夹"。将"新建文件夹"改名为"GS"即可。双击 GS 文件夹,进入该文件夹,用上述同样方法创建二级文件夹"GS1"和"GS2"。

(4) 复制、剪切、粘贴和移动文件。

剪贴板(clipboard)是内存中用来临时存放交换信息的一块区域,是 Windows 系统一段可连续的、随存放信息的大小而变化的内存空间。内置在 Windows 并且使用系统的内部资源 RAM,或使用虚拟内存来临时保存剪切和复制的信息,可以存放文字或图像、文件或文件夹等多种信息。保存在剪贴板上的信息,只有再剪贴或复制另外的信息,或停电、或退出 Windows,或有意地清除时,才可能更新或清除其内容,即剪贴或复制一次,可以粘贴多次。

如在 C 盘中任选 3 个不连续的文件,将它们复制到 C:\GS 文件夹中,操作如下:

① 选中多个不连续的文件:按住【Ctrl 键】,单击需要的文件或文件夹,即可同时选中多个不连续的文件或文件夹。

② 复制文件:选中菜单中的"主页"→"复制"命令,或者右击,在弹出的快捷菜单中选择"复制",或者选中目标对象后按下【Ctrl+C】组合键。

③ 粘贴文件:单击 GS 文件夹,进入 GS 文件夹,选择菜单中的"主页"→"粘贴"命令,或者右击,在弹出的快捷菜单中选择"粘贴",或者按下【Ctrl+V】组合键,即可将复制

的文件粘贴到当前文件夹中。

（5）查看并设置文件和文件夹的属性。

选定文件夹 GS2，右击在弹出的快捷菜单中选择"属性"，弹出属性对话框，在"常规"窗口中有类型、位置、大小、占用空间、包含的文件夹及文件数等信息。选中窗口中的"只读"或"隐藏"项，则 GS2 文件夹成为只读或隐藏文件夹。

（6）控制窗口内显示/不显示隐藏文件（夹）。

选择菜单"文件"→"选项"，弹出图 4-7 所示对话框，在"隐藏文件和文件夹"下选择"不显示隐藏的文件、文件夹或驱动器"，单击"确定"按钮。打开 GS 文件夹，GS2 文件夹不可见。在图 4-7 中选择"显示隐藏的文件、文件夹或驱动器"，单击"确定"按钮。再次打开 GS 文件夹，则 GS2 文件夹可见。

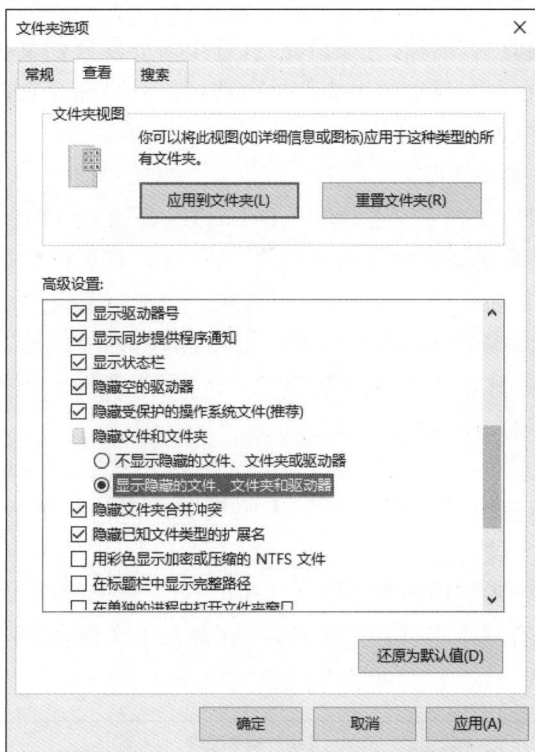

图 4-7 "文件夹选项"对话框中的"查看"选项

（7）文件的改名。

① 修改文件的主文件名。

打开 C:\GS 文件夹，在任意空白处右击，在弹出的快捷菜单中选择"新建|文本文档"，出现一个新文件，名为"新建文本文档"，并且该文件名处于可编辑状态。输入新文件名"LT1"，按回车键确认即可（该文件的全名为"LT1.txt"）。单击选中文件 LT1.txt，在文件名处再次单击，文件名进入可编辑状态，此时可再次修改该文件的主文件名。

② 修改文件的扩展名。

在图 4-7 所示的对话框中去掉"隐藏已知文件类型的扩展名"选项的勾选，文件资源管理器中将显示文件的全名(主文件名和扩展名),此时即可采用上述方法修改文件的扩展名,如将 LT1.txt 改名为 LT1.doc。

(8) 文件及文件夹的删除与恢复。

回收站是 Windows 操作系统中的一个系统文件夹,主要用来存放用户临时删除的文档资料,存放在回收站的文件可以继续删除或恢复删除。

① 删除文件至"回收站"。

删除文件和删除文件夹的步骤类似。以删除文件为例,打开文件夹 C:\GS,右击,选中文件 LT1.txt,按【Delete】键或选择菜单命令"文件|删除",或在右击弹出的快捷菜单中选择"删除"选项,在确认删除信息框中单击"是"按钮,确认删除,则该文件放入了回收站中,实际上并没有从计算机系统中真正删除。

② 从"回收站"恢复被删除的文件或文件夹。

双击桌面上的"回收站"图标,打开回收站,选中需要恢复的文件或文件夹,选择菜单命令"文件|还原",或在右击弹出的快捷菜单中选择"还原"命令,即可恢复被删除的文件或文件夹到被删除的位置。

③ 永久删除文件或文件夹。

选中待删除的文件(夹),按下【Shift+Delete】组合键,在弹出的确认删除框中单击"是"按钮,即可从该计算机系统中彻底删除该文件(夹),真正释放磁盘的物理空间。

(9) 搜索文件和文件夹。

① 设置搜索方式。

在文件资源管理器窗口中选择菜单"文件"→"更改文件夹和搜索选项",在"搜索内容"部分选择"始终搜索文件名和内容"。

② 模糊搜索方式。

模糊搜索,即可以使用通配符 *(匹配任意字母)或者?(匹配单个字符)代替未知的部分。如搜索 C 盘及其子文件夹下所有文件名以 LT 开头、扩展名为 txt 的文本文件,则可以在 C 盘当前窗口右上角的搜索栏中输入"LT*.txt",搜索结果如图 4-8 所示;如搜索以 LT 开头、主文件名只有 3 个字符且扩展名为 txt 的文本文件,则可使用"LT?.txt"作为搜索项。

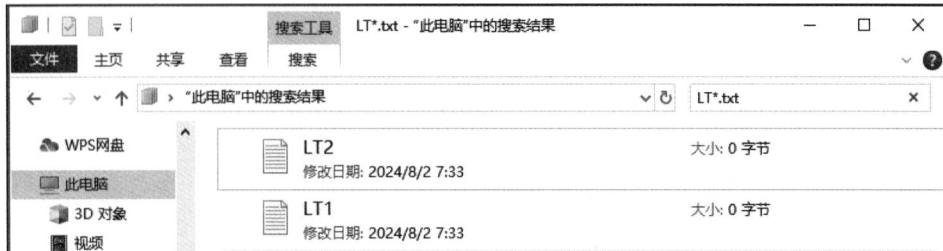

图 4-8　LT*.txt 搜索结果

③ 设置搜索筛选项。

搜索 GS 文件夹及其子文件夹下所有包含文字"此电脑"且文件大小不超过 16KB、今天修改的文本文件(扩展名为 txt)。

- 在文件资源管理器的左窗格选择 C:\GS 文件夹,在搜索框中输入"此电脑"。
- 在"添加搜索筛选器"下选择"大小"为"极小"(0～16KB)。
- 在"添加搜索筛选器"下选择"修改日期"为"今天"。
- 则可以得到设置条件下的搜索结果。

4.4　程　序　管　理

4.4.1　安装与卸载应用程序

安装应用程序比较简单,下载应用程序的安装文件,双击"exe"文件,根据提示安装应用程序即可。要卸载计算机程序,单击【开始】菜单,找到"Windows 系统",单击下拉菜单里的"控制面板"或直接在搜索框搜索,单击"卸载程序"按钮。在接下来打开的窗口中选择要卸载的程序,右击"卸载"按钮。

当然,也可以利用一些卸载软件来卸载已经安装在计算机中的应用程序,在此不再赘述。

4.4.2　程序的启动和退出

(1)启动应用程序有以下几种方法。
① 双击程序运行文件(或快捷方式)。
② 右击程序运行文件(或快捷方式)在弹出的快捷菜单中选择"打开"。
③ 按下【Win ⊞＋R】打开运行对话框,输入程序运行文件名称并单击"确定"按钮。
④ 选择【任务管理器】→【运行】,输入程序运行文件名称。
⑤ 进入命令提示行,输入运行程序命令。
(2) 关闭程序。
① 单击程序右上角的"✕"关闭程序。
② 单击软件菜单中的【文件】→【退出】命令。
③ 使用"任务管理器"强制结束"进程"。
④ 按【Alt＋F4】组合键结束程序。

4.4.3　应用程序的快捷方式

在 Windows 系统中,桌面的快捷方式可以是应用程序、文档文件、打印机等,删除 Windows 10 桌面上某个应用程序的快捷方式图标,意味着只删除了图标,对应的应用程序没有被删除。下面介绍两种在 Windows 10 系统桌面创建应用程序快捷方式的方法。
(1) 方法一。

① 在桌面上选中相应的应用程序,右击,在弹出的快捷菜单中选择"新建"→"快捷方式"命令。

② 单击"浏览"按钮,指定应用程序所在位置并选中,单击"确定"按钮,然后单击"下一步"按钮,如图 4-9 所示。

图 4-9　创建快捷方式(方法一)

③ 键入该快捷方式的名称,如"百度网盘",单击"完成"按钮即可创建快捷方式,如图 4-10 所示。

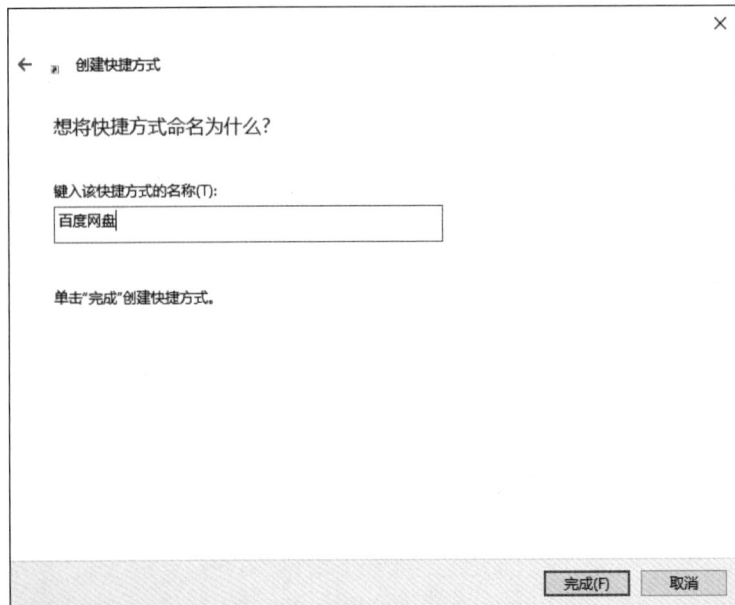

图 4-10　输入快捷方式名称

　计算机应用基础与计算思维(第 2 版 · 微课视频版)

（2）方法二。

① 打开计算机，直接找到应用程序所在位置。

② 在应用程序上右击，在弹出的快捷菜单中选择【发送到】→【桌面快捷方式】命令即可。

4.5 任务管理器

Windows 通过任务管理器提供计算机性能的有关信息，显示了计算机上运行的程序和进程的详细信息，从这里可以查看当前系统的进程数、CPU 使用率、各种内存数据等。如果连接到网络，还可以查看网络状态，并迅速了解网络是如何工作的。它的用户界面提供了文件、选项、查看、窗口、帮助五大菜单项，其下还有应用程序、进程、服务、性能、联网、用户六个标签页，窗口底部则是状态栏。

1. 启动任务管理器

在 Windows 10 操作系统中启动任务管理器的方法很多，这里介绍 3 种常用的方法。

（1）按下【Ctrl＋Alt＋Delete】组合键，然后选择"启动任务管理器"。

（2）在快速启动栏打开 Windows 10 任务管理器，在任务栏底部空白处右击，在弹出的快捷菜单中选择"启动任务管理器"。

（3）按下【Ctrl＋Shift＋Esc】组合键，可以直接打开任务管理器。

2. 应用程序管理

在 Windows 10 的任务管理器窗口单击"应用程序"，显示所有当前正在运行的应用程序。不过它只会显示当前已打开窗口的应用程序，而 QQ、MSN Messenger 等最小化至系统托盘区的应用程序并不会显示出来。

选定某项任务，单击"结束任务"按钮，直接关闭某个应用程序，如果需要同时结束多个任务，可以按住【Ctrl】键复选。

另外，如果遇到程序无法响应的问题，就无法通过程序本身的功能关闭，只能通过任务管理器的强制关闭功能选择相应程序，再单击"结束任务"按钮即可。

单击"文件"下拉菜单中的"运行新任务"按钮，可以直接打开相应的程序、文件夹、文档或 Internet 资源。如果不知道程序的名称，可以单击"浏览"按钮进行搜索，找到相应的程序再打开。

3. 进程管理

"进程"里显示了所有当前正在运行的进程，包括应用程序、后台服务等，那些隐藏在系统底层深处运行的病毒程序或木马程序都可以在这里找到，当然前提是要知道它的名称。找到需要结束的进程名，然后执行"结束进程"或使用右击弹出快捷菜单中的"结束进程"命令，就可以强行终止，不过这种方式将丢失未保存的数据，而且如果结束的是系统服务，则系统的某些功能可能无法正常使用。Windows 8 及后续版本把"进程"与"应用程序"合并,称为"进程"。

4. 系统性能

在任务管理器的"性能"选项中可以查看计算机性能的动态数据,例如 CPU 利用率和内存的使用情况,如图 4-11 所示。

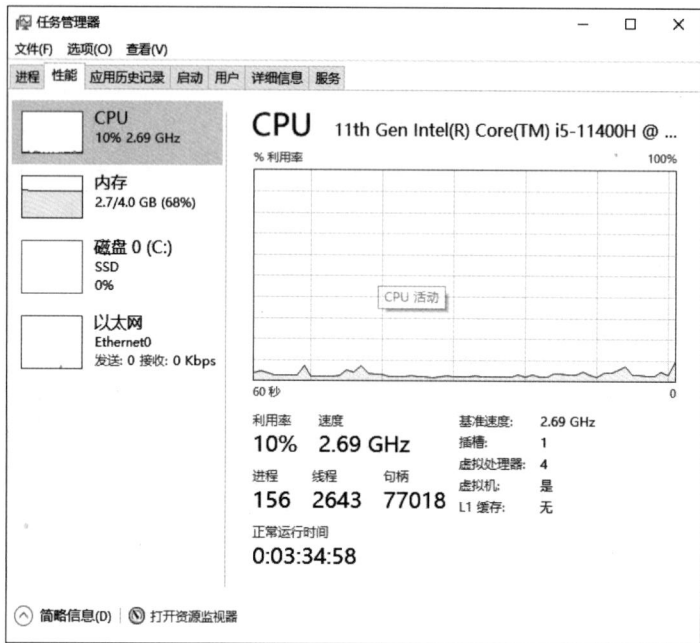

图 4-11　任务管理器的"性能"选项

CPU 利用率表明处理器工作时间百分比的图表,该计数器是处理器活动的主要指示器,查看该图表可以知道当前使用的处理时间是多少。CPU 使用记录显示处理器的使用程序随时间变化情况的图表,图表中显示的采样更新情况取决于"查看"菜单中选择的"更新速度"设置值,"高"表示每秒 2 次,"正常"表示每秒 1 次,"低"表示每 4 秒 1 次,"暂停"表示不自动更新。

4.6　磁　盘　管　理

硬盘初始使用时,文件在磁盘上的存放位置通常是连续的,这样可以有效地提高读写速度。因为文件连续存放可以减少磁头的移动距离,缩短访问时间。然而,随着用户对文件的频繁操作,例如修改、删除、复制和保存新文件等,磁盘上的空间管理变得愈加复杂。当删除文件时,磁盘上原有的空间并不会立即被填满;相反,这些空间会形成许多小的、不连续的空白区域。同样,当复制或保存新文件时,系统可能会选择这些小的空白区域来保存文件的一部分,而不是寻找一个足够大的连续空间。这就导致文件被分散成多个小块,存储在不同的位置,也就是产生了磁盘碎片。

磁盘碎片不仅影响存储空间的利用率,也对系统性能产生了显著的影响。随着磁盘碎片增多,读取大文件时,磁头需要不断移动到不同的磁盘区域,增加了寻址时间和访问延迟。这种现象在机械硬盘上表现得尤为明显,因为机械硬盘的读写速度受到磁头移动的限制。此外,磁盘碎片还可能导致文件的完整性和稳定性受到威胁。在极端情况下,过度的碎片化可能会使系统读取或写入文件时出现错误,甚至导致数据丢失。因此,用户需要定期进行碎片整理,以重新组织磁盘上的文件,提高存取效率。在"Windows 管理工具"菜单里找到"碎片整理和优化驱动器",重新整理硬盘上的文件和使用空间,即可提高程序运行速度。

4.7　系统备份与还原

4.7.1　系统的还原

　　Windows Me 版本首次引入了系统还原功能,并随着后续版本的更新不断完善,使操作变得越来越简单。该功能允许用户放心地更新硬件驱动、下载系统补丁和安装新软件。如果在安装后遇到不稳定的情况,可以利用系统还原将系统恢复到之前的状态。在Windows 10 中,这一功能依然为用户提供了有效的保护和便利。还原系统之前,必须要有一个还原点,系统还原的步骤如下。

　　(1)创建还原点。

　　右击桌面上的【此电脑】图标,在弹出的快捷菜单中选择【属性】,选择【相关设置】下的【系统保护】选项,如图 4-12 所示。

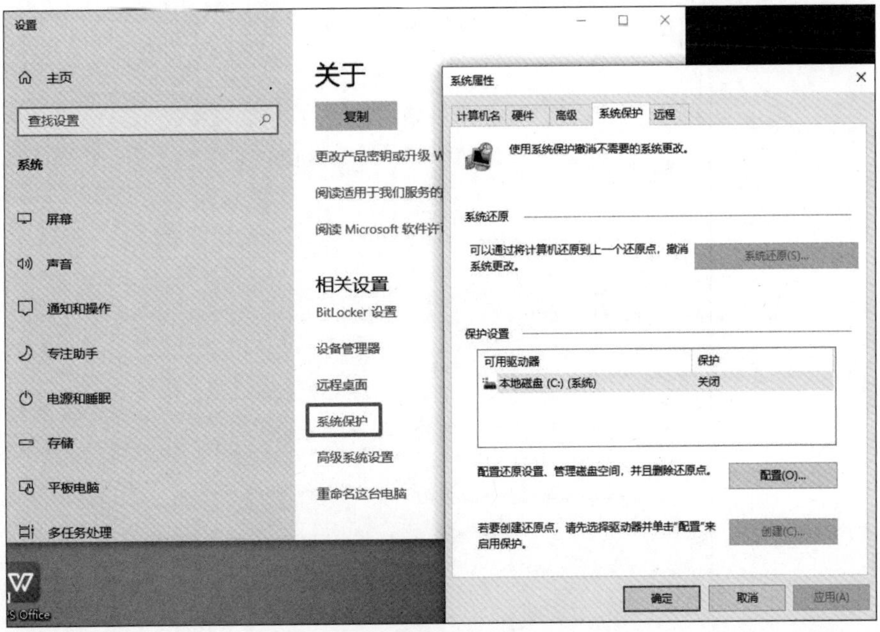

图 4-12　【系统保护】选项

或者,在任务栏的搜索框中搜索"创建还原点",如图 4-13 界面中显示为默认情况。在默认情况下,系统只对系统盘进行保护,若要为其他盘开启保护,则可以单击"配置"按钮进行相应的设置,如图 4-14 所示。

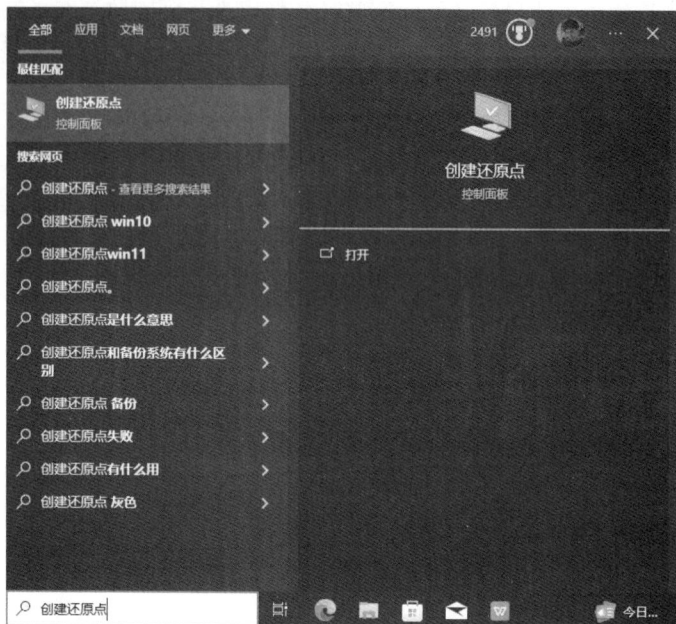

图 4-13　创建还原点

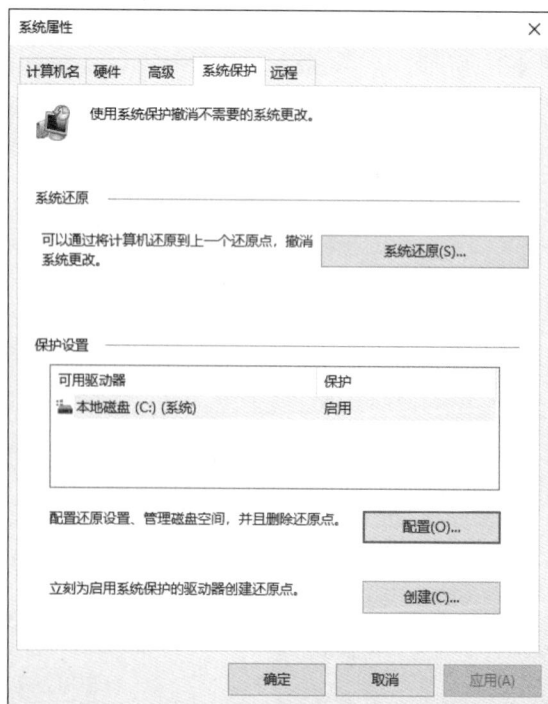

图 4-14　【系统保护】选项

然后单击"创建"按钮,并且输入名称,再单击"创建"按钮,等待创建完成之后单击"关闭"按钮,即可完成还原点创建。

　　(2)系统还原。

　　创建好还原点后,打开"系统还原"窗口,选择所要恢复的还原点,如图 4-15 所示。确认还原点,单击"完成"按钮,如图 4-16 所示。确认设置之后,完成还原操作。

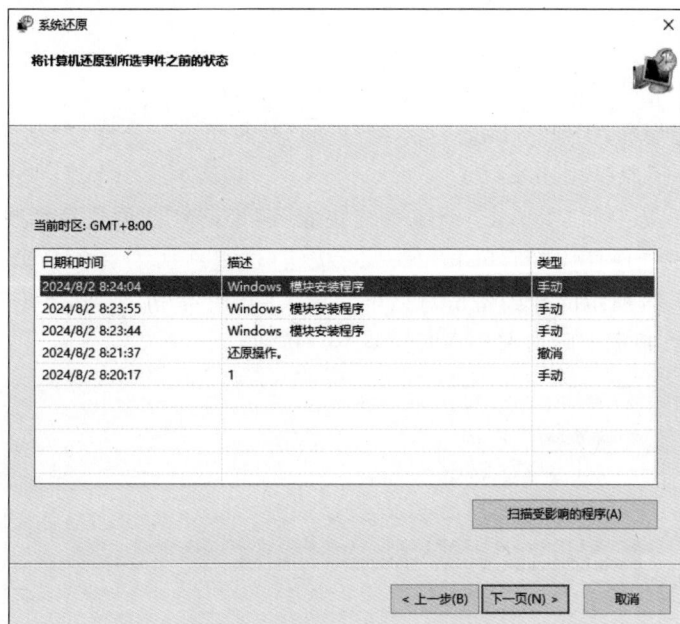

图 4-15　选择要恢复的还原点

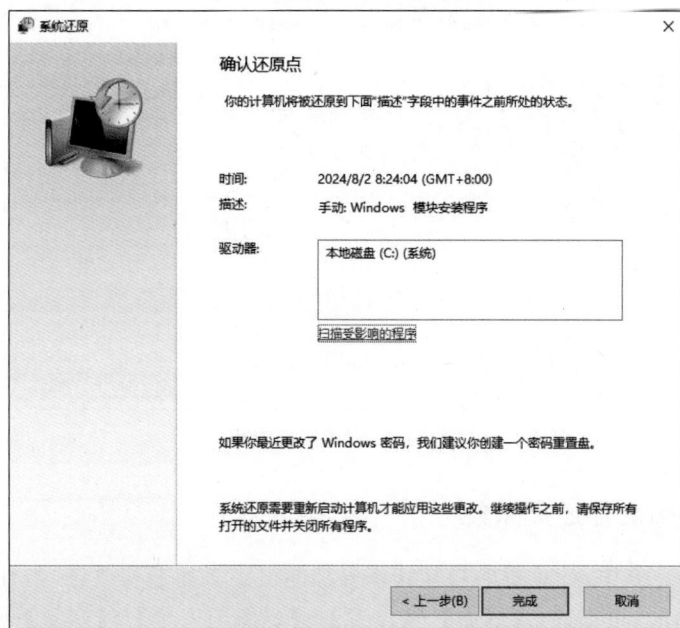

图 4-16　单击"完成"按钮

4.7.2 Windows 10 映像备份与还原

Windows 10 提供了系统映像备份功能,使用该功能可以创建整个计算机的备份副本,包括程序、系统文件。系统一旦出现问题,可以使用 Windows 恢复环境还原整个计算机系统。

1. 创建映像备份

单击【开始】菜单,找到"Windows 系统"里的"控制面板",选择"控制面板"→"系统与安全"→"备份与还原(Windows 7)"。

在"备份与还原"窗口中单击"创建系统映像"链接,弹出"创建系统映像"对话框,如图 4-17 所示。选择保存位置后单击"下一步"按钮(这里新加了一个 E 盘,方便备份操作演示),进入图 4-18 所示的开始备份对话框。单击"开始备份"按钮,备份完成后,提示是否创建修复光盘,根据实际情况选择"是"或"否"按钮。

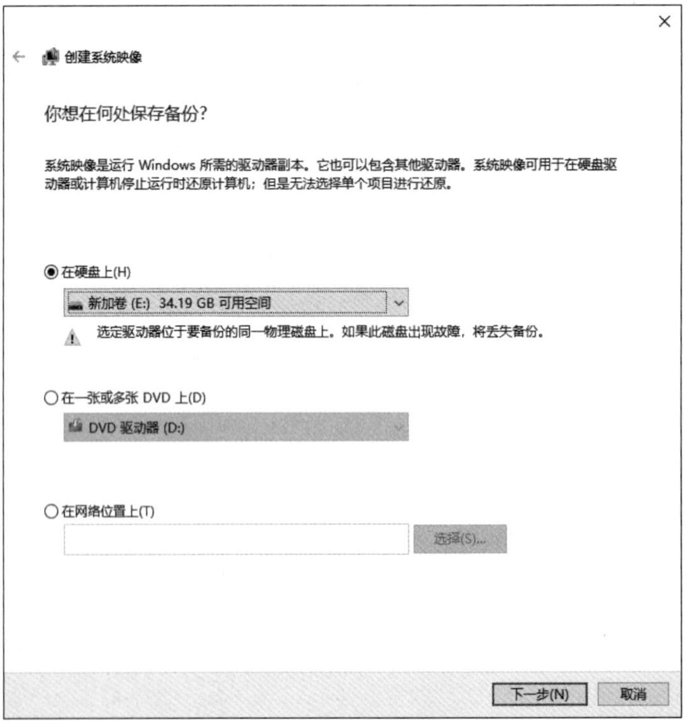

图 4-17 创建系统映像

2. 通过映像文件还原系统

在 Windows 10 中,计算机的修复和恢复功能得到了加强和改进,当计算机出现故障或需要恢复备份时,可以通过【开始】→【设置】→【更新与安全】→【恢复】→【高级启动】→【立即重新启动】命令实现,如图 4-19 所示。

计算机应用基础与计算思维(第 2 版·微课视频版)

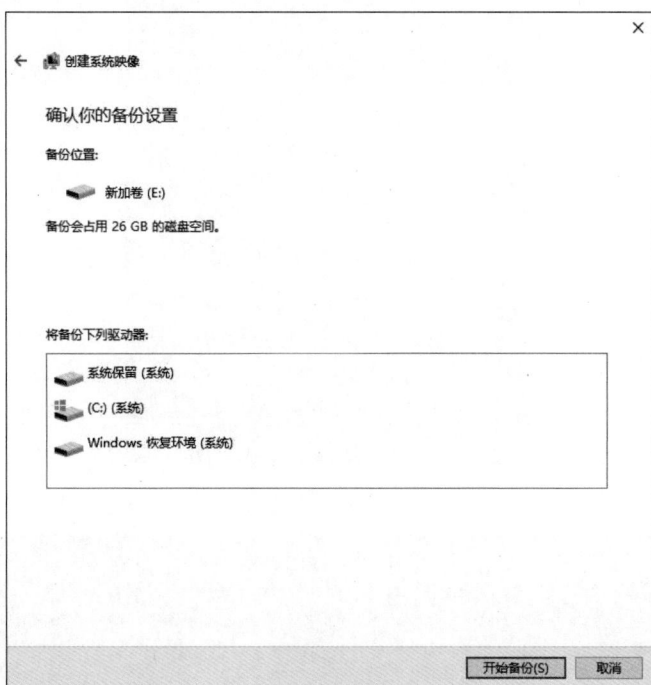

图 4-18　开始备份

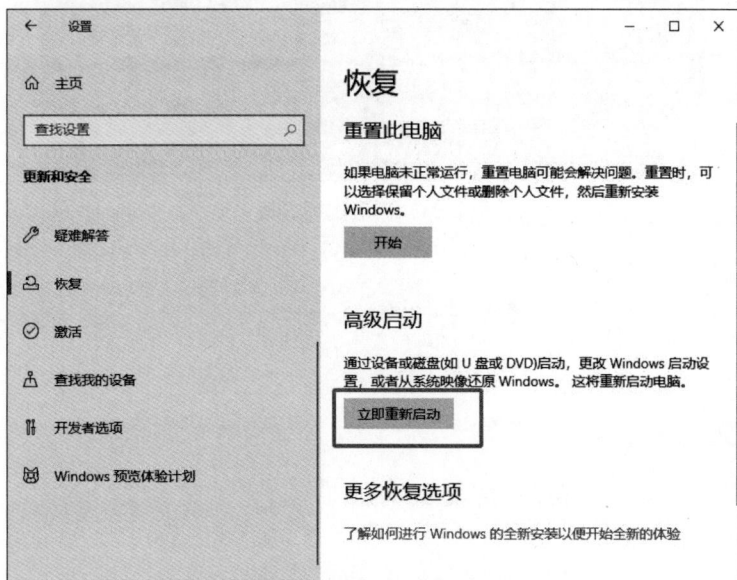

图 4-19　Windows 恢复窗口

进入系统恢复程序界面后选择【疑难解答】,如图 4-20 所示。在高级选项选择【系统映像恢复】,如图 4-21 所示,系统会重启,并进入恢复执行界面。

图 4-20　Windows 系统恢复程序界面

图 4-21　高级选项界面

习　　题

1. 选择题

（1）Windows 10 操作系统的特点不包括(　　)。

A. 图形化界面　　　　　　　　　　B. 多任务处理

C. 与设备无关的图形操作　　　　　D. 单用户单任务

（2）在 Windows 10 的版本中,适合大中型企业使用,具有防范现代安全威胁先进功能的是(　　)。

A. 家庭版　　　　B. 专业版　　　　C. 企业版　　　　D. 教育版

（3）在 Windows 10 中,使用 aero snap 功能调整窗口大小时,窗口最大化对应的快捷键是(　　)。

A. Win+↑   B. Win+←   C. Win+→   D. Win+↓

（4）下列关于文件和文件夹的说法，错误的是（　　　）。

A. 文件是具有符号名的一组信息的集合

B. 文件夹主要用来协助人们管理计算机文件

C. 文件夹的路径是一个地址，它告诉操作系统如何才能找到该文件夹

D. 文件夹具有"系统"属性

（5）在文件资源管理器中，选中多个不连续的文件时，应按住的键是（　　　）。

A. Shift   B. Ctrl   C. Alt   D. Tab

2. 判断题

（1）Windows 10 的"开始"菜单只能用于启动程序，不能用于打开设置。（　　　）

（2）使用任务管理器可以查看计算机上所运行的程序和进程的详细信息。（　　　）

（3）磁盘碎片对系统性能没有影响，不需要定期进行碎片整理。（　　　）

（4）创建系统还原点后，如果系统出现问题，可以通过系统还原功能将系统恢复到之前的状态。（　　　）

（5）Windows 10 的映像备份功能只能备份系统文件，不能备份用户数据。（　　　）

3. 简答题

（1）简述 Windows 10 操作系统的主要特点。

（2）说明在 Windows 10 中，如何通过任务管理器结束一个无响应的程序。

（3）描述文件和文件夹的基本概念及其属性。

4. 操作题

（1）打开 Windows 10 的【开始】菜单，找到"Windows 系统"里的"控制面板"，在"控制面板"中创建一个新的还原点，并命名为"我的还原点"。

（2）在 Windows 10 中，使用文件资源管理器打开 C 盘，创建一个名为"我的文件夹"的新文件夹，在该文件夹下创建两个子文件夹，分别命名为"子文件夹1"和"子文件夹2"。

（3）打开任务管理器，查看当前正在运行的程序及其资源使用情况，选择一个正在运行的程序，通过任务管理器结束该程序的运行。

5. 综合题

（1）假设你的计算机中安装了一个名为"某软件"的应用程序，但你发现该软件存在一些问题，需要卸载它。请详细描述在 Windows 10 中卸载应用程序的步骤，并说明如果该软件无法通过正常方式卸载，你可以采取哪些措施来彻底卸载它。

（2）你的计算机在使用过程中出现了系统故障，导致一些软件无法正常运行。请描述在 Windows 10 中如何通过系统还原功能将系统恢复到之前的状态，包括创建还原点和进行系统还原的具体步骤。

第 **5** 章 WPS 文字

学习目标：

➢ 掌握 WPS 文字的概述，了解其作为文字处理软件的基本功能和特点。

➢ 学习如何输入文稿内容，以及如何进行基本的文档编辑操作。

➢ 掌握字符、段落、图片和艺术字的格式化方法，以及如何进行页面设置。

➢ 学习长文档的主题效果、页眉/页脚、脚注/尾注、目录与索引等常用操作。

➢ 理解 WPS 文字窗口的各个组成部分及其功能。

➢ 了解文件的保存格式及如何进行安全设置。

➢ 掌握自定义功能区、修订与批注、在线中英文翻译以及选项等高级设置。

5.1 WPS 文字概述

WPS 文字是金山软件公司推出的一款专注于提升文字处理效率与用户体验的办公软件，作为 WPS Office 套件中的重要一员，它承载着金山软件在文字处理领域的深厚积累和不断创新。WPS 文字以丰富的功能、友好的界面以及高效的性能，赢得了广大用户的喜爱和信赖，成为中国乃至全球范围内广泛被使用的文字处理软件之一。

5.1.1 WPS 文字的工作界面

启动 WPS 文字后，一个直观且互动性强的工作窗口随即展现，专为高效文字编辑而设计。这一版本摒弃了传统的菜单与工具栏布局，转而采用更为现代与直观的"功能区"界面，实现了"任务导向"的用户体验。用户可以在精心设计的选项卡中轻松找到执行各类操作的快捷按钮，极大地提升了工作效率。如图 5-1 所示，窗口主要由标题栏、快速访问工具栏、功能区、编辑区、状态栏和任务窗格组成。

① 标题栏：位于窗口最上方，显示当前打开文档的名称，用于对 WPS 文字程序窗口进行基本的显示状态控制操作。

② 快速访问栏：提供了一组常用的快捷按钮，如保存、撤销等，用户可根据个人习惯自定义，以实现快速访问功能。

③ 功能区：在选项卡下方展开，根据当前选中的选项卡动态显示相关的命令和工

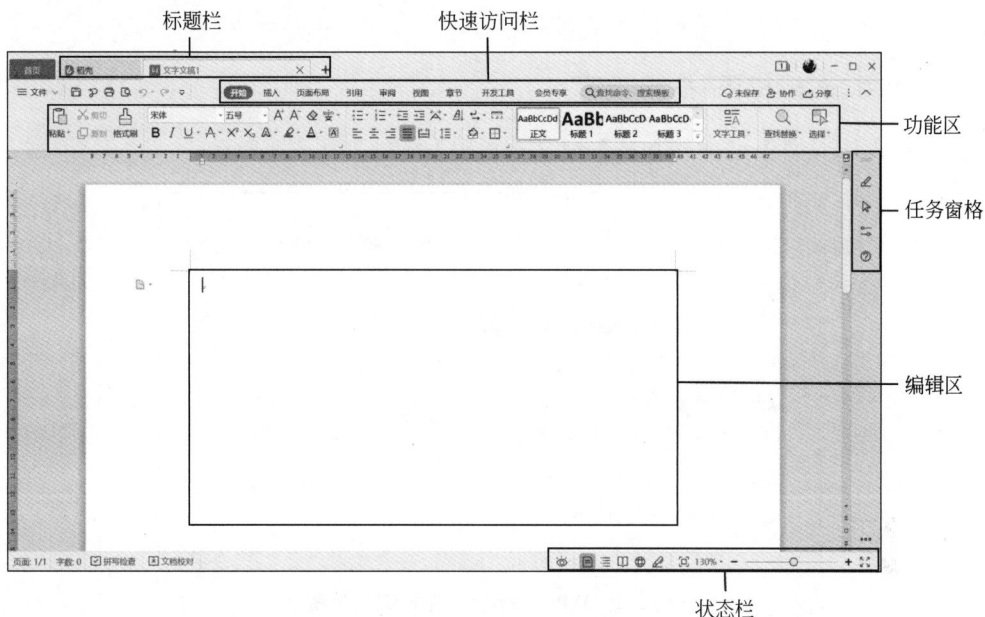

图 5-1　WPS 文字工作界面

具,以直观的方式帮助用户完成编辑任务。

④ 编辑区:位于工作界面中间空白部分,用于显示、编辑文档。

⑤ 状态栏:位于工作界面底部,用于显示文档页面、字数、语言、插入或修改文字状态等信息。

⑥ 任务窗格:位于工作界面右侧,提供多种实用功能。

5.1.2　WPS 文字自定义功能区设置

首先,依次选择【文件】→【选项】→【自定义功能区】→【开发工具(工具选项卡)】→【新建组】→【重命名(电子表格)】→【所有命令】→【选取表格】→【添加】→【确定】命令,完成"选取表格"命令到功能区的添加操作。然后,单击【开发工具】选项卡,在【电子表格】功能组中单击【表格】按钮,便可在 WPS 文字当前光标位置插入表格,插入效果如图 5-2 所示。

图 5-2　WPS 文字自定义功能区

5.1.3　文件保存与安全设置

要保存新建的文档,可通过选择【文件】→【保存】命令实现;或者直接单击快速访问工具栏的【保存】按钮;或者直接按下【Ctrl+S】组合键实现。默认情况下,WPS 文字文档的后缀名是 docx。WPS 文字提供两种加密文档的方法。

1. 使用"文档权限"按钮加密

依次单击【文件】→【文档加密】→【文档权限】命令，如图 5-3 所示。

图 5-3　WPS 文字使用保护文档加密

2. 使用"密码加密"选项加密

依次单击【文件】→【文档加密】→【密码加密】命令，在弹出的对话框中可以设置打开文件时和修改文件时的密码，如图 5-4 所示。

图 5-4　使用密码加密

5.1.4　WPS 文字选项设置

单击【文件】→【选项】命令，弹出【选项】对话框，在此对话框中，可在"视图"标签下对页面显示选项(如任务窗格、隐藏空白等)，显示文档内容(如突出显示、正文边框等)，格式标记(如空格、段落标记等)以及功能区选项(如双击选项卡时隐藏功能区等)进行设置;还能对页面布局、文字校对、自动保存、快速访问工具栏等其他选项进行设置。

5.2　WPS 文字输入

5.2.1　页面设置

文档的页面设置包括【页边距】【纸张】【布局】【文档网格】等设置,文档最初的页面是按 WPS 文字的默认方式设置的,WPS 文字默认的页面模板是 Normal。为了取得更好的打印效果,可以根据文稿的最终用途选择纸张大小、纸张方向(纵向/横向)、每页行数和每行的字数等页面设置参数。

将图片作为页面背景的文档时,要设置纸张方向为纵向和横向。操作步骤如下:选择导航栏中的【页面布局】→【纸张方向】→【纵向】/【横向】命令(图 5-5)。当设置为【纵向】时,效果如图 5-6 所示。

图 5-5　调整纸张方向

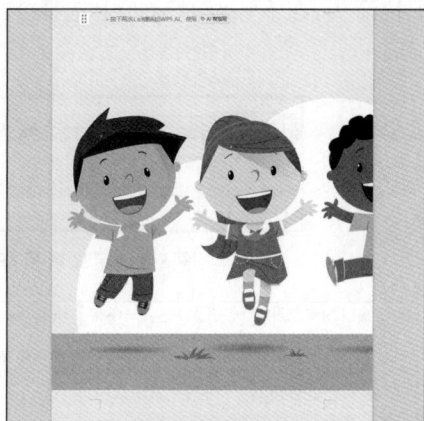

图 5-6　页面设置纵向的效果图

5.2.2　使用模板或样式建立文档格式

WPS 文字也提供多种固定格式的写作文稿模板,可以使用这些模板快速完成文稿的写作。样式用于统一文档格式,用户也可以新建或修改原有的样式。

5.2.3　输入特殊符号

除了输入中文或英文外,还可以方便地插入特殊字符或图形符号。给一段文字中插入特殊符号"小红花",操作步骤如下:选择导航栏中的【插入】命令,在【插入】选项卡中单击【符号】→【其他符号】命令,在弹出的【符号】对话框中选择【Wingdings】或其他包含所需符号的字体集,找到并选中"小红花"符号,单击【插入】即可,设置效果如图 5-7 所示。

⊗在城市的绿色和乡村的绿色之外,还有一块心灵的绿色,它茂盛地长在每个人的心灵沃土上。它不以美丽的外表示人,它独自体现着生命的本质,既承受阳光雨露,又经历电闪雷鸣。它无形却胜过有形,因为一个人的心灵如果失去了绿色,也就失去了善意,失去了真诚,失去了生机和活力。

图 5-7　设置效果图

5.2.4　项目符号和编号

WPS 文字同样提供了项目符号和编号功能,用于设置文档的层次结构和条理性。如在一个文档中给前三段文字插入项目符号和编号,操作步骤如下:选中文档的第一段内容,单击导航栏中的【开始】命令,单击②的下拉箭头,在下一级对话框中选择圆点符号;若在一个文档中给后三段内容加上项目编号,操作步骤和插入项目符号类似,只是选择图 5-8 中②位置的下拉箭头,在下一级对话框中选择 1、2、3、的项目符号即可完成操作,设置效果如图 5-9 所示。

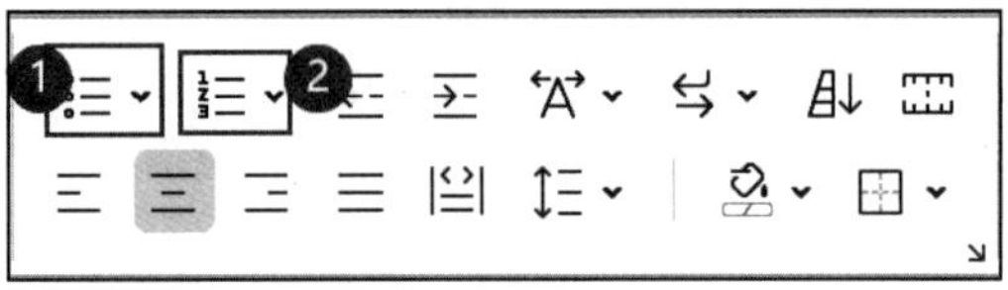

图 5-8　定义项目符号和编号

● 城市的绿色和乡村的绿色之外,还有一块心灵的绿色,它茂盛地长在每个人的心灵沃土上。它不以美丽的外表示人,它独自体现着生命的本质,既承受阳光雨露,又经历电闪雷鸣。它无形却胜过有形,因为一个人的心灵如果失去了绿色,也就失去了善意,失去了真诚,失去了生机和活力。

1. 这块心灵的绿色,是我们内心深处最纯净的角落,是喧嚣尘世中的静谧港湾。当生活的压力如潮水般涌来,它能给予我们慰藉与力量。在疲惫不堪时,我们可以躲进这片绿色,让心灵得到休憩与滋养。

2. 它似一颗种子,在善良与爱的浇灌下苗壮成长。随着岁月流转,它不断蔓延,为我们抵御外界的冷漠与恶意。无论身处顺境还是逆境,它都静静伫立,见证着我们的成长与蜕变。

3. 拥有这片心灵的绿色,我们便能以平和的心态面对得失,以宽容的胸怀接纳他人。它让我们在纷纷扰扰中坚守自我,不被世俗的污浊所沾染。让我们悉心呵护这片心灵的绿色,让它的生机与活力,如同璀璨星光,照亮我们前行的漫漫征途,引领我们走向充满希望与美好的未来。

图 5-9　设置效果图

5.2.5　邮件合并应用

WPS 文字支持用于创建信函、电子邮件、信封、标签等批量文档的邮件合并功能,用于将一个主文档和一个数据源结合起来,最终生成一系列输出文档。邮件合并有两种方式,即信函方式和电子邮件方式。信函方式是通过邮局发送信件,电子邮件方式是通过发送邮件完成。邮件合并一般用来制作会议邀请函或发送学生成绩通知单等。

在 WPS 文字中运用邮件合并功能,可便捷地将表格数据整合进文档。首先,在菜单栏中单击【引用】命令,再选择其下的【邮件】选项,启动邮件合并操作,随即会弹出相应界面。接着,选择【打开数据源】命令,在文件浏览器里选定存有数据的表格文件,并打开,以此确立数据源。之后,把光标置于文档需插入数据之处,选择【插入合并域】命令,从显示的数据源列数据名称里选取对应项插入,使合并域与表格列数据一一匹配。最后单击【合并到新文档】命令,WPS 文字便会依据数据源与合并域迅速生成包含全部数据的统一文档,生成效果可参照图 5-10。

考生基本情况

准考证号	姓名	性别	学校
1950-11-16	小强	男	师范

图 5-10　邮件合并效果

5.3　文　档　编　辑

5.3.1　编辑对象的选定

在文档的编辑操作中,需要选择相应的文本后,才能对其进行复制、删除、移动等操作。WPS 文字提供单个字符、多个字符、行、段、矩形文本块和全选等多种选择文本的方法。

① 选择部分文本:拖动鼠标。

② 选择一行:在行左侧空白处单击。

③ 选择多行:在行左侧空白处拖动。

④ 选择段落:在段内 3 次单击,或者在行左侧单击 2 次。

⑤ 选择不相邻文本:选择时按下 Ctrl 键。

⑥ 选择矩形垂直文本:按下 Alt 键,再拖动鼠标。

⑦ 选择整篇文档:在行左侧 3 次单击,或者按下【Ctrl＋A】组合键,或者在开始菜单栏的编辑区域单击【选择】菜单中的全选。

5.3.2　查找与替换

编辑好文档后,使用 WPS 文字的查找、替换和定位功能可以高效地完成文档的核校和订正。

1. 查找

(1)【查找】功能可以在文稿中找到需要的字符及其格式。步骤如下:选择【开始】→【查找替换】→【查找】命令,或者使用【Ctrl+F】组合键。

(2)【替换】功能不但可以替换字符,还可以替换格式和特殊格式。步骤如下:选择【开始】→【查找替换】→【替换】命令,或者使用【Ctrl+H】组合键。

2. 定位

定位功能能够精准地将光标移至特定位置,如页号、节号、行号、书签、批注、脚注等处。操作步骤如下:先单击【开始】菜单,接着在展开的菜单中找到【查找替换】选项,并单击(图 5-11),然后选择【定位】命令,此时在弹出的对话框中输入页号、节号、行号、书签、批注或脚注等具体信息,就能实现快速定位(图 5-12)。

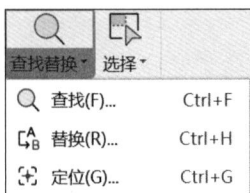

图 5-11　查找替换命令

查找(F)...	Ctrl+F
替换(R)...	Ctrl+H
定位(G)...	Ctrl+G

如果要替换这个词语,可以单击【替换】选项卡,并在相应的输入框中输入替换内容,例如"结果",最后单击【全部替换】即可完成将相应的替换操作,即文档中的所有"开花"文本都被替换为"结果"了(图 5-13)。

> 我在杂乱的、破旧的村庄寂寞地走过漫长的雨季,将我年少的眼光从晦暗的日子里打捞出来的是一棵棵开花的树,它们以一串串卓然不俗的花擦明了我的眼睛,也洗净了我的灵魂。
>
> 我在书本垒砌的阶梯上爬行,一棵棵开花的树站立成我精神的守望者。
>
> 当我把目光从城市的名利枷锁里收回,投入大自然的一棵自由开花的树,一棵开花的树的精神正注入我的思想,我的目光有了阳光和绿色可以停留,有了自由呼吸的纯净空气,我脱离了低俗的生活,我的目光和灵魂渐渐变得宽广和清澈。

图 5-12　查找效果图

5.3.3　文档复制和移动

1. 复制与粘贴文本

(1) 使用键盘:按下【Ctrl+C】组合键可以完成复制操作、按下【Ctrl+V】组合键可以完成粘贴操作。

我在杂乱的、破旧的村庄寂寞地走过漫长的雨季，将我年少的眼光从晦暗的日子里打捞出来的是一棵棵结果的树，它们以一串串卓然不俗的花擦明了我的眼睛，也洗净了我的灵魂。

我在书本垒砌的阶梯上爬行，一棵棵结果的树站立成我精神的守望者。

当我把目光从城市的名利枷锁里收回，投入大自然的一棵自由结果的树，一棵结果的树的精神正注入我的思想，我的目光有了阳光和绿色可以停留，有了自由呼吸的纯净空气，我脱离了低俗的生活，我的目光和灵魂渐渐变得宽广和清澈。

图 5-13　替换效果图

（2）使用命令：单击【开始】→【剪贴板】→【复制】/【粘贴】命令。

（3）格式刷功能。

① 格式刷用于快速复制格式。使用时，先选中含目标格式的文本，再单击【开始】→【剪贴板】→【格式刷】命令，此时鼠标指针呈刷子状，用其选中需应用格式的文本即可完成单次格式复制。

② 若要多次复制格式，先选中格式源文本，然后双击【开始】→【剪贴板】→【格式刷】命令，鼠标指针变为刷子后，可连续选中多个目标文本应用格式，完成后再次单击【格式刷】或按 Esc 键退出。

（4）选择性粘贴：选择【开始】→【剪贴板】→【粘贴】命令，在弹出的下拉菜单中单击【选择性粘贴】命令（图 5-14）。

在文档编辑中，复制与粘贴功能极大地提升了工作效率。我们可以轻松地将设置好的文字格式，如楷体二号的"长征精神"，通过【Ctrl＋C】、【Ctrl＋V】命令复制并粘贴至所需位置。此外，格式刷工具让复制格式简单快捷，只需选中楷体小一的"中国民族英雄"，单击格式刷即可将相同格式应用于其他文字。而对于需要保持原格式不变的内容，如黑体一号的"航天英雄"，选择性粘贴并保留源格式则是理想选择。这些功能共同作用，使得文档编辑更加灵活高效，结果如图 5-15 所示。

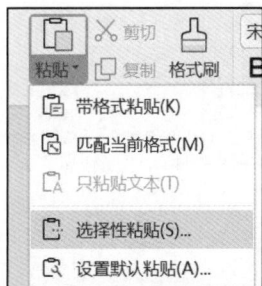

图 5-14　复制与粘贴文本　　　　　　　**图 5-15　文档编辑效果图**

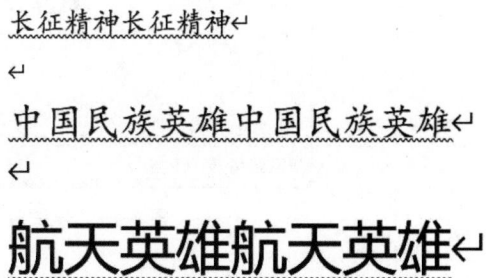

2. 删除与移动文本

(1) 删除单个字符(鼠标不选中):【Backspace】键删除光标左边一个字符、【Delete】键删除光标右边一个字符。

(2) 删除单个字符(鼠标选中):【Backspace】键与【Delete】键等效。

(3) 删除鼠标选中文本:【Delete】键或【Backspace】键。

(4) 移动文本(用鼠标):选中文字→按下鼠标左键→拖动→释放。

(5) 移动文本(用键盘):选中文字→按下【Ctrl+X】组合键→按下【Ctrl+V】组合键。

5.3.4 分栏操作

【分栏】操作就是将文档分割成几个相对独立的部分。利用 WPS 文字的分栏功能,可以很轻松地实现类似报纸或刊物、公告栏、新闻栏等的排版方式,既可美化页面,又可方便阅读。

分栏有 5 种格式:一栏、两栏、三栏、偏左和偏右,如图 5-16 所示,分两栏或三栏时可以栏宽相等,也可以栏宽不相等。当栏宽不相等时,需要设置栏宽或栏间距;如果需要分割线,则勾选【分割线】单选框,这样就按需要对文档进行分栏。在编辑《女娲补天》神话故事文档时,为了提升可读性,可以将内容文字设置为宋体四号,并通过页面布局的分栏功能轻松将其划分为两栏,同时勾选【分割线】,以清晰区分,结果如图 5-17 所示。这样文档不仅格式统一,还更加美观易读。

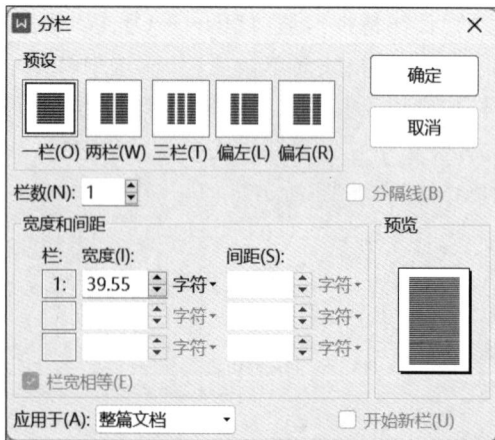

图 5-16 分栏对话框

5.3.5 首字下沉/悬挂操作

【首字下沉】或【首字悬挂】功能是把段落第一个字符放大,增强文档的视觉效果,以引起读者注意,并美化文档的版面样式。此外,在 WPS 文字中还可以对下沉/悬挂的字体

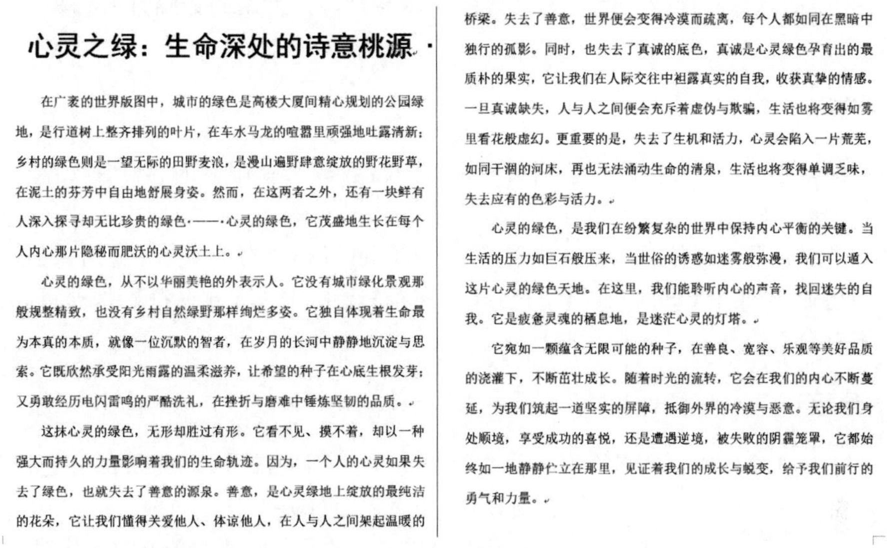

心灵之绿：生命深处的诗意桃源

在广袤的世界版图中，城市的绿色是高楼大厦间精心规划的公园绿地，是行道树上整齐排列的叶片，在车水马龙的喧嚣里顽强地吐露清新；乡村的绿色则是一望无际的田野麦浪，是漫山遍野肆意绽放的野草野花，在泥土的芬芳中自由地舒展身姿。然而，在这两者之外，还有一块鲜有人深入探寻却无比珍贵的绿色——心灵的绿色，它茂盛地生长在每个人内心那片隐秘而肥沃的心灵沃土上。

心灵的绿色，从不以华丽美艳的外表示人。它没有城市绿化景观那般规整精致，也没有乡村自然绿野那样绚烂多姿。它独自体现着生命最为本真的本质，就像一位沉默的智者，在岁月的长河中静静地沉淀与思索。它既欣然承受阳光雨露的温柔滋养，让希望的种子在心底生根发芽；又勇敢经历电闪雷鸣的严酷洗礼，在挫折与磨难中锤炼坚韧的品质。

这抹心灵的绿色，无形却胜似有形。它看不见、摸不着，却以一种强大而持久的力量影响着我们的生命轨迹。因为，一个人的心灵如果失去了绿色，也就失去了善意的源泉。善意，是心灵绿地上绽放的最纯洁的花朵，它让我们懂得关爱他人、体谅他人，在人与人之间架起温暖的

桥梁。失去了善意，世界便会变得冷漠而疏离，每个人都如同在黑暗中独行的孤影。同时，也失去了真诚的底色，真诚是心灵绿色孕育出的最质朴的果实，它让我们在人际交往中袒露真实的自我，收获真挚的情感。一旦真诚缺失，人与人之间便会充斥着虚伪与欺骗，生活也将变得如雾里看花般虚幻。更重要的是，失去了生机和活力，心灵会陷入一片荒芜，如同干涸的河床，再也无法涌动生命的清泉，生活也将变得单调乏味，失去应有的色彩与活力。

心灵的绿色，是我们在纷繁复杂的世界中保持内心平衡的关键。当生活的压力如巨石般压来，当世俗的诱惑如迷雾般弥漫，我们可以遁入这片心灵的绿色天地。在这里，我们能聆听内心的声音，找回迷失的自我。它是疲惫灵魂的栖息地，是迷茫心灵的灯塔。

它宛如一颗蕴含无限可能的种子，在善良、宽容、乐观等美好品质的浇灌下，不断茁壮成长。随着时光的流转，它会在我们的内心不断蔓延，为我们筑起一道坚实的屏障，抵御外界的冷漠与恶意。无论我们身处顺境，享受成功的喜悦，还是遭遇逆境，被失败的阴霾笼罩，它都始终如一地静静伫立在那里，见证着我们的成长与蜕变，给予我们前行的勇气和力量。

图 5-17　分栏效果图

格式进行设置。插入首字下沉步骤如下：单击【插入】→【首字下沉】命令，如图 5-18 和图 5-19 所示。

图 5-18　选择首字下沉或悬挂命令

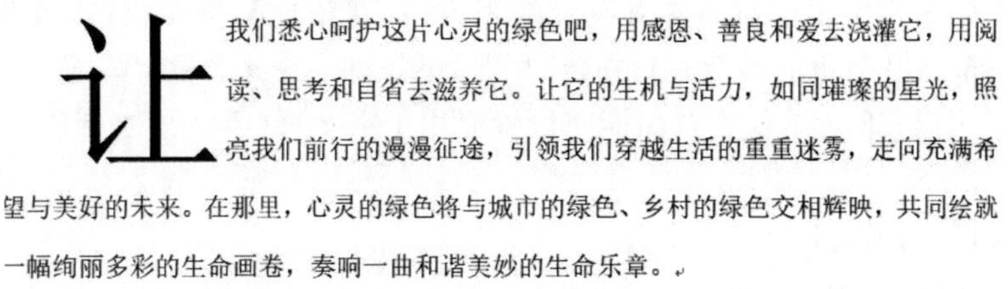

让我们悉心呵护这片心灵的绿色吧，用感恩、善良和爱去浇灌它，用阅读、思考和自省去滋养它。让它的生机与活力，如同璀璨的星光，照亮我们前行的漫漫征途，引领我们穿越生活的重重迷雾，走向充满希望与美好的未来。在那里，心灵的绿色将与城市的绿色、乡村的绿色交相辉映，共同绘就一幅绚丽多彩的生命画卷，奏响一曲和谐美妙的生命乐章。

图 5-19　首字下沉效果图

5.3.6　分页分节

在 WPS 文字编辑中，使用分隔符可以将不同的部分（如章节、段落组等）明确地划分

开,实现复杂的页面布局或控制文档内容的显示与打印。常用的分隔符有二种：分页符、分节符。

1. 分页

(1) 自然分页：当文档内容达到页面设置的行数或容量限制时，WPS 文字会自动进行分页。

(2) 强制分页：若需要在特定位置进行分页，可以插入分页符。在【插入】选项卡中单击【分页】命令，或在【页面布局】中找到【分隔符】选项，选择【分页符】后，即可在当前光标位置强制分页。

2. 分节

(1) 分节符的作用：分节符用于将文档划分为不同的部分，以便每部分可以拥有独立的页面设置(如页眉、页脚、纸张方向等)。

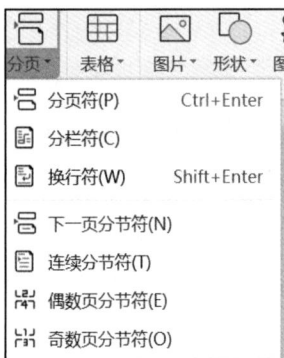

图 5-20 文档分页分节

(2) 插入分节符：在【页面布局】选项卡中选择【分隔符】命令，然后选择所需的分节符类型(下一页、连续、偶数页、奇数页)。这些分节符允许文档在不同部分间设置不同的格式。

文档分页和分节的菜单如图 5-20 所示。

插入分节符后，在需要设置不同页眉、页脚的节之间创建分隔。转到【插入】选项卡，选择【页眉页脚】命令，选择或编辑页眉页脚内容。若取消与前一节的链接，使当前节的页眉、页脚独立于前一节，可选择【页眉和页脚】工具栏中的【同前节】命令，取消其选中状态(图 5-21)。

图 5-21 取消"同前节"状态

如果在 WPS 文字中仅对当前节设置纸张方向为【横向】，则单击【页面设置】对话框启动器(页面布局右下角的小箭头)，在【应用于】下拉列表中选择【本节】命令，则使设置仅应用于本节。图 5-22 所示仅将页面横向设置应用于第 2 页(第 2 页为单独一节)。

5.3.7 修订与批注

WPS 文字中的修订功能(也称为"跟踪修订"或"审阅模式")是一个非常重要的工具，旨在在文档编辑过程中对修改进行跟踪、审核和管理。这一功能在团队协作和文稿编辑中尤为有用。

图 5-22　设置纸张方向效果图

1. 启用修订功能

用户可以单击工具栏中的"审阅"选项卡，找到"修订"按钮，然后选择启用修订功能。一旦启用，所有的文本修改、插入和删除都会被自动记录。

2. 修订类型

（1）插入内容：添加新文本时，所有新增内容都会被标记出来，通常会显示为不同的颜色，或在侧边栏显示。

（2）删除内容：如果删除了文档中的文本，被删除的部分不会直接消失，而是会被划掉，并标记为删除状态，便于后续查看。

（3）格式更改：对文本格式（如字体、颜色、大小等）的修改也会被记录，这些更改会在修订列表中展现，便于审阅。

3. 查看和管理修订

（1）审阅修改：启用修订功能后，所有的修改内容会以不同颜色显示，旁边会显示谁进行了该修改（如用户名或责任人）。用户可以通过单击"审阅"选项卡下的"接受"或"拒绝"按钮来逐一确认这些修改。

（2）修订面板：开启修订功能时，用户可以打开修订面板查看所有的修改和批注，方便集中管理。

WPS 文字中的批注功能是一个非常实用的工具，主要用于在文档中添加评论、提醒或建议，方便用户进行讨论和修改。

4. 添加批注

用户可以选中文档中的某个段落或位置，然后单击工具栏中的"批注"按钮，或右击选择"插入批注"命令。在弹出的批注框中输入评论内容，完成后单击外部屏幕即可保存。

5. 查看和管理批注

（1）查看批注：文档中的批注通常以一个小图标标记，可以将鼠标悬停在该图标上查看批注内容。单击批注图标，批注内容会在侧边栏或弹出框中显示。

（2）编辑和删除批注：用户可以随时修改已有的批注，单击批注框并输入新的内容即可更新。对于不再需要的批注，用户可以右击批注框，在弹出的快捷菜单中选择"删除批注"。

6. 批注的功能与用途

（1）协作交流：批注功能非常适合团队合作，通过批注，团队成员可以快速交换意见、反馈问题，并记录讨论的要点。

（2）版本控制：在文档的不同版本之间保留批注，有助于追踪修改建议和讨论历史，从而反馈在后续的编辑中。

在文档中，对错误内容进行修改，操作步骤如下：单击【审阅】选项卡中的【修订】命令（图 5-23），启用文档修订功能后，被修改的文字将有修改标记（如删除、插入等操作）；选择【审阅】→【插入批注】命令，可以插入批注，如图 5-24 所示。

图 5-23　修订功能

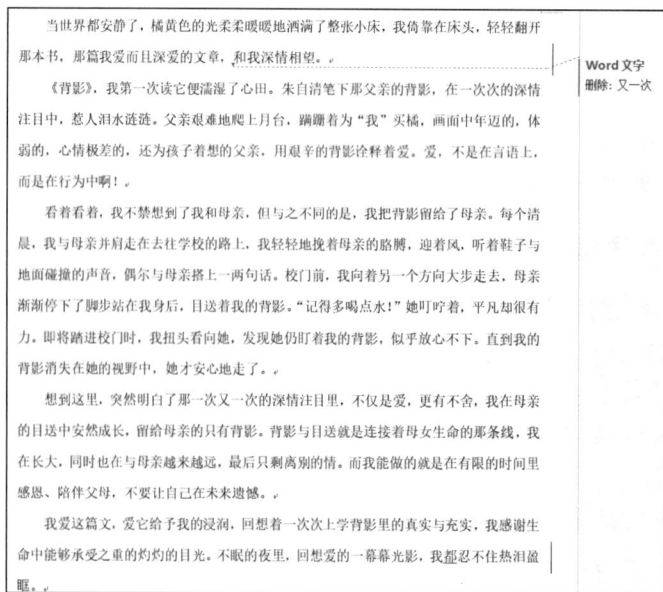

图 5-24　包含修订和批注的文档效果图

5.3.8　中/英文在线翻译

WPS 文字本身不直接提供内置的整篇文档翻译功能,但可以通过以下方式实现中英文在线翻译。

① 使用 WPS 云文档:将文档保存到 WPS 云文档中,部分 WPS 版本可能支持云文档中的在线翻译功能。

② 借助外部工具:将文档内容复制到支持在线翻译的浏览器插件、网页或软件中(如 Microsoft Translator、Google Translate 等),进行翻译后再将翻译结果复制回 WPS 文字中。

③ 使用第三方软件:安装支持文档翻译的第三方软件或插件,这些工具通常提供与 WPS Office 2019 的集成,可以直接在 WPS 中进行翻译操作。

选定要翻译的文档,选取【翻译】命令即可实现翻译功能。

翻译一篇文档,翻译为英文(图 5-25),操作步骤如下:单击【审阅】命令,在语言窗口单击【翻译】下拉框,选中【短句翻译】,翻译结果在联网状态下的网页显示结果如图 5-26 所示。

当世界都安静了,橘黄色的光柔柔暖暖地洒满了整张小床,我倚靠在床头,轻轻翻开那本书,那篇我爱而且深爱的文章,又一次和我深情相望。

《背影》,我第一次读它便濡湿了心田。朱自清笔下那父亲的背影,在一次次的深情注目中,惹人泪水涟涟。父亲艰难地爬上月台,蹒跚着为"我"买橘,画面中年迈的、体弱的、心情极差的,还为孩子着想的父亲,用艰辛的背影诠释着爱。爱,不是在言语上,而是在行为中啊!

图 5-25　翻译源文档

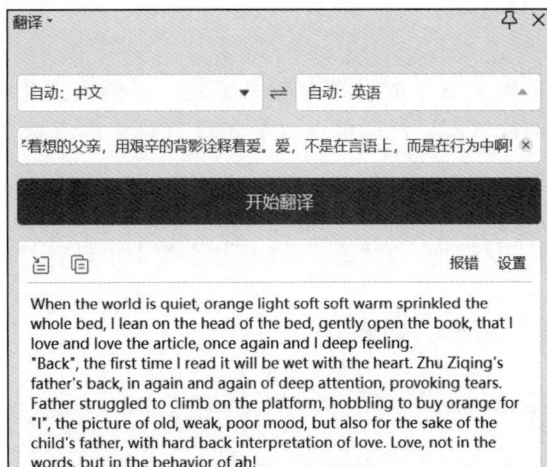

图 5-26　翻译结果

5.4　文档格式化

5.4.1　字符格式化

文稿输入后,需要根据使用场合和行文要求等进行字体、字号、字形或其他特殊要求的字符设置,包括设定颜色等。字符格式化设置是通过【开始】选项卡【字体】组中的命令按钮或【字体】对话框进行操作设置的。

设置并应用艺术字,操作步骤如下:单击导航栏中的【开始】命令,然后在字体窗口单击右下角的小箭头,打开【字体】对话框。在【字体】选项卡中设置中文字体为黑体(或楷体),字体加粗(或倾斜),字号为四号(或小三),字体颜色为蓝色(或绿色),下画线线型为单线型(或双线型),颜色为红色(或深蓝)。若需更详细的设置,则单击"高级"选项卡,设置字符间距加宽(或紧缩)1(或0.5)磅,单击"确认",设置好的字体呈现如图5-27所示。

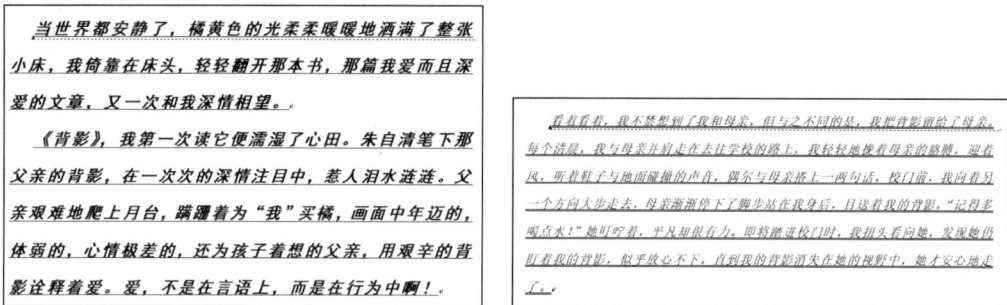

图5-27　字体设置效果图

5.4.2　段落格式化

段落设置的好坏对整个页面的设计有较大影响。段落格式化是通过【开始】选项卡【段落】组中的命令按钮或"段落"对话框设置的。段落对话框有两个选项卡:【缩进和间距】【换行和分页】。

进行段落格式化,操作步骤如下:单击导航栏中的【开始】命令,在段落窗口单击右下角的小箭头,打开"段落"对话框。在"缩进和间距"选项卡中设置对齐方式为"两端对齐",段前设置1(或2)行,段后设置2(或3)行,行间距设置为单倍行距(或1.5倍行距),单击"确定"按钮,设置的效果如图5-28所示。

5.4.3　应用"样式"

样式,是一系列格式的集合。在WPS文字中编辑文档时,有时可能需要对某些文字设置一个特定的样式(包括字体类型、字体大小、字体颜色、段落行距等)。如果在文档中

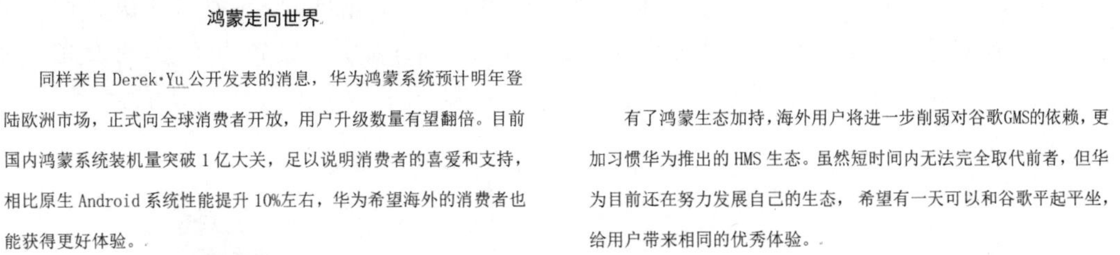

同样来自 Derek·Yu 公开发表的消息,华为鸿蒙系统预计明年登陆欧洲市场,正式向全球消费者开放,用户升级数量有望翻倍。目前国内鸿蒙系统装机量突破 1 亿大关,足以说明消费者的喜爱和支持,相比原生 Android 系统性能提升 10%左右,华为希望海外的消费者也能获得更好体验。

有了鸿蒙生态加持,海外用户将进一步削弱对谷歌GMS的依赖,更加习惯华为推出的 HMS 生态。虽然短时间内无法完全取代前者,但华为目前还在努力发展自己的生态,希望有一天可以和谷歌平起平坐,给用户带来相同的优秀体验。

图 5-28　段落格式化

的多处需要设置相同的格式,只需一步操作就可以将它们全部设定。

　　在 WPS 文字里创建新样式可按如下步骤操作:首先,在文档中选定已设置好特定格式的文字,这些格式涵盖字体、字号、颜色、段落缩进等各类设置。接着,单击【开始】菜单栏,找到【样式】区域并单击其右下角的小箭头,此时会弹出样式窗格。在该样式窗口左下角单击"新建样式"图标,随后为即将新建的样式赋予一个方便识别记忆的名称,比如"幼圆小二加粗红色",最后单击"确定"按钮,新样式便创建成功。此后,若有文字需要应用此样式,只需选中相应文字,再从样式列表中选择已创建好的样式,所选文字就会自动呈现出之前设定的格式效果。

　　对文档中的文字样式进行调整,操作步骤如下:选中需要应用样式的文字,在样式窗格中单击创建的样式名称(如"幼圆小二加粗红色"),设置的效果如图 5-29 所示。

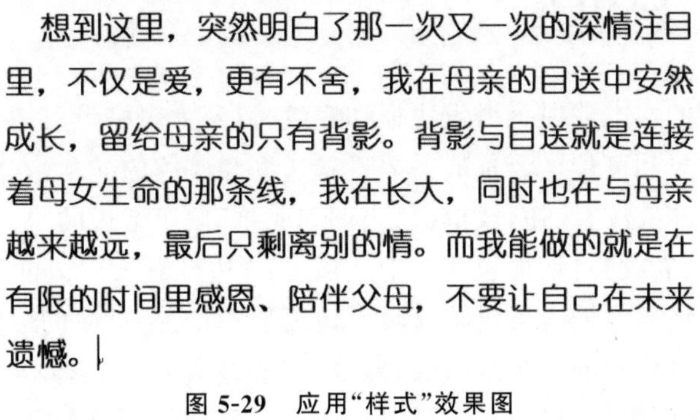

想到这里,突然明白了那一次又一次的深情注目里,不仅是爱,更有不舍,我在母亲的目送中安然成长,留给母亲的只有背影。背影与目送就是连接着母女生命的那条线,我在长大,同时也在与母亲越来越远,最后只剩离别的情。而我能做的就是在有限的时间里感恩、陪伴父母,不要让自己在未来遗憾。

图 5-29　应用"样式"效果图

5.4.4　设置图片格式

　　在文档中插入的图片,显示格式可能不满足用户的要求,需要重新设置。设置格式包括调整图片的大小,调整图片和文字之间摆放的关系(即版式设置),调节图片图像效果等操作。

　　在文档中插入的图片、表格、文本框、自选图形和绘图(如流程图)都需要进行格式的设置,右击某个图片,在弹出的快捷菜单中选择【设置对象格式】命令,弹出对话框,如图 5-30 所示。图片格式对话框共有 3 个选项,分别是填充与线条、效果和图片,每个选项包含其对应的属性,可以快速设置图片格式。

属性　ˇ　　　↻　×

填充与线条　效果　图片

图 5-30　设置图片格式

对文档中插入的图片格式进行调整,操作步骤如下:右击图片,在弹出的快捷菜单中选中【设置对象格式】。在右边弹出的窗口设置图片效果,将阴影设置为黄色,将发光设置为红色;单击第二张图片设置格式,单击三维旋转,设置平行中的等角轴线右上,效果如图 5-31 所示。

图 5-31　调整图片格式效果图

5.4.5　设置底纹与边框

为文档中重要的文本或段落增设边框和底纹,以及为表格设置边框和底纹,可以显著提升文档的视觉效果和可读性。选取需要设置边框和底纹的文本,在【开始】选项卡的【段落】组中单击【边框和底纹】按钮,或单击"边框和底纹"按钮旁边的小三角按钮。

弹出的【边框和底纹】对话框包含 3 个选项卡:【边框】【页面边框】【底纹】。【边框】选项卡是对文本或表格的边框进行设置;【页面边框】是对文档页面的边框进行设置,设置边框线时可以选择边框样式(实线、双实线、虚线、点画线等)、颜色、宽度、艺术型等;【底纹】是对文本、表格或页面进行设置,底纹可以选择不同颜色或不同图案。

对文档中的内容进行文档底纹与边框的设置,操作步骤如下:选中全部文字后单击导航栏【开始】命令,在段落窗口单击边框右边的下拉箭头。然后选择【边框与底纹】选项,在弹出的窗口中设置边框为方框,宽度为 6 磅,页面边框为方框,艺术型为苹果,底纹设置为黄色。最后单击"确定"按钮,设置的效果如图 5-32 所示。

5.4.6　设置页面格式化

可以为文稿的页面设置背景颜色,也可以为整个页面加上边框,或在页面中某处增加横线,以增加页面的艺术效果。页面格式化设置可以通过【页面布局】选项卡的【页面背景】组中的命令按钮实现设置背景颜色和填充效果、页面边框和底纹,以及水印功能。

对文档中的内容进行页面格式化设置,操作步骤如下:单击导航栏的【页面布局】,在

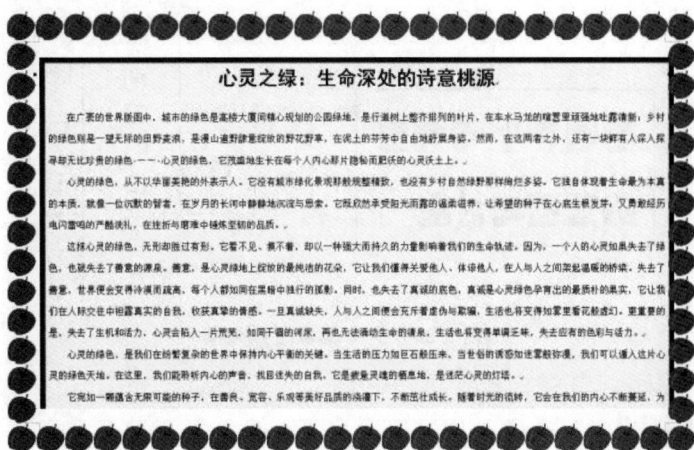

图 5-32　边框设置效果图

页面背景窗口设置页面格式。单击水印中的自定义水印,选择文字水印,输入文字"感动中国十大人物",字体为"华文行楷",颜色为深红色,单击"确定"按钮,单击"页面颜色",选择茶色,设置的效果如图 5-33 所示。

感动中国十大人物---杜富国

2018 年 10 月 11 日下午,在边境扫雷行动中,面对复杂雷场中的不明爆炸物,杜富国对战友喊出"你退后,让我来",在进一步查明情况时突遇爆炸,英勇负伤,失去双手和双眼,同组战友安然无恙。

杜富国的伤情牵动着全国人民的心,人们通过各种形式向他表达慰问。国防部评价说:杜富国同志面对危险、舍己救人,用实际行动书写了新时代革命军人的使命担当。

图 5-33　设置水印的效果图

5.5　在文档中插入元素

5.5.1　插入文本框

文本框是一个灵活的图形对象,可以放置文本、表格和图形等内容,用于创建特殊的文本版面效果,如环绕文本、脚注或尾注。

在文档中插入文本框,操作步骤如下:单击导航栏的【插入】命令,在文本窗口单击文本框向下箭头,然后选择【内置】中的【简单文本框】,在文本框中输入内容,同时单击下面的横排文本框和竖排文本框,设置的效果如图 5-34 所示。

咀嚼字字句句里
的苦涩与甘甜

成功后的沾沾自喜

真实~~~~实

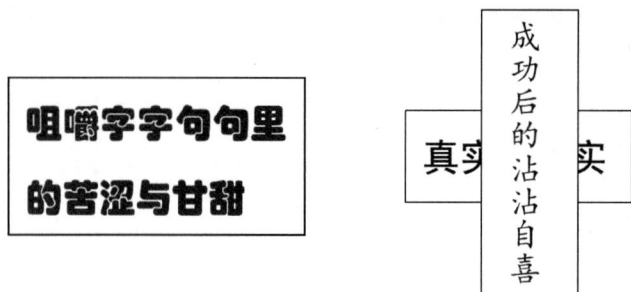

图 5-34　文本框设置效果图

5.5.2　插入图片

　　WPS 文字可以在文档中插入图片,图片可以从扫描仪或数码照相机中获得,也可以从本地磁盘(来自文件)、网络驱动器以及互联网上获取,还可以取自 WPS 文字本身自带的剪贴图片。

　　将图片插入光标处,单击图片后弹出【图片工具】命令,在文档中插入图片,单击导航栏的【插入】命令,在插图窗口单击【图片】→【此设备-】,选择要插入的图片(图 5-35),单击【图片设置】→【图片格式】命令,在图片样式窗口设置图片格式。

图 5-35　图片格式设置

5.5.3　插入智能图形

　　WPS 文字提供了【智能图形】功能,智能图形是信息和观点的视觉表示形式。可以通过多种不同布局选择来创建智能图形,从而快速、轻松、有效地传达信息。绘制图形可以使用【智能图形】完成,它提供了多种布局和样式,供用户选择。

　　在文档中插入智能图形,操作步骤如下:单击导航栏的【插入】命令,在插图窗口单击智能图形(图 5-36),选择要插入的智能图形,在插入的 SmartArt 中输入内容,更改 SmartArt 设计中的颜色,设置效果如图 5-37 所示。

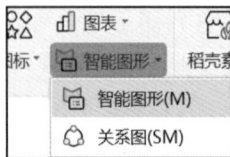

图 5-36　插入智能图形

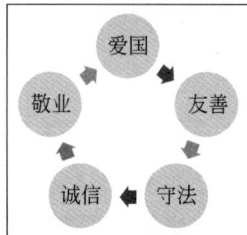

图 5-37　效果图

5.5.4　插入公式

编辑科技性的文档时,通常需要输入数理【公式】,其中含有许多数学符号和运算式。WPS 文字包括编写和编辑公式的内置支持,可以满足常见公式和数学符号的输入和编辑需求。

自定义公式:使用公式编辑器输入或修改公式,可以通过单击工具栏中的符号和结构来构建公式。

5.5.5　插入艺术字

【艺术字】具有特殊视觉效果,可以使文档的标题更加生动活泼。可以像普通文字一样设定字体、大小、字形,也可以像图形那样设置旋转、倾斜、阴影和三维等效果。选择【插入】→【艺术字】命令,弹出艺术字样式。

选取艺术字样式后显示【文本】,显示艺术字格式功能区,对艺术字进行相关设置,如图 5-38 所示。

图 5-38　艺术字格式设置

在文档中插入艺术字,操作步骤如下:单击要插入艺术字的空白处,单击导航栏中的【插入】命令,在文本窗口单击艺术字下拉框,然后选择插入艺术字的格式,输入文字,设置效果如图 5-39 所示。

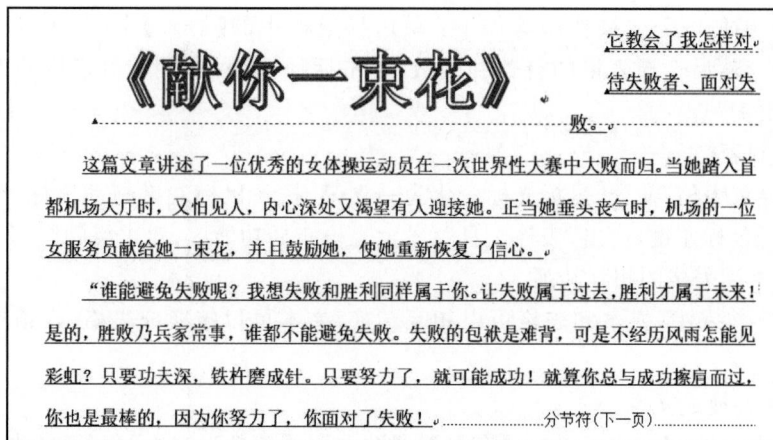

图 5-39　插入艺术字效果图

5.5.6　插入超链接

【超链接】用于将文档中的文字或图形与其他位置的相关信息链接起来。通过单击超链接,用户可以直接跳转并打开相关信息。超链接可以指向当前文档或 Web 页的某个位置,也可以指向其他 WPS 文字文档、Web 页、多媒体文件等。插入超链接的操作步骤如下:单击【插入】→【超链接】命令,打开"超链接"对话框,然后选择需要链接到的文档路径,插入超链接后按住【Ctrl】单击,就会跳转到链接的文档。

5.5.7　插入书签

WPS 文字提供的【书签】功能主要用于标识所选文字、图形、表格或其他项目,以便以后引用或定位。文稿的书签功能必须在计算机显示环境下才能实现。操作步骤如下:单击【插入】→【书签】命令,打开书签对话框设置,同时还可以给书签命名。

5.5.8　插入表格

在编辑的文档中,使用【表格】是一种简明扼要的表达方式。它以行和列的二维形式组织信息,结构严谨,效果直观。往往一张简单的表格就可以代替大篇的文字叙述,所以各种科技、经济等文章和书刊越来越多地使用表格。在文档中插入表格有以下几种方式。

(1)单击"插入"→"表格"命令,拖动鼠标,选定表格的行数和列数,单击,自动生成表格。

(2)单击"插入表格(I)…"命令,弹出"插入表格"对话框,在其中可以设置表格行数和列数,单击"确定"按钮,生成所需的表格。

在文档中插入表格,操作步骤如下:单击导航栏中的【插入】命令,在表格窗口单击【表格】命令。然后选择表格的行数和列数,单击后插入表格,最后对表格的设计进行调整,使整体更美观。

(3)绘制表格。

单击"绘制表格"命令,鼠标光标变化为一支笔,按下鼠标左键拖动鼠标,绘制表格的外边框,松开鼠标左键,弹出"表格工具",显示表格布局功能区,对表格的行、列进行设置。

(4)文本和表格的相互转换。

在 WPS 文字中,文本和表格可以相互转换,文本可以转换成表格,表格亦可以转换成文本。

① 表格转换成文本。

选定表格,单击【表格工具】→【布局】→【数据】→【转换为文本】命令,将选定的表格转换成文本格式。

② 文本转换为表格。

选定文本,单击【插入】→【表格】→【文本转换成表格】命令,可以将选定的文本转换成表格。

（5）表格内的数据运算。

单击【表格工具】→【fx 公式】命令,弹出公式对话框,选取所需函数,对表 5-1 中的数据进行相关运算。在 WPS 文字表格中,列号和行号是默认的,没有标明,但是单元格的命名和 Excel 工作表中单元格的命名方法一样,列号是字母 a～z 以及它们的组合(不区别字母大小写),行号是阿拉伯数字 1～n,例如在表 5-1 中,张三、李四和王五 3 个单元格的名称分别是 a2、a3 和 a4。

表 5-1　数据表

姓　　名	高 等 数 学	大 学 英 语	大 学 语 文	总　　分
张三	80	90	90	260
李四	85	87	80	252
王五	87	88	86	261

5.5.9　插入图表

在 WPS 中插入图表有以下 3 种方式。

（1）打开 WPS 文字文档窗口,切换到"插入"功能区,在"插图"分组中单击"图表"按钮,打开"图表"对话框,在左侧的图表类型列表中选择需要创建的图表类型,在右侧的图表子类型列表中选择合适的图表,并单击"确定"按钮。

（2）在并排打开的 WPS 文字窗口和 Excel 窗口中,首先需要在 Excel 窗口中编辑图表数据。例如修改系列名称和类别名称,并编辑具体数值。编辑 Excel 表格数据的同时,WPS 文字窗口中将同步显示图表结果,如图 5-40 所示。

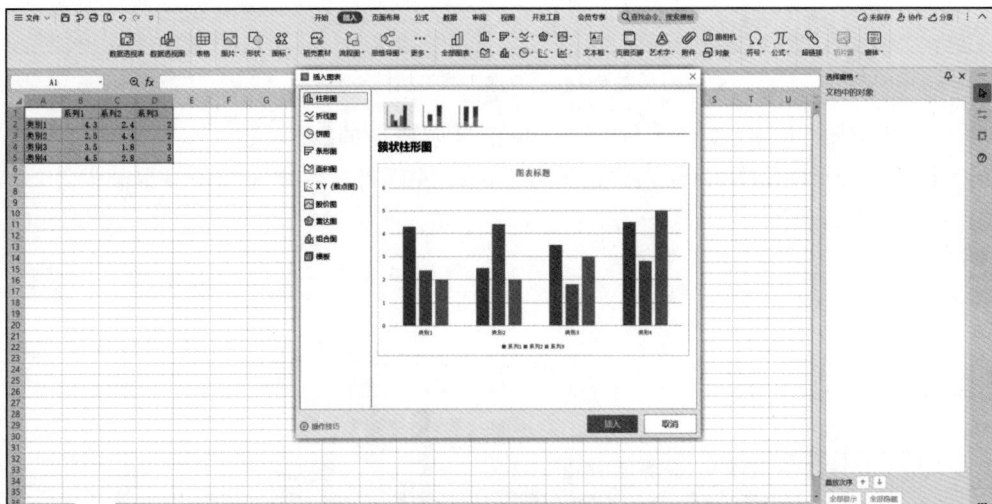

图 5-40　编辑图表

（3）完成 Excel 表格数据的编辑后关闭 Excel 窗口,在 WPS 文字窗口中可以看到创建完成的图表,如图 5-41 所示。

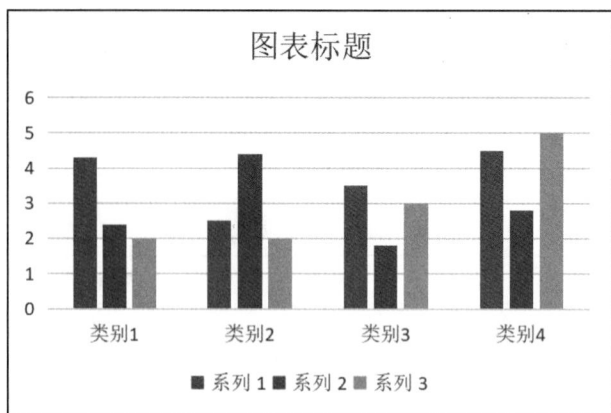

图 5-41　生成的图表

选取图表,弹出【图表工具】,有【图表工具】和【文本工具】两个功能区,可以对图表进行设置和修改。

① "图表工具"功能区:如图 5-42 所示,该功能区包括图表布局(添加图表元素、快速布局)、图表样式(更改颜色)、数据、类型(更改图表类型)。

图 5-42　"图表工具"功能区

② "文本工具"功能区:设置图表格式(插入形状、形状样式、艺术字样式、排列、大小),如图 5-43 所示。

图 5-43　"文本工具"功能区

在文档中插入图表,操作步骤如下:单击导航栏中的【插入】命令,在插图窗口单击【图表】命令,选择柱形图,然后对弹出的数据表格进行图标名称和相关参数的设计,设置的效果如图 5-44 所示。

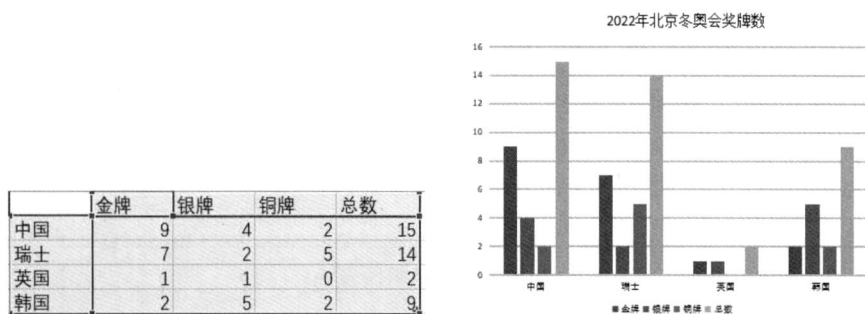

	金牌	银牌	铜牌	总数
中国	9	4	2	15
瑞士	7	2	5	14
英国	1	1	0	2
韩国	2	5	2	9

图 5-44　效果图

5.6　长文档编辑

5.6.1　对文档应用主题效果

文档主题是一组格式选项,包括一组主题颜色、一组主题字体(包括标题字体和正文字体)和一组主题效果(包括线条和填充效果)。应用主题可以更改整个文档的总体设计,包括颜色、字体、效果。文档主题设置是利用【页面布局】选项卡【主题】组中的命令进行的。

在文档中应用主题效果,操作步骤如下:单击导航栏中的【页面布局】命令,在文档格式窗口单击【主题】下拉箭头,然后选择 office 中的【回顾】主题,文档设置完成后,全部页面都会应用此主题。

5.6.2　页码设置

在 WPS 中,【页码】用来表示每页在文档中的顺序编号,在 WPS 文字中添加的页码会随文档内容的增删而自动更新。页码设置是在【插入】选项卡【页眉和页脚】组中的【页码】下拉列表中完成,也可以作为页眉或页脚的一部分添加进去。

5.6.3　页眉与页脚设置

【页眉】是指每页文稿顶部文字或图形,【页脚】是指每页文稿底部的文字或图形。

一本完美的书刊都会有一些特定的信息在页眉和页脚,特别是页眉上的文字,可以让读者了解当前阅读的内容是哪篇文章或哪一章节。页眉页脚通常包含公司徽标、书名、章节名、页码、日期等文字或图形。

5.6.4　脚注与尾注设置

很多学术性的文稿都需要加入【脚注】和【尾注】,它们虽不是文档正文,但仍然是文档的组成部分。这两者在文档中的作用完全相同,都是对文本进行补充说明。脚注一般位于页面底部,可以作为本页文档某处内容的注释,如术语解释或背景说明等;尾注一般位于文档的末尾,通常用来列出书籍或文章的参考文献等。脚注和尾注均由两个关联的部分组成,包括注释引用标记和它对应的注释文本。脚注和尾注的功能界面如图 5-45 所示。

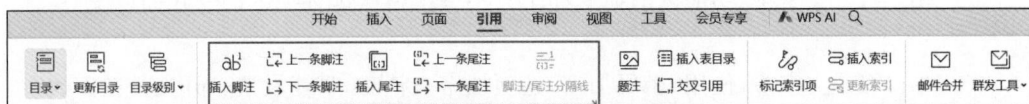

图 5-45　脚注和尾注的功能界面

5.6.5 目录与索引

【目录】是长文档必不可少的组成部分,由文章的章、节的标题和页码组成。为文档建立目录,可以利用标题样式,先给文档的各级目录指定恰当的标题样式,如标题1、标题2、标题3等。设置好标题样式后,可以通过选择【引用】→【目录】→【插入目录】的方式为文档插入目录。

【索引】就是将需要标示的字词列出来,并注明它们的页码,以方便查找,插入索引的步骤如下:选择【引用】→【标记索引项】命令。

1. 对需要创建索引的关键词进行标记,即告诉WPS文字哪些关键词参与索引的创建。

2. 调出"标记索引项"对话框,选择【引用】→【插入索引】命令,输入要作为索引的内容,并设置好索引的相关格式。

习　　题

1. 选择题

(1) 在WPS文字工作界面中,用于显示文档页面、字数等信息的是(　　　)。

    A. 标题栏　　　　　B. 状态栏　　　　　C. 编辑区　　　　　D. 功能区

(2) 在WPS文字中,快速访问栏的功能是(　　　)。

    A. 提供常用快捷按钮,可自定义　　　　B. 显示当前文档的标题

    C. 动态显示相关命令和工具　　　　　　D. 用于编辑文档内容

(3) WPS文字默认的文档后缀名是(　　　)。

    A. .doc　　　　　B. .docx　　　　　C. .wps　　　　　D. .txt

(4) 若要在WPS文字中设置纸张方向,应选择的选项卡是(　　　)。

    A. 开始　　　　　B. 插入　　　　　C. 页面布局　　　　　D. 视图

(5) 在WPS文字中,使用邮件合并功能时,第一步操作是(　　　)。

    A. 打开数据源　　　　　　　　B. 插入合并域

    C. 选择邮件合并方式　　　　　D. 单击【引用】→【邮件】

2. 判断题

(1) 在WPS文字中,功能区的命令和工具不会根据所选选项卡的变化而改变。

                  (　　　)

(2) 在WPS文字中,使用"密码加密"选项加密文档时,只能设置打开文件的密码。

                  (　　　)

(3) 邮件合并功能只能用于创建信函,不能制作会议邀请函。　　　　(　　　)

（4）在 WPS 文字中，通过【开始】选项卡的【字体】组可以进行字符格式化设置。

（　　）

（5）分节符的作用是将文档划分为不同部分，各部分可拥有独立的页面设置。

（　　）

3. 简答题

（1）简述 WPS 文字的主要功能。

（2）说明在 WPS 文字中如何进行段落格式化设置。

（3）描述在 WPS 文字中插入图片并设置格式的步骤。

4. 操作题

（1）在 WPS 文字中，创建一个新文档，设置页面纸张方向为横向，上下页边距为 2 厘米，左右为 3 厘米，并保存文档为"我的文档.wps"。

（2）在 WPS 文字文档中输入一段文字，为其添加项目符号"●"，并将文字设置为楷体、四号字、红色。

（3）在 WPS 文字中，使用邮件合并功能制作学生成绩通知单。假设已有学生成绩表格（包含姓名、学科成绩等信息），通知单内容包含学生姓名、各学科成绩。

5. 综合题

（1）假设你在使用 WPS 文字编辑一篇论文时，需要对论文进行分栏排版，同时要为每一栏添加不同的页眉内容（如第一栏页眉为"摘要"，第二栏页眉为"正文"），请详细描述操作步骤。

（2）你的 WPS 文字文档中插入了大量图片，但发现图片显示格式不一致，且文档整体排版不够美观。请描述如何统一图片格式并优化文档排版，包括设置图片格式（如大小、版式）和调整页面布局（如页边距、背景）等方面的具体步骤。

第 **6** 章 WPS 表格

学习目标：
- 理解 WPS 表格的新增功能及其应用场景，掌握制表的基本操作流程及技巧。
- 熟悉单元格地址的引用方式，理解并熟练使用常见的基本函数及专用函数。
- 能够根据给定的数据绘制合适的图表，并进行必要的格式化操作，理解数据与图表之间的对应关系。
- 熟悉 WPS 表格中的数据分析方法，如排序、筛选、汇总、合并及模拟分析运算，理解各种函数的语法格式及其在数据分析中的应用。
- 学会在 WPS 表格中进行共享的相关设置与操作，理解选项设置如何影响表格的功能与操作。

6.1 WPS 表格概述

WPS 表格是一套功能完整、操作简易的电子表格办公软件，提供丰富的函数及强大的图表、报表制作功能，能帮助我们更加有效地建立与管理数据及资料。相比之前的 WPS 表格版本，2019 版本的 WPS 表格具有以下的新界面及新特性。WPS 表格的工作界面如图 6-1 所示，主要包括以下几部分。

① 【首页】按钮：位于页面左上角，单击即可快速返回 WPS Office 首页。

② 【文件】选项卡：位于【首页】按钮下方，包含保存和转换文件格式功能，并整合页面显示设置功能。

③ 快速访问工具栏：位于文件按钮右方，包含一组用户使用频率较高的工具按钮，如【保存】【撤销】【恢复】等。用户可单击"快速访问工具栏"右侧的倒三角按钮 ，在展开的列表中选择要在其中显示或隐藏的工具按钮。

④ 功能区：功能区包含 9 个选项卡组成的区域，主要是文件、开始、插入、页面布局、公式、数据、审阅、视图等。单击选项卡右侧的搜索栏，输入要实现的功能，选择合适的命令即可。

WPS 表格将用于处理数据的所有命令组织在不同的选项卡中，单击不同的选项卡标签，可切换功能区中显示的工具命令。在每一个选项卡中，命令被分类放置在不同的组

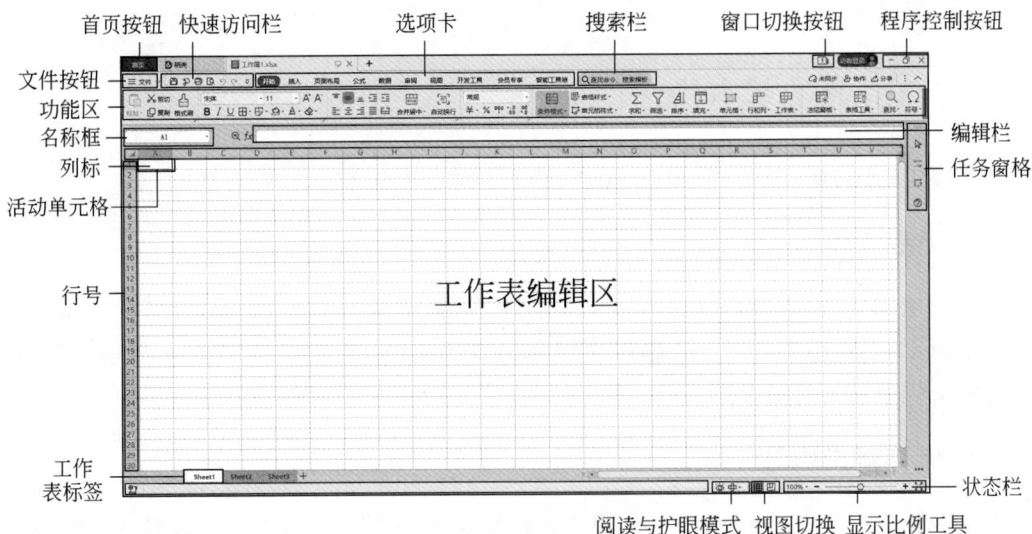

图 6-1　WPS 表格工作界面

中,组的右下角会有一个对话框启动器按钮 ,用于打开与该组命令相关的对话框,以方便用户对要进行的操作更进一步的设置。

① 编辑区:编辑区主要用于输入和修改活动单元格中的数据。当在工作表的某个单元格中输入数据时,编辑栏会同步显示输入的内容。

② 工作表编辑区:用于显示或编辑工作表中的数据。

③ 工作表标签:位于工作簿窗口的左下角,默认名称为 Sheet1。默认情况下,一个工作簿包含 1 个工作表。用户可以根据需要增加或删除工作表。单击不同的工作表标签,可以在不同的工作表之间切换。

④ 行号:显示在工作簿窗口的左侧,依次用数字 1、2、3、4……表示。

⑤ 列标:显示在工作簿窗口的上方,依次用字母 A、B、C……表示。

⑥ 单元格:WPS 表格工作簿最小的组成单位,所有数据都存储在单元格中。工作表编辑区中每一个长方形的小格就是一个单元格,每一个单元格都可用其所在的列标和行号进行标识,如 B3 单元格表示位于第 B 列和第 3 行交叉位置的单元格。

若需退出 WPS 表格程序,可以单击程序窗口右上角的【关闭】按钮,或按【Alt＋F4】组合键退出。

6.2　WPS 表格制表基础

WPS 表格制表基础包括工作簿和工作表的基本操作、各种数据类型的录入,以及对工作表的格式化、数据序列的填充等。在 WPS 表格中,用户接触最多就是工作簿、工作表和单元格,工作簿就如同日常生活中的账本,而账本中的每一页账表就是工作表,账表中的一格就是单元格,工作表中包含了数以百万计的单元格。

6.2.1 工作簿的基本操作

在 WPS 表格中,新建一个表格文件,默认名称是工作簿 1,扩展名是 xlsx。

1. 新建工作簿

通常情况下,启动 WPS Office 后,系统会默认显示 WPS【首页】内容。若要新建空白工作簿,可单击左边菜单栏中的❶或顶部的新建功能键,或者直接按【Ctrl＋N】组合键,按照提示完成相关的操作。

2. 保存新工作簿

为防止数据丢失,对新建的工作簿进行编辑操作后,需将其保存在硬盘等永久性存储介质中。要保存工作簿,可单击"快速访问工具栏"上的【保存】按钮;或者按【Ctrl＋S】组合键;或单击"文件"选项卡,在打开的菜单中选择【保存】选项,单击【浏览】按钮,弹出"另存为"对话框,在其中选择工作簿的保存位置,输入工作簿名称,然后单击【保存】按钮即可。当对工作簿执行第二次保存操作时,文件将自动按照原路径、原文件名进行保存,不会再打开"另存为"对话框。若要另存工作簿,可在"文件"选项卡中选择【另存为】选项,单击【浏览】按钮,在打开的"另存为"对话框中重新设置工作簿的保存路径、保存名称或保存类型等,然后单击【保存】按钮。

3. 关闭工作簿

单击工作簿窗口右上角的【关闭】按钮,或在"文件"选项卡中选择【关闭】选项。如果工作簿尚未保存,此时会打开一个提示对话框,用户可根据提示进行相应操作。

4. 打开工作簿

在"文件"选项卡中选择【打开】选项,单击【浏览】按钮,在"打开"对话框中找到工作簿的放置位置,选择要打开的工作簿,单击【打开】按钮。此外,【打开】选项右侧列出了最近打开的工作簿,单击某个工作簿名称即可将其打开。也可单击【浏览】按钮,在"打开"对话框中找到工作簿并选中,单击【打开】按钮即可。

5. 设置打开工作簿及修改工作簿权限密码

如果工作簿的数据较为重要,为了防止未授权的用户打开工作簿查看数据,或者只让授权的用户修改工作簿,可以在工作簿中设置打开文件密码,或者修改文件密码,操作如下。

(1) 在"另存为"对话框中单击【加密】按钮,或直接按 E 键,即可打开"密码加密"对话框,如图 6-2 和图 6-3 所示。

图 6-2　在"另存为"对话框中单击"加密"按钮

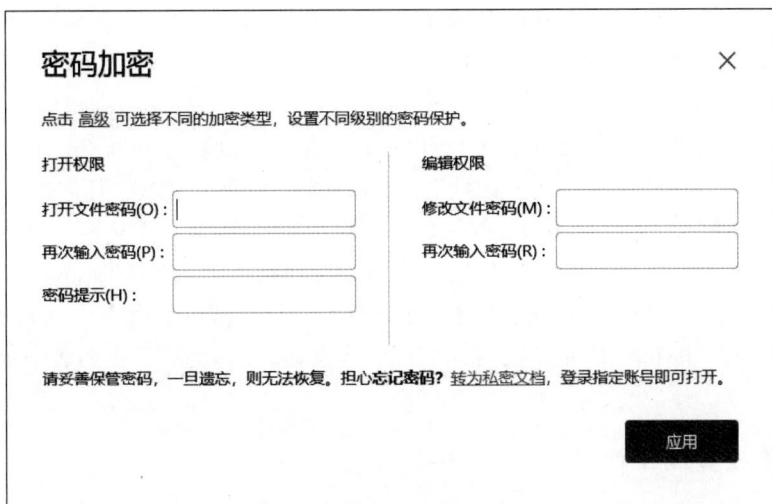

图 6-3　"密码加密"对话框

（2）在"密码加密"对话框中输入密码，若设置了【打开文件密码】，则每次打开工作簿文件时需要输入密码。若设置了【修改文件密码】，则修改工作簿数据时需要输入密码，若输入密码错误，则只能浏览工作簿数据，不能修改数据。

6.2.2　工作表的基本操作

工作表是显示在工作簿窗口中，由行和列构成的表格。它主要由单元格、行号、列标和工作表标签等组成。

1. 插入与删除工作表

（1）插入工作表。

在 WPS 表格中，每个工作簿最多可包含 255 张工作表。默认情况下，WPS 表格为每个新建工作簿创建 1 张工作表，标签名为 Sheet1。下面以新建的"Sheet1"为例讲解如何插入新的工作表，并重命名为"6.2.2"，具体步骤如下。

① 插入默认工作表（两种方法）。

- 单击工作簿左下方的【新工作表】按钮 ＋ ，插入新的工作表，默认名称为"Sheet2"。
- 选择工作表（假设选择 Sheet1），右击"Sheet1"工作表标签，在弹出的快捷菜单中选择"插入"命令，根据需要选择插入工作表的数量和位置，即可插入新的工作表

"Sheet3"。另一个方法是在"开始"选项卡的"工作表"组里单击右侧的倒三角按钮，在弹出的下拉列表中单击【插入工作表】命令，在弹出的对话框中进行相应设置。

② 工作表重命名(两种方法)。

- 双击"Sheet3"工作表名称，当工作表名称变成蓝底白字时，输入新的名称"6.2.2"，按回车键，或在工作表编辑区的任意单元格单击即可完成工作表重命名。

- 选择"Sheet3"工作表，右击，在弹出的对话框中选择"重命名"命令，当工作表名称变成蓝底白字时，输入新的名称"6.2.2"，按回车键，或在工作表编辑区的任意单元格单击即可完成工作表重命名。

(2) 删除工作表。

当工作簿中存在多余的工作表时，可以将其删除。下面将删除"6.3.5 示例.xlsx"工作簿中的"6.3.5FV 函数""6.3.5PMT 函数""6.3.5RANK 函数"工作表，具体操作如下。

① 打开文件"6.3.5 示例.xlsx"，按住【Ctrl】键，同时选择"6.3.5FV 函数""6.3.5PMT 函数""6.3.5RANK 函数"工作表，在其上右击，在弹出的快捷菜单中选择"删除工作表"命令。

② 在弹出的对话框中单击【确定】按钮，将删除工作表和工作表中的数据。或者在"开始"选项卡的"工作表"组里单击右侧的倒三角按钮，在弹出的下拉列表中单击【删除工作表】命令。

2. 移动或复制工作表

WPS 表格中工作表的位置并不是固定不变的，为了避免重复制作工作表，可以根据需要移动或复制工作表。下面以"6.3.4 示例.xlsx"工作簿中移动并复制工作表为例，具体步骤如下。

(1) 打开"6.3.4 示例.xlsx"工作簿，在"6.3.1 公式输入"工作表上右击，在弹出的快捷菜单中选择"移动或复制"命令。

(2) 在打开的"移动或复制工作表"对话框的"下列选定工作表之前"列表框中选择移动工作表的位置，这里选择"移至最后"选项，然后勾选"建立副本"复选框，以复制工作表(如果不勾选此选项，仅移动工作表)，如图 6-4 所示，单击【确定】按钮，完成移动并复制"6.3.1 公式输入"工作表。

注意：移动或复制工作表的快捷操作方法。

① 移动工作表，选择要移动的工作表，按住鼠标左键，拖动到想要移动的位置即可。

② 移动并复制工作表，选择要移动的工作表，同时按住【Ctrl】键和鼠标左键，拖动到想要移到的位置即可。

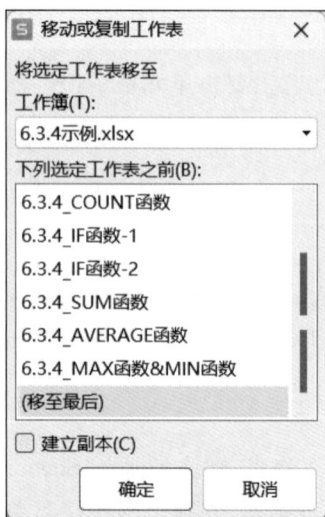

图 6-4 移动或复制工作表

3. 预览并打印工作表

打印表格之前，需要先预览打印效果。根据打印内容的不同，WPS 表格的打印可分为两种情况：一是打印整个工作表；二是打印选定区域的数据。

（1）设置打印参数。

选择需要打印的工作表，如果预览打印效果不太满意，可以重新设置，如设置纸张方向和纸张页边距等。下面以"6.2.2 打印数据.xlsx"工作簿中预览并打印工作表为例，操作步骤如下。

① 单击"快速访问工具栏"中的【打印预览和打印】按钮 🔍，跳转到预览界面，单击右上角的"页面设置"选项，将页面方向由"纵向"改为"横向"。

② 在打开的"页面设置"对话框中单击"页边距"选项卡，在"居中方式"栏中勾选"水平"和"垂直"复选框，然后单击【确定】按钮。

③ 返回打印窗口，在窗口中间"打印"栏的"份数"数值框中设置打印份数，设置完成后单击【打印】按钮 🖨 打印表格。

（2）设置打印区域数据。

如果只需要打印表格中的部分数据，可通过设置工作表的打印区域打印表格数据。下面以"6.2.2 打印数据.xlsx"工作簿为例，设置打印区域 A1:C5 单元格区域，操作步骤如下。

① 选择 A1:C5 单元格区域，在【页面布局】→【页面设置】组中单击【打印区域】按钮，在打开的下拉列表中选择"设置打印区域"选项，所选区域周围将出现实线框，表示该区域将被打印，如图 6-5 所示。

② 单击【打印】按钮 🖨 即可，也可在下拉菜单中选择需要的打印形式，如图 6-6 所示。

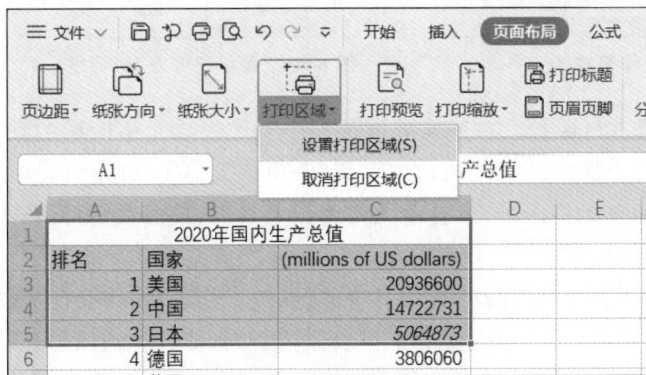

图 6-5　设置打印区域

图 6-6　【打印】命令

（3）设置打印标题。

有时会遇到工作表纵向超过一页，或横向超过一页的情况，打印时希望能够在每一页都重复打印标题或字段名，这时可通过设置"打印标题"来解决此类问题。操作步骤如下。

① 打开需要设置的表格，然后再单击"页面布局"选项卡"页面设置"选项组中的【打印标题】按钮 🖫，弹出"页面设置"对话框。

② 在"页面设置"对话框中选择"工作表"选项卡，在"顶端标题行"框中直接输入需要重复打印的区域引用，如 $1：$2，即重复打印前两行标题。或者单击"顶端标题行"框右边的【压缩对话框】按钮 🔳（或者直接用鼠标拖曳选择），完成设置，单击【确定】按钮即可。

如果要设置左端行标列，只需要在"页面设置"对话框中选择"工作表"选项卡，在"左端标题列"框中选择需要重复打印的区域即可。

4. 设置工作表保护密码

在 WPS 表格中,可以通过工作表保护的方式来对工作簿中的某一个表格进行保护,或者保护工作表中的某些单元格。在工作表的保护设置中,单元格的锁定操作最重要,它决定了保护的区域。下面根据工作表保护区域的不同,分两种情况介绍。

(1) 对整个工作表进行保护。打开需要保护的工作表,在"审阅"选项卡的"保护"选项组中单击【保护工作表】按钮,在弹出的"保护工作表"对话框中设置密码,如图 6-7 和图 6-8 所示。当需要解除工作表保护时,需要用该密码来解除保护。

图 6-7　保护工作表路径　　　　图 6-8　"保护工作表"对话框

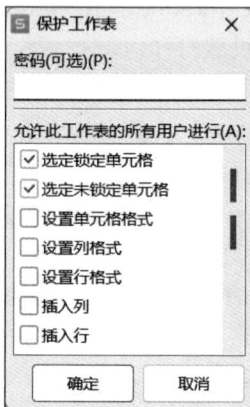

(2) 仅对指定的单元格区域进行保护。首先需要取消整个工作表单元格区域的默认锁定属性,可以用【Ctrl+A】组合键选择所有区域,在"审阅"选项卡上关闭"锁定单元格",完成设置。其次选择需要保护的单元格区域,设置单元格为锁定属性,最后在"审阅"选项卡上启用"保护工作表",即可完成设置。

对工作表进行保护后,"审阅"选项卡"保护"选项组中的【保护工作表】按钮会变成【撤销工作表保护】按钮。单击该按钮,输入之前设置的工作表保护密码,即可解除保护。

6.2.3　文本的输入

WPS 表格输入单元格的资料大致可以分成两种:一种是可计算的数字资料(包括日期、时间),另一种则是不可计算的文字资料。

可计算的数字资料由数字 0～9 及一些符号(如.、+、－、$ 、% ……)组成,如 15.36、－99、$ 350、75% 等都是数字资料。日期与时间也属于数字资料,只不过会含有少量的文字或符号,如 2012/06/10、08:30PM、3 月 14 日……。

不可计算的文字资料包括中文字样、英文字母、数字的组合(如电话号码、身份证号码等)。不过,数字资料有时也会被当成文字输入,如电话号码、身份证号码等。

WPS 表格中的【文本】通常是指字符或任何数字和字符的组合。任何输入单元格内的字符集,只要不被系统识别成数字、公式、日期、时间、逻辑值,则 WPS 表格一律将其视为文本。常用方法有单击选择单元格进行输入、双击单元格后有光标闪烁进行输入和在名称框确定单元格位置,在编辑栏输入。

1. 在单元格里分行

WPS 表格单元格中的文本包括任何中西文的文字或字母以及数字、空格和非数字字符的组合,每个单元格中最多可容纳 32000 个字符数。在 WPS 表格的单元格中输入非数字的字符时,系统会自动把该字符按文本类型的数据来处理,自动向左对齐,按回车键,光标会自动移到当前单元格的下一个单元格。若需要在单元格内分行,可以通过【Alt+Enter】组合键实现。

2. 输入数字编号

在 WPS 表格单元格中输入数字时,系统会自动判断该数字为数值型数据,并把最高位为零的数值判别为无意义,自动省略掉,并自动向右对齐,例如输入"001",系统会把该数据作为"1"来处理。若不希望系统自动把最高位的"0"省略掉,则需要在英文输入法状态下先输入一个单撇号"'",为其指定为文本格式,然后再输入"001",系统才能正确显示数字前面的"0"。

WPS 表格中默认的数字格式是"常规",最多可以显示 11 位有效数字,超过 11 位就以科学记数形式表达。

当单元格格式设置为"数值"、小数点位数为 0 时,最多也只能完全显示 15 位,多于15 位的数字,从 16 位起显示为 0。要快速输入 15 位以上的数字且能完全显示,要先输入一个英文单引号"'",再输入数字。

如果需要在多个单元格输入上述各类型的数字编号,则可以通过改变单元格属性的方法快速设置。先选中该单元格区域,右击,在弹出的快捷菜单中执行"设置单元格格式"命令,在"设置单元格格式"对话框的"数字"选项卡中选择"文本"选项,即可完成设置。

6.2.4 数据类型的使用

设置数据类型的格式,可以右击,从弹出的快捷菜单中选择"设置单元格格式",在"数字"选项卡中选择相应的分类,从而进行详细的设置。下面介绍一些常用的输入数据类型。

1. 输入数字

在 WPS 表格单元格中输入数字时,系统会自动右对齐,方便比较大小。如果对数字的格式有其他要求,可以单击"开始"选项卡的"单元格"按钮,选择下拉列表中的"设置单元格格式"选项,弹出"设置单元格格式"对话框,在"数字"选项卡的"数值"分类中设置保留小数点的位数。

2. 输入日期和分数

（1）输入日期。

在 WPS 表格中，日期和分数都需要用到斜杠，输入日期的格式是"年/月/日""年/月""月/日"3 种格式，比如在单元格中输入"1/2"，按回车键则显示"1 月 2 日"。

（2）输入分数。

输入分数时，要在分数前输入"0"，以示区别，并且在"0"和分子之间用一个空格隔开，即"0＋空格＋分数"，比如输入"1/2"时，则应该输入"0 1/2"，按回车键后，这时单元格中会显示"1/2"，而在编辑栏中显示"0.5"。

（3）输入时间。

在 WPS 表格中输入时间时，用户可以按 24 小时制输入，也可以按 12 小时制输入。这两种输入的表示方法是不同的，比如要输入晚上 9 点，用 24 小时制输入格式为"21:0:0"，而用 12 小时制输入时间格式为 9:0:0 pm，注意字母 pm 和时间之间有一个空格。如果要输入当前时间，则按【Ctrl＋Shift＋;】组合键。

6.2.5　填充数据序列

在 WPS 表格中，需要设置项目编号、等差序列和日期等数据类型时，可以使用 WPS 表格中的自动填充功能，以提高工作效率。

填充柄是活动单元格右下角的小黑色方块┿。如果没有显示填充柄，可以通过设置启用填充柄和单元格拖放功能。在 WPS 表格中选择"文件"选项卡，单击"选项"命令，在"选项"对话框中勾选"单元格拖放功能(D)"复选框。要取消填充功能，取消该选项即可。

1. 自动填充

下面以"6.2.5 填充数据.xlsx"的组内序号（等差序列）为例讲解自动填充功能，其他如日期、时间等本质上是数值的填充方式，也可以采用相似的操作。

（1）在单元格中输入序列的前面两个数，选中这两个单元格，如图 6-9 所示。

（2）当鼠标指针变成"＋"，按住鼠标左键拖动填充柄到指定位置，结果如图 6-10 所示。注意：若想用其他方式填充，可在弹出的智能标签上选择填充的类型，如图 6-11 所示。

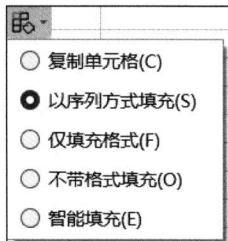

图 6-9　数列填充　　　　图 6-10　填充结果　　　　图 6-11　智能填充标签

2. 自定义填充序列

在 WPS 表格中，除使用【序列】对话框填充等差、等比等特殊数据，还可以自定义填充序列，帮助用户快速地输入特定的数据序列。WPS 表格中自定义填充序列的操作方法如下。

(1) 在要设置自定义填充的单元格中输入数据，如在 C2 单元格中输入任务分配为“搜集大量资料”，如图 6-12 所示。

	A	B	C
1	组内序号	姓名	任务分配
2	2026	冯菲瑜	搜集大量资料
3	2024	吴宇	
4	2022	张颖	
5	2020	林范琴	

图 6-12　自定义填充数据

(2) 选择【文件】选项卡→【选项】，在【选项】对话框左侧列表中选择【自定义序列】选项。

(3) 在【自定义序列】的【输入序列】列表框中输入要定义的序列，单击【添加】按钮，将其添加到左侧的【自定义序列】列表框中，如图 6-13 所示。

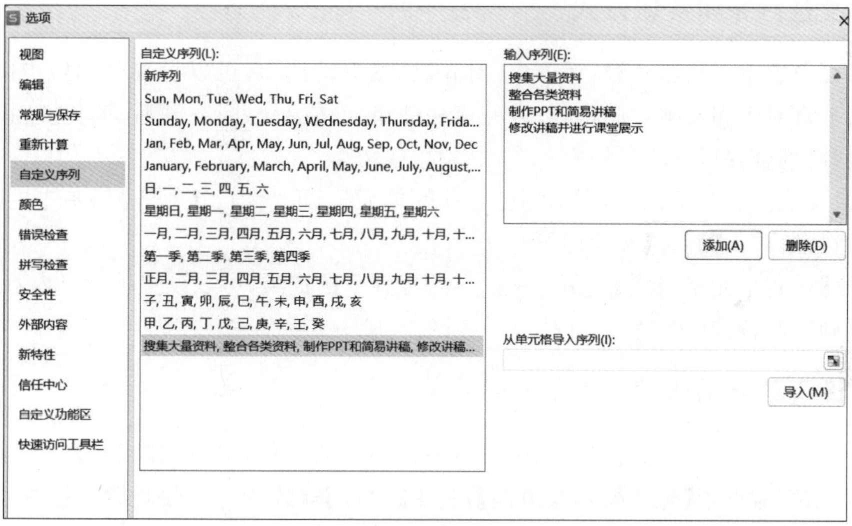

图 6-13　【选项】对话框

(4) 单击【确定】按钮，关闭所有对话框，返回工作表中。选中 B2 单元格，并将鼠标移动到单元格右下角，当鼠标指针显示为“+”形状时，按住鼠标左键向下拖动鼠标，即可自动填充设置的序列，如图 6-14 所示。

	A	B	C	D	E
1	组内序号	姓名	任务分配		
2	2026	冯菲瑜	搜集大量资料		
3	2024	吴宇	整合各类资料		
4	2022	张颖	制作PPT和简易讲稿		
5	2020	林范琴	修改讲稿并进行课堂展示		
6	2018	陈昊	搜集大量资料		
7	2016	秦琳	整合各类资料		
8	2014	方启华	制作PPT和简易讲稿		
9	2012	郭麟芸	修改讲稿并进行课堂展示		
10					

图 6-14　自定义填充结果

6.2.6　工作表的格式化

1. 设置数字格式

利用【设置单元格格式】对话框中【数字】标签下的选项,可以改变数字(包括日期)在单元格中的显示形式,但是不改变在编辑区的显示形式。

数字格式的分类主要有常规、数值、货币、会计专用、日期、时间、百分比、分数、科学记数、文本、特殊和自定义等。在【开始】选项卡的【数字】组中单击【数字格式】的向下按钮,显示下拉列表,可以更改数字格式。例如,以格式"2022/1/18"输入日期,通过设置单元格格式中的日期格式(输入后右击该单元格,在弹出的快捷菜单中选择【设置单元格格式】选项),单元格中的日期显示方式变为"二〇二二年一月十八日"。

2. 设置对齐和字体方式

利用【设置单元格格式】对话框中【对齐】标签下的选项,可以设置单元格中内容的水平对齐、垂直对齐和文本方向,还可以完成相邻单元格的合并,合并后只有选定区域左上角的内容放到合并后的单元格中。

如果要取消合并单元格,则选定已合并的单元格,取消勾选【对齐】标签中的【合并单元格】复选框,单击【确定】按钮即可。

利用【设置单元格格式】对话框中【字体】标签下的选项,可以设置单元格内容的字体、颜色、下画线和特殊效果等。

3. 设置单元格边框

利用【设置单元格格式】对话框中【边框】标签下的选项,可以用【预置】选项组为单元格或单元格区域设置【外边框】和【边框】;利用【边框】样式为单元格设置上边框、下边框、左边框、右边框和斜线等;还可以设置边框的线条样式和颜色。如果要取消已设置的边框,选择【预置】选项组中的"无"即可。

4. 设置单元格填充色

利用【设置单元格格式】对话框中【填充】标签下的选项,可以设置突出显示某些单元格或单元格区域,为这些单元格设置背景色和图案。

注意:【开始】选项卡的【对齐方式】命令组、【数字】命令组内的命令可快速完成某些单元格的格式化工作。

5. 设置列宽和行高

(1) 设置列宽。

① 使用鼠标粗略设置列宽。

将鼠标指针指向要改变列宽的列标之间的分隔线上,鼠标指针变成水平双向箭头形状,按住鼠标左键并拖动鼠标,直至将列宽调整到合适宽度,放开鼠标即可。

② 使用"列宽"命令精确设置列宽。

选定需要调整列宽的区域,选择【开始】选项卡内的【行和列】命令组,打开【列宽】对话框可以精确设置列宽。

（2）设置行高。

① 使用鼠标粗略设置行高。

将鼠标指针指向要改变行高的行号之间的分隔线上,鼠标指针变成垂直双向箭头形状,按住鼠标左键并拖动鼠标,直至将行高调整到合适高度,放开鼠标即可。

② 使用"行高"命令精确设置行高。

选定需要调整行高的区域,选择【开始】选项卡内的【行和列】命令组,打开【行高】对话框可以精确设置行高。

6. 可见性设置

在可见性的设置中,可以隐藏(取消隐藏)行、列和工作表。具体操作如下：选择【开始】选项卡→【行列】功能按钮 ⬚行和列 ▾ →"隐藏和取消隐藏"命令。

7. 设置条件格式

条件格式可以对含有数值、其他内容的单元格,或者含有公式的单元格应用某种条件来决定数值的显示格式。条件格式的设置是利用【开始】选项卡内的【样式】命令组完成的,下面以文件"6.2.6 示例.xlsx"中的工作表"6.2.6_7 条件格式"为例,要求利用条件格式设置国内生产总值(亿元)大于 1000000 的单元格,效果显示"倾斜、单下画线"。具体步骤如下。

首先,打开文件"6.2.6 示例.xlsx",找到工作表"6.2.6_7 条件格式",原始数据如图 6-15所示,选中国内生产总值(亿元)列的所有数据,选择【开始】→【条件格式】→【突出显示单元格规则】→【大于】,打开条件格式中的【大于】对话框。

其次,在对话框中输入数据引用区域"1000000",设置为"自定义格式"。

最后,在弹出的【设置单元格格式】对话框中设置字形是"倾斜",下画线是"单下画线",结果如图 6-16 所示,还可以根据需要设置单元格的边框、填充等效果。

	A	B
1	中国GDP统计时间	国内生产总值（亿元）
2	2018第1-4季度	919281
3	2019第1-4季度	986515
4	2020第1-4季度	1013567
5	2021第1-4季度	1143670

图 6-15　原始数据

	A	B
1	中国GDP统计时间	国内生产总值（亿元）
2	2018第1-4季度	919281
3	2019第1-4季度	986515
4	2020第1-4季度	*1013567*
5	2021第1-4季度	*1143670*

图 6-16　显示效果

8. 单元格样式

单元格样式是单元格字体、字号、对齐、边框和图案等,是一个或多个设置特性的组合,将这样的组合加以命名和保存,供用户使用。应用样式即应用样式名的所有格式设置。

样式包括内置样式和自定义样式。内置样式为 WPS 表格内部定义的样式,用户可以直接使用,包括常规、货币和百分数等;自定义样式是用户根据需要自定义的组合设置,需要定义样式名。

样式设置是利用【开始】选项卡内的【样式】命令组,单击【单元格样式】按钮,在弹出的列表中选择适合的单元格样式。

9. 表格样式

表格样式是把 WPS 表格提供的显示格式自动套用到用户指定的单元格区域,以使表格更加美观,易于浏览,主要有浅色、中色、深色三类格式。表格是利用【开始】选项卡内的【样式】命令组,单击【表格样式】按钮,在弹出的列表中选择适合的表格格式即可。

10. 使用模板

模板是含有特定格式的工作簿,其工作表结构已设置好。用户可以使用样本模板创建工作簿,操作步骤如下:单击【文件】选项卡内的【新建】命令,在右侧的【新建】空白工作簿下方选择提供的模板,建立工作簿文件。也可在上方搜索框搜索模板,选择适合的模板,弹出模板对话框,右上方有模板的详细信息,单击【创建】按钮即可。

6.3　WPS 表格的公式和函数

如果工作簿中有很多数据,需要对这些数据进行统计,可以利用公式和函数进行各类复杂的运算。当需要将工作表中的数据做加、减、乘、除等运算时,可以把计算过程交给 WPS 表格的公式和函数,省去自行运算的时间,而且当数据有变动时,计算结果还会立即更新。

6.3.1　使用公式的基本方法

1. 公式的概念

公式是在工作表中对数据进行计算的表达式,可以对不同单元格的数据进行加、减、乘、除等运算。公式由运算符和运算数据组成。运算符主要有算术运算符(加号＋、减号或负号－、乘号＊、除号/、乘方^),字符连接符＆,关系运算符(等号＝、不等于<>、大于>、大于或等于>＝、小于<、小于或等于<＝)组成。运算顺序依次为算术运算符、文字运算符和关系运算符。

2. 公式的输入方法

公式总是以等号"＝"开始,输入公式时,需要先输入"＝",系统会判断输入的是公式而不是文本,接着再输入常量或引用的单元格地址和运算符,最后按回车键,或单击数据编辑栏上的输入按钮 ✓ 完成输入,系统会自动完成计算,结果显示在刚才输入公式的单元格中。

注意:在某些情况下,公式的输入可能出现错误,公式计算结果会返回错误值,如返回"＃＃＃＃!"表示输入或计算结果数值无法在当前的单元格显示出来,需要调整单元格尺寸;"＃NAME"表示使用了不能识别的单元格;"＃N/A"表示公式没有可用数值。

6.3.2　使用函数的基本方法

1.函数的概念

函数是 WPS 表格中预定义的一些公式,将一些特定的计算过程通过程序固定下来,命名后供用户调用。WPS 表格包含数学和三角函数、统计函数、财务函数、逻辑函数等13 大类的函数供用户选择。在 WPS 表格的工作中,运用常用函数会加快工作速度,提高效率,此外,利用函数还可以减少输入公式过程中出现的错误。

2.函数的输入方法

(1) 直接输入方式。

如果用户熟练掌握某个函数名和输入格式,即可直接输入函数。选中要输入函数的单元格,在编辑栏输入函数名称及数据,例如求和函数,直接在单元格中输入"＝SUM(B2:D2)",其含义和公式"＝B2＋C2＋D2"相同。

(2) 借助插入函数按钮 *fx* 或【公式】选项卡。

如果用户对某个函数不太熟悉,要正确输入函数的函数名及相应的格式是非常困难的,此时可单击编辑栏上的插入函数按钮 *fx*,或者利用【公式】选项卡中的【插入函数】按钮或者在函数库的子类中查找。

单击编辑栏上的插入函数按钮 *fx*,或者选择【公式】选项卡→【插入函数】,弹出【插入函数】对话框,通过【查找函数】选项可以对相关功能函数进行搜索,查找到需要的函数。以查找求"反余弦"的函数为例,弹出【插入函数】对话框后,在【查找函数】选项中输入"反余弦"即可得到推荐的函数,单击每个函数,可以看到对话框下面显示每个函数的语法和功能。选择 ACOS() 函数,单击"确定"按钮,即可跳转到【函数参数】对话框,如果对函数不甚理解,可以单击左下角的【查看该函数的操作技巧】按钮,详细了解该函数的情况,如图 6-17 和图 6-18 所示。

注意:若想直接在单元格中查看公式,可同时按【Ctrl＋`】组合键("`"键在"Tab 键"的上方),在公式(函数)和计算结果间作切换。或者在【公式】选项卡→【公式审核】分组→【显示公式】中作切换。

6.3.3　单元格地址的引用

WPS 表格公式中单元格地址的引用包括相对引用、绝对引用和混合引用三种。三种

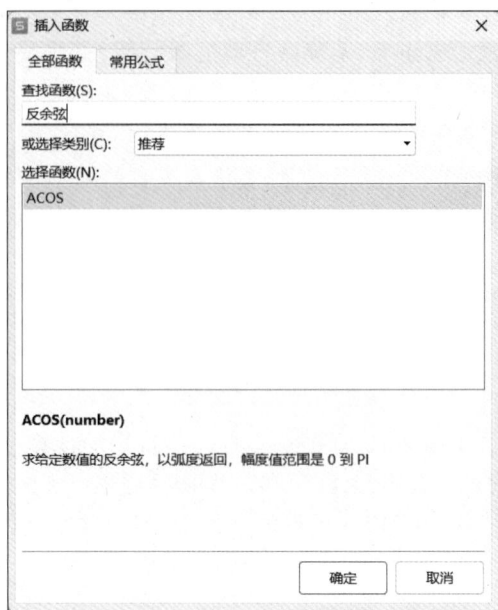

图 6-17 "插入函数"对话框

图 6-18 "函数参数"对话框

方式切换的快捷键为功能键 F4。

1. 相对引用

公式中的相对单元格引用(例如 A1)是基于包含公式和单元格引用的单元格的相对位置。如果公式所在单元格的位置改变,引用的位置也随之改变。默认情况下,新公式使用相对引用。例如,如果将单元格 B2 中的公式复制到单元格 B3,则 B2 中的公式=A1 自动调整为=A2,即发生一行的相对变化;如果将单元格 B2 中的公式复制到单元格 C2,则 B2 中的公式=A1 自动调整为=B1,即发生一列的相对变化。

2. 绝对引用

单元格中的绝对引用(例如 F6)指的是总是引用单元格 F6。如果公式所在单元格的位置发生改变,绝对引用的单元格始终保持不变。例如,如果将单元格 B2 中的公式

＝＄F＄6复制到单元格 B3,则在两个单元格中都是＄F＄6,即引用公式不会发生列标和行号的改变。

3. 混合引用

混合引用具有绝对列和相对行,或是绝对行和相对列两种形式。绝对引用列采用＄A1、＄B1 等形式,绝对引用行采用 A＄1、B＄1 等形式,即在列标或行号前出现绝对引用符号"＄",则在公式复制中,有绝对引用符号的列标或行号始终保持不变。例如,如果将一个混合引用从 A2 复制到 B3,A2 中的公式＝A＄1 将调整为＝B＄1,发生了一列的相对变化。

6.3.4 WPS 表格中的常用函数

下面介绍 WPS 表格中常用的函数,包括逻辑条件函数 IF,平均值函数 AVERAGE,求和函数 SUM,日期时间函数 YEAR、NOW,统计函数 COUNT,最大最小值函数 MAX/MIN。可结合文件"6.3.4 示例.xlsx"学习。

1. 逻辑条件函数 IF

功能:如果指定条件的计算结果为 TRUE,IF 函数将返回某个值;如果该条件的计算结果为 FALSE,则返回另一个值。例如,如果 A1 大于 10,公式＝IF(A1＞10,"大于 10","不大于 10")将返回"大于 10",如果 A1 小于或等于 10,则返回"不大于 10"。

语法格式:IF(logical_test,[value_if_true],[value_if_false])。

IF 函数语法具有下列参数:

① logical_test 必需。计算结果可能为 TRUE 或 FALSE 的任意值或表达式。例如,A2＝4 就是一个逻辑表达式;如果单元格 A2 中的值等于 4,表达式的计算结果为 TRUE,否则为 FALSE。此参数可使用任何比较运算符。

② value_if_true 可选。logical_test 参数的计算结果为 TRUE 时返回的值。例如,如果此参数的值为文本字符串"计算正确",并且 logical_test 参数的计算结果为 TRUE,则 IF 函数返回文本"计算正确"。如果 logical_test 的计算结果为 TRUE,并且省略 value _if_true 参数(即 logical_test 参数后仅跟一个逗号),IF 函数将返回 0。若要显示 TRUE,则对 value_if_true 参数使用逻辑值 TRUE。

③ value_if_false 可选。logical_test 参数的计算结果为 FALSE 时返回的值。例如,如果此参数的值为文本字符串"不正确",并且 logical_test 参数的计算结果为 FALSE,则 IF 函数返回文本"不正确"。如果 logical_test 的计算结果为 FALSE,并且省略 value_if_ false 参数(即 value_if_true 参数后没有逗号),则 IF 函数返回逻辑值 FALSE。如果 logical_test 的计算结果为 FALSE,并且省略 value_if_false 参数的值(即在 IF 函数中,value_if_true 参数后没有逗号),则 IF 函数返回值 0。

实例 1:判断某公司采购是否超出预算,若实际大于预算,则输出"超出预算",若实际小于预算,则输出"在预算范围内",具体的函数写法及结果如图 6-19 所示。

	A	B	C	D	E
1				公司采购清单	
2		预算	实际	IF函数	结果
3	配件	800	921	=IF(C3>B3,"超出预算","在预算范围内")	超出预算
4	组件	150	200	=IF(C4>B4,"超出预算","在预算范围内")	超出预算
5	五金	375	370	=IF(C5>B5,"超出预算","在预算范围内")	在预算范围内

图 6-19 函数实例

实例 2：统计"中国居民恩格尔系数(％)"，按照划分标准输出，即"居民恩格尔系数(％)<20"，输出"极其富裕"；"20<=居民恩格尔系数(％)<=30"，输出"富足"；"30<居民恩格尔系数(％)<=40"，输出"相对富裕"；"40<居民恩格尔系数(％)<=50"，输出"小康"；"50<居民恩格尔系数(％)<=60"，输出"温饱"；其他输出"贫穷"。具体的函数写法及结果如图 6-20 所示。

	A	B	C	D
1	时间	中国居民恩格尔系数(%)	IF函数	结果
2	2018年	28.4	=IF(B2<20,"极其富裕",IF(B2<=30,"富足",IF(B2<=40,"相对富裕",IF(B2<=50,"小康",IF(B2<=60,"温饱","贫穷")))))	富足
3	2008年	36.3	=IF(B4<20,"极其富裕",IF(B4<=30,"富足",IF(B4<=40,"相对富裕",IF(B4<=50,"小康",IF(B4<=60,"温饱","贫穷")))))	相对富裕
4	1998年	48	=IF(B6<20,"极其富裕",IF(B6<=30,"富足",IF(B6<=40,"相对富裕",IF(B6<=50,"小康",IF(B6<=60,"温饱","贫穷")))))	小康
5	1988年	52.8	=IF(B8<20,"极其富裕",IF(B8<=30,"富足",IF(B8<=40,"相对富裕",IF(B8<=50,"小康",IF(B8<=60,"温饱","贫穷")))))	温饱
6	1978年	63.9	=IF(B10<20,"极其富裕",IF(B10<=30,"富足",IF(B10<=40,"相对富裕",IF(B10<=50,"小康",IF(B10<=60,"温饱","贫穷")))))	贫穷
7	数据来源：国家统计局			

图 6-20 IF 函数实例 2

注意：IF 函数最多可以使用 64 个 IF 函数作为 value_if_true 和 value_if_false 参数进行嵌套，以构造更详尽的逻辑测试。

2. 求和函数 SUM

功能：将指定的参数相加求和。

语法格式：SUM(数值1,数值2,数值3)。

实例 1：=SUM(B2:B4)，将单元格区域 B2:B4 中所有单元格中的数值求和。

实例 2：=SUM(B2,L2,40522.36)，将单元格 B2:L2 两个单元格中的数字相加，然后将结果与 40522.36 相加。

实例 3：=SUM(E2:E4,O2:O4)，将单元格两个区域 E2:E4 和 O2:O4 区域的和相加。

实例 4：=SUM(B2:D4 C3:E4)，求单元格区域 B2:D4 与 C3:E4 重叠区域(即 C3:D4)的和。

3. 日期函数

(1) 当前日期和时间函数 NOW。

功能：返回当前日期和时间。

语法格式：NOW( )。

（2）求年函数 YEAR。

功能：返回某日期对应的年份。返回值为 1900～9999 的整数。

语法格式：YEAR(serial_number)。

参数 Serial_number 必需，为一个日期值，包含要查找年份的日期。

WPS 表格可将日期存储为可用于计算的序列数。默认情况下，1900 年 1 月 1 日的序列号是 1，而 2018 年 1 月 1 日的序列号是 43101，这是因为它距 1900 年 1 月 1 日有 43101 天。

4. 求平均值函数 AVERAGE

功能：返回参数的平均值（算术平均值）。参数可以是数值或包含数值的名称、数组或引用。

语法格式：AVERAGE(number1，[number2]，…)。

AVERAGE 函数语法具有下列参数：

① Number1 必需。要计算平均值的第一个数字、单元格引用（用于表示单元格在工作表上所处位置的坐标集。例如，显示在第 A 列和第 2 行交叉处的单元格，其引用形式为"A2"）或单元格区域。

② Number2，… 可选。要计算平均值的其他数字、单元格引用或单元格区域，最多可包含 255 个。

实例 1：＝AVERAGE(B2：B13)，对单元格区域 B2：B13 中的数值求平均值。

实例 2：＝AVERAGE(C2：C13，C18)，对单元格区域 C2：C13 和 C18 的数值求平均值。

实例 3：＝AVERAGE(D2：D13，2.94)，对单元格区域 D2：D13 的数值和 2.94 求平均值。

5. 计数函数 COUNT

功能：计算包含数字的单元格以及参数列表中数字的个数。使用函数 COUNT 可以获取区域或数字数组中数字字段的输入项的个数。

语法格式：COUNT(value1，[value2]，…)。

COUNT 函数语法具有下列参数：

① value1 必需。要计算其中数字个数的第一个项、单元格引用或区域。

② value2，… 可选。要计算其中数字个数的其他项、单元格引用或区域，最多可包含 255 个。

注意：这些参数可以包含或引用各种类型的数据，但只有数字类型的数据才被计算在内。

实例 1：根据给定的数据进行计算，如图 6-21 所示。

	A	B	C	D	E
1	指标	粮食产量(万吨)	夏收粮食产量(万吨)	秋粮产量(万吨)	早稻产量(万吨)
2	2021年	68285	14596	50888	2802
3	2020年	66949.15	14286	49934	2729
4	2019年	66384.34	14160	49597	2627
5		#DIV/0!			
6	COUNT函数	结果			
7	=COUNT(A1:E5)	12			

图 6-21　COUNT 函数实例

6. 最大数/最小数函数

(1) 最大数函数 MAX。

功能：返回一组值或指定区域中的最大值。

语法格式：MAX(number1，[number2]，…)。

MAX 函数中参数 number1 是必需的，后续数值是可选的。

实例 1：＝MAX(B2:B13)，对单元格区域 B2:B13 中的数值求最大值。

实例 2：＝MAX(C2:C13,B21)，对单元格区域 C2:C13 和 B21 的数值求最大值。

实例 3：＝MAX(D2:D13,2.94)，对单元格区域 D2:D13 的数值及数字 2.94 求最大值。

(2) 最小数函数 MIN。

功能：返回一组值或指定区域中的最小值。

语法格式：MIN(number1，[number2]，…)。

MIN 函数参数中 number1 是必需的，后续数值是可选的。

实例 1：＝MIN(B2:B13)，对单元格区域 B2:B13 中的数值求最小值。

实例 2：＝MIN(C2:C13,B21)，对单元格区域 C2:C13 和 B21 的数值求最小值。

实例 3：＝MIN(D2:D13,2.94)，对单元格区域 D2:D13 的数值及数字 2.94 求最小值。

6.3.5　WPS 表格中的专业函数

本节讲解一些在 WPS 表格中可能用到的专业函数，包括财务函数 FV、PMT，排名函数 RANK，搜索元素函数 VLOOKUP，条件统计函数 COUNTIF、SUMIF、AVERAGEIF。

1. 财务函数 FV

功能：基于固定利率及等额分期付款方式返回某项投资的未来值。

语法格式：FV(rate,nper,pmt,[pv],[type])。

FV 函数具有下列参数：

① rate 必需。各期利率。例如当年利率为 8％时，使用 8％/12 计算一个月的还

款额。

② nper 必需。年金的付款总期数。

③ pmt 必需。各期所应支付的金额,其数值在整个年金期间保持不变。如果省略 pmt,则必须包括 pv 参数。

④ pv 可选。现值,或一系列未来付款的当前值的累积和。如果省略 pv,则其值为 0,并且必须包括 pmt 参数。

⑤ type 可选。数值 0 或 1,用以指定各期的付款时间是在期初还是期末,0 表示期末,1 表示期初。如果省略 type,则其值为 0。

注意:应确认所指定的 rate 和 nper 单位的一致性。例如,同样是四年期年利率为 4.75% 的贷款,如果按月支付,rate 应为 4.75%/12,nper 应为 4×12;如果按年支付,rate 应为 4.75%,nper 为 4。

对于所有参数,支出的款项,如银行存款,表示为负数;收入的款项,如股息收入,表示为正数。

实例 1:根据给定的数据条件,利用 FV 函数计算投资的未来值,如图 6-22 所示。

	A	B	C	D
1	数据	说明	FV函数	结果
2	4.35%	年利率rate	=FV(A2/12,A3,A4,A5,A6)	¥10,142.55
3	12	付款期总数nper	=FV(A2/12,A3,A4)	¥9,793.73
4	-800	各期应付金额pmt		
5	-300	现值pv	=FV(A2/12,A3,A4,A6)	¥9,829.23
6	1	支付时间: 期初type		

图 6-22　FV 函数实例 1

实例 1　FV 函数说明。

① =FV(A2/12,A3,A4,A5,A6)。

说明:表中条件下投资的未来值(¥10142.55)。

② =FV(A2/12,A3,A4)。

说明:表中条件下投资的未来值(¥9793.73)。

③ =FV(A2/12,A3,A4,A6)。

说明:表中条件下投资的未来值(¥9829.23)。

2. PMT 函数

功能:基于固定利率及等额分期付款方式,返回贷款的每期付款额。

语法格式:PMT(rate, nper, pv, [fv], [type])。

PMT 函数具有下列参数:

① rate 必需。贷款利率。

② nper 必需。该项贷款(投资)的付款期总数。

③ pv 必需。现值,或一系列未来付款的当前值的累积和,也称为本金。

④ fv 可选。未来值,或在最后一次付款后希望得到的现金余额,如果省略 fv,其值为 0。

⑤ type 可选。数字 0 或 1,用以指示各期的付款时间是在期初还是期末。为"0"或"省略",表示"期末";"1"表示"期初"。

注意：应确认指定的 rate 和 nper 单位的一致性。例如,同样是四年期年利率为 4.75% 的贷款,如果按月支付,rate 应为 4.75%/12,nper 应为 4×12;如果按年支付,rate 应为 4.75%,nper 为 4。

实例 1：根据给定的数据,利用 PMT 函数计算贷款(储蓄)每期的付款(存款)额度,如图 6-23 所示。

	A	B	C	D
1	数据	说明	PMT函数	结果
2	4.90%	贷款年利率rate	=PMT(A2/12,A3,A4)	¥-3,167.32
3	120	付款期总数nper	现有利率下，贷款30万，每月应还金额	
4	¥300,000	贷款额pv	=PMT(A2/12,A3,A4,0,1)	¥-3,154.44
5	1	支付时间：期初type		
6				
7	1.55%	储蓄年利率rate	=PMT(A7,A8*12,0,A9)	¥-2,044.19
8	5	计划储蓄年数nper	现有利率情况下，5年后最终存的20万，每月应存金额	
9	¥200,000	未来值fv		

图 6-23　PMT 函数实例 1

3. RANK 函数

功能：返回一个数字在数字列表中的排位。数字的排位是其大小与列表中其他值的比值(如果列表已排过序,则数字的排位就是它当前的位置)。

语法格式：RANK(number,ref,[order])。

RANK 函数具有下列参数：

① number 必需。需要找到排位的数字。

② ref 必需。数字列表数组或对数字列表的引用。ref 中的非数值型值将被忽略。

③ order 可选。指明数字排位的方式。为"0"或"省略",按降序排列;不为零,按升序排列。

注意：函数 RANK 对重复数的排位相同,但重复数的存在将影响后续数值的排位。

例如,在一列按升序排列的整数中,如果整数 10 出现两次,其排位为 5,则 11 的排位为 7(没有排位为 6 的数值)。

实例 1：根据给定的数据,利用 RANK 函数计算排位,如图 6-24 所示。

4. 条件计数函数 COUNTIF

功能：计算指定区域中满足给定条件的单元格的个数。

语法格式：COUNTIF(range, criteria)。

COUNTIF 函数具有下列参数：

① range 必需。要对其进行计数的一个或多个单元格,其中包括数字或名称、数组或包含数字的引用。空值和文本值将被忽略。

② criteria 必需。用于定义将对哪些单元格进行计数的数字、表达式、单元格引用或

	A	B	C	D	E	F	G
1	国家	铜牌数量	银牌数量	金牌数量	奖牌总数	RANK函数（按照金牌数量排名）	结果（按照金牌数量排名）
2	中国	2	4	9	15	=RANK(D2,D2:D14,0)	3
3	俄罗斯	14	12	6	32		
4	加拿大	14	8	4	26	RANK函数（按照奖牌总数排名）	结果（按照奖牌总数排名）
5	奥地利	4	7	7	18	=RANK(E2,E2:E14)	11
6	德国	5	10	12	27		
7	意大利	8	7	2	17		
8	挪威	13	8	16	37		
9	日本	9	6	3	18		
10	法国	2	7	5	14		
11	瑞典	5	5	8	18		
12	瑞士	5	2	7	14		
13	美国	7	10	8	25		
14	荷兰	4	5	8	17		

图 6-24　RANK 函数实例 1

文本字符串。例如，条件可以表示为 30、">30"、A5、"手机"或"30"。

实例 1：根据给定的数据进行条件计数，如图 6-25 所示。

	A	B	C	D	E	F	G	H
1			2018年居民主要活动平均时间（单位：分钟）				数据来源：国家统计局	
2	活动分类	活动大类	男	女	城镇	农村	COUNTIF函数	结果
3	睡觉休息	个人生理必需活动	556	562	556	563	=COUNTIF(B3:B20,"有酬劳动")	2
4	家务劳动	无酬劳动	45	126	79	97		
5	购买商品或服务（含看病就医）	无酬劳动	15	26	25	14	=COUNTIF(C3:C20,">60")	7
6	就业工作	有酬劳动	217	139	197	145		
7	家庭生产经营活动	有酬劳动	98	76	42	156	=COUNTIF(B3:B20,"*劳动")	6
8	陪伴照料家人	无酬劳动	30	75	58	45		

图 6-25　COUNTIF 函数实例 1

实例 1　COUNTIF 函数说明。

① =COUNTIF(B3:B20,"有酬劳动")。

说明：单元格区域 B3 到 B20 中包含"有酬劳动"的单元格的个数。

② =COUNTIF(C3:C20,">60")。

说明：单元格区域 C3 到 C20 中大于 60 的单元格的个数。

③ =COUNTIF(B3:B20,"*劳动")。

说明：单元格区域 B3 到 B20 中包含尾字是"劳动"的单元格的个数。

注意：在条件中可以使用通配符，即问号?和星号*。问号?匹配任意单个字符，星号*匹配任意一系列字符。若要查找实际的问号或星号，需在该字符前键入波形符～。

条件不区分大小写。例如，字符串"apples"和字符串"APPLES"将匹配相同的单元格。

5．条件求和函数 SUMIF

功能：对满足条件的单元格求和。可以对区域中符合指定条件的值求和。

语法格式：SUMIF(range，criteria，[sum_range])。

SUMIF 函数具有下列参数：

① range 必需。用于条件计算的单元格区域。每个区域中的单元格都必须是数字或名称、数组或包含数字的引用。空值和文本值将被忽略。

② criteria 必需。用于确定对哪些单元格求和的条件，其形式可以为数字、表达式、

单元格引用、文本或函数。例如,条件可以表示为 30、">30"、A5、30、"30"、"苹果"或 TODAY()。

注意:任何文本条件或任何含有逻辑或数学符号的条件都必须使用双引号,如">30"。如果条件为数字,则双引号可省略,如 30 或"30"均可。

③ sum_range 可选。要求和的实际单元格(如果要对未在 range 参数中指定的单元格求和)。如果 sum_range 参数被省略,WPS 表格会对在 range 参数中指定的单元格(即应用条件的单元格)求和。

注意:sum_range 参数与 range 参数的大小和形状可以不同。求和的实际单元格通过以下方法确定:使用 sum_range 参数中左上角的单元格作为起始单元格,然后包括与 range 参数大小和形状相对应的单元格。可以在 criteria 参数中使用通配符(包括问号?和星号﹡)。问号?匹配任意单个字符;星号﹡匹配任意一串字符。如果要查找实际的问号或星号,需在该字符前键入波形符~。

实例 1:根据给定的数据进行条件求和,如图 6-26 所示。

	A	B	C	D	E	F	G	H
1	活动分类	活动大类	2018年居民主要活动平均时间(单位: 分钟)				数据来源: 国家统计局	
2			男	女	城镇	农村	SUMIF函数	结果
3	睡觉休息	个人生理必需活动	556	562	556	563	=SUMIF(C3:C20,">60")	1326
4	家务劳动	无酬劳动	45	126	79	97	=SUMIF(C3:C20,">60",D3:D20)	1187
5	购买商品或服务(含看病就医)	无酬劳动	15	26	25	14	=SUMIF(E3:E20,"<20",F3:F20)	12
6	就业工作	有酬劳动	217	139	197	145	=SUMIF(B3:B20,"有酬劳动",F3:F20)	301
7	家庭生产经营活动	有酬劳动	98	76	42	156	=SUMIF(A3:A20,"﹡动",E3:E20)	168
8	陪伴照料家人	无酬劳动	30	75	58	45	=SUMIF(D3:D20,"=30")	30

图 6-26 SUMIF 函数实例 1

实例 1 SUMIF 函数说明。

① =SUMIF(C3:C20,">60")。

说明:男性用时大于 60min 的主要活动平均时间之和。

② =SUMIF(C3:C20,">60",D3:D20)。

说明:男性居民主要活动平均时间大于 60min 时的条件下,女性居民进行这些活动的平均时间之和。

③ =SUMIF(E3:E20,"<=20",F3:F20)。

说明:城镇居民主要活动平均时间小于 20min 时的条件下,农村居民进行这些活动的平均时间之和。

④ =SUMIF(B3:B20,"有酬劳动",F3:F20)。

说明:"有酬劳动"活动大类下的农村居民主要活动平均时间之和。

⑤ =SUMIF(A3:A20,"﹡动",E3:E20)。

说明:以"动"结尾的所有活动分类下的城镇居民主要活动平均时间之和。

⑥ =SUMIF(D3:D20,"=30")。

说明:女性用时等于 30min 的主要活动平均时间之和。

6. 条件求均值函数 AVERAGEIF

功能:查找给定条件指定的单元格的平均值(算术平均值),返回某个区域内满足给定条件的所有单元格的平均值。

语法格式：AVERAGEIF(range，criteria，[average_range])。

AVERAGEIF 函数具有下列参数：

① range 必需。要计算平均值的一个或多个单元格，其中包括数字或包含数字的名称、数组或引用。

② criteria 必需。数字、表达式、单元格引用或文本形式的条件，用于定义要对哪些单元格计算平均值。例如，条件可以表示为 30、"30"、">30"、"水果"或 A5。

③ average_range 可选。要计算平均值的实际单元格集。如果忽略，则使用 range。

注意：

- 如果 average_range 中的单元格包含 TRUE、FALSE、空单元格，AVERAGEIF 将忽略。
- 如果 range 为空值或文本值，则 AVERAGEIF 会返回♯DIV0! 错误值。
- 如果条件中的单元格为空单元格，AVERAGEIF 就会将其视为 0 值。
- 如果区域中没有满足条件的单元格，则 AVERAGEIF 会返回♯DIV/0! 错误值。

可以在条件中使用通配符，即问号（?）和星号（＊）。问号匹配任一单个字符；星号匹配任一字符序列。如果要查找实际的问号或星号，需在字符前键入波形符～。

Average_range 不必与 range 的大小和形状相同。求平均值的实际单元格是通过使用 average_range 中左上方的单元格作为起始单元格，然后加入与 range 的大小和形状相对应的单元格确定的，如表 6-1 所示。

表 6-1　AVERAGEIF 计算单元格

range	average_range	实际均值的单元格
A1:A6	B1:B6	B1:B6
A1:A6	B1:B4	B1:B6
A1:B4	C1:D4	C1:D4
A1:B4	C1:C3	C1:D4

实例 1：根据给定的数据计算条件均值，如图 6-27 所示。

▲	A	B	C	D	E	F
1	部分主要进出口货物名称	类别	出口金额(百万美元)	进口金额(百万美元)	注：进出口数据来源于海关总署。	
2	谷物及谷物粉	植物产品	1240.16	5202.5		
3	钢材	贱金属及其制品	53748.28	14112.55	AVERAGEIF函数	结果
4	未锻造铜及铜合金	贱金属及其制品	1938.16	26998.59	=AVERAGEIF(D2:D12,"<5000",C2:C12)	3397.58
5	稻谷和大米	植物产品	1059.03	1297.19	=AVERAGEIF(C2:C12,10000)	#DIV/0!
6	煤	矿产品	933.8	23394.47	=AVERAGEIF(A2:A12,"*金",D2:D12)	13759.27
7	纸及纸板	纸、纸板及其制品	8033.19	4644.14	=AVERAGEIF(B2:B12,"植物产品",D2:D12)	13947.24

图 6-27　AVERAGEIF 函数实例

实例 1　AVERAGEIF 函数说明。

① =AVERAGEIF(D2:D12,"<5000",C2:C12)。

说明：求表中所有进口金额（百万美元）小于 5000 的，出口金额（百万美元）的平均值。

② =AVERAGEIF(C2:C12,10000)。

说明：求表中出口金额(百万美元)等于 10000 的平均值,因为没有满足条件的,返回
"♯DIV/0!"。

③ ＝AVERAGEIF(A2：A12,"＊金",D2：D12)。

说明：求表中货物名称尾字是"金"的进口金额(百万美元)的平均值。

④ ＝AVERAGEIF(B2：B12,"植物产品",D2：D12)。

说明：求表中类别是"植物产品"的进口金额(百万美元)的平均值。

7. 搜索元素函数 VLOOKUP

功能：搜索某个单元格区域的第一列,然后返回该区域相同行上任何单元格中的值。
例如,假设区域 A2：C11 中包含城市列表,城市的行政区划代码存储在该区域的第一列。
如果知道城市的行政区划代码,则可以使用 VLOOKUP 函数返回该城市的行政区类别、
城市名称、2020 年地区生产总值等。

语法格式：VLOOKUP(lookup_value,table_array,col_index_num,[range_lookup])。

VLOOKUP 函数具有下列参数：

① lookup_value 必需。要在表格或区域的第一列中搜索的值。lookup_value 参数
可以是值或引用。如果为 lookup_value 参数提供的值小于 table_array 参数第一列中的
最小值,则 VLOOKUP 将返回错误值♯N/A。

② table_array 必需。包含数据的单元格区域。可以使用对区域(例如,A2：D8)或区
域名称的引用。table_array 第一列中的值是由 lookup_value 搜索的值。这些值可以是
文本、数字或逻辑值。文本不区分大小写。

③ col_index_num 必需。table_array 参数中必须返回的匹配值的列号。col_index_
num 参数为 1 时,返回 table_array 第一列中的值;col_index_num 为 2 时,返回 table_
array 第二列中的值,依此类推。

注意：如果 col_index_num 参数小于 1,则 VLOOKUP 返回错误值♯VALUE!。如
果大于 table_array 的列数,则 VLOOKUP 返回错误值♯REF!。

④ range_lookup,可选。一个逻辑值,指定希望 VLOOKUP 查找精确匹配值还是近
似匹配值。如果 range_lookup 为 1、TRUE 或被省略,则返回精确匹配值或近似匹配值;
如果找不到精确匹配值,则返回小于 lookup_value 的最大值。

注意：如果 range_lookup 为 1、TRUE 或被省略,则必须按升序排列 table_array 第
一列中的值;否则,VLOOKUP 可能无法返回正确的值。

如果 range_lookup 为 0 或 FALSE,则不需要对 table_array 第一列中的值进行排序。

如果 range_lookup 参数为 FALSE,VLOOKUP 将只查找精确匹配值。如果 table_
array 的第一列中有两个或更多值与 lookup_value 匹配,则使用第一个找到的值。如果
找不到精确匹配值,则返回错误值♯N/A。

实例 1：根据给定的数据搜索元素。第一列数据没有按照升序排列,如图 6-28 所示。

实例 1　VLOOKUP 函数说明。

① ＝VLOOKUP(E10,A2：D11,2,1)。

使用近似匹配搜索 A 列中的值与 E10 单元格中的值相匹配,在 A 列中找小于或等

	A 行政区划代码	B 城市	C 行政区类别	D 2020年地区生产总值(亿元)	E VLOOKUP函数	F 结果
1						
2	310000	上海	直辖市	38963.3	=VLOOKUP(E10,A2:D11,2,1) ❶	#N/A
3	440100	广州	地级市	25019		
4	120000	天津	直辖市	14007.99	=VLOOKUP(330200,A2:D11,3,1) ❷	直辖市
5	330100	杭州	地级市	16106		
6	420100	武汉	地级市	15616	=VLOOKUP(F10,A2:D11,2,FALSE) ❸	杭州
7	500000	重庆	直辖市	25041.43		
8	510100	成都	地级市	17717	=VLOOKUP(310101,A2:D11,2,1) ❹	上海
9	440300	深圳	地级市	27670		
10	110000	北京	直辖市	35943.25	120000	330100
11	330200	宁波	地级市	12409	数据来源：国家统计局	

图 6-28　VLOOKUP 函数实例 1

于 120000 的最大值,然后返回同一行中 B 列的值。因为 A 列中的值没有按升序排列,所以返回错误。

② =VLOOKUP(330200,A2:D11,3,0)。

使用精准匹配搜索 A 列中的值 330200,然后返回同一行中 C 列的值。330200 为宁波的行政区代码,行政区类别为地级市,返回值正确。

③ =VLOOKUP(F10,A2:D11,2,FALSE)。

使用精确匹配在 A 列中搜索值与 F10 单元格相同的值,然后返回同一行中 B 列的值。返回值"杭州"。

④ =VLOOKUP(310000,A2:D11,2,0)。

使用精准匹配搜索 A 列中的值 310000,在 A 列中找行政区代码为 310000 的中 B 列的值。同样,因为 A 列中的值没有按升序排列,由于其值位于最前,该城市为上海,返回值正确。

注意：如果第一列数据没有按升序排列,慎用近似搜索,可能会返回错误！

实例 2：根据给定的数据搜索元素。第一列数据按照升序排列,如图 6-29 所示。

	A 行政区划代码	B 城市	C 行政区类别	D 2020年地区生产总值(亿元)	E VLOOKUP函数	F 结果
1						
2	110000	北京	直辖市	35943.25	=VLOOKUP(F10,A2:D11,2,1) ❶	杭州
3	120000	天津	直辖市	14007.99		
4	310000	上海	直辖市	38963.3	=VLOOKUP(120000,A2:D11,2) ❷	天津
5	330100	杭州	地级市	16106		
6	330200	宁波	地级市	12409	=VLOOKUP(A4,A2:D11,4,TRUE) ❸	38963.3
7	420100	武汉	地级市	15616		
8	440100	广州	地级市	25019	=IF(VLOOKUP(E10,A2:D11,4,1)>25000,VLOOKUP(E10,A2:D11,2,1)&"2020年地区生产总值超25000亿元",VLOOKUP(E10,A2:D11,2,2)&"2020年地区生产总值暂未超过25000亿元") ❹	天津2020年地区生产总值暂未超过25000亿元
9	440300	深圳	地级市	27670		
10	500000	重庆	直辖市	25041.43	120000	330100
11	510100	成都	地级市	17717	数据来源：国家统计局	

图 6-29　VLOOKUP 函数实例 2

实例 2　VLOOKUP 函数说明。

① =VLOOKUP(F10,A2:D11,2,1)。

使用近似匹配搜索 A 列中的值与 F10 单元格中的值相匹配,在 A 列中找小于或等于 F10 单元格中值的最大值是 330100,然后返回同一行中 B 列的值"杭州"。返回值正确。

② ＝VLOOKUP(120000,A2:D11,2)。

使用近似匹配搜索 A 列中的值 120000,在 A 列中找到值 120000,然后返回同一行中 B 列的值"天津"。返回值正确。

③ ＝VLOOKUP(A4,A2:D11,4,TRUE)。

使用近似匹配搜索 A 列中的值与 A4 单元格中的值相匹配,在 A 列中的值是 310000,然后返回同一行中 D 列的值"38963.3"。返回值正确。

④ ＝IF(VLOOKUP(E10,A2:D11,4,1)＞25000,VLOOKUP(E10,A2:D11,2,1) &"2020 年地区生产总值超 20000 亿元",VLOOKUP(E10,A2:D11,2,2)&"2020 年地区生产总值暂未超过 20000 亿元")。

使用近似匹配搜索 A 列中的值与 E10 单元格中的值相匹配,在 A 列中的值是 120000,返回同一行中 D 列的值 14007.99;运用 IF 函数判断返回值是否大于 25000,大于 25000 则输出同一行中 B 列中的城市 2020 年地区生产总值超 25000 亿元,否则输出同一行中 B 列中的城市 2020 年地区生产总值暂未超过 25000 亿元。

6.4 WPS 表格图表应用

6.4.1 图表概述

WPS 表格图表是对 WPS 表格工作表统计分析结果的进一步形象化说明。建立图表是希望借助阅读图表分析数据,直观地展示数据间的对比关系、趋势,增强 WPS 表格工作表信息的直观阅读力度,加深对工作表统计分析结果的理解和掌握。

图表的基本类型如下。

(1) 柱形图:用于显示一段时间内的数据变化或说明项目之间的比较结果。该类型中有簇状柱形图、堆积柱形图、百分比堆积柱形图等常用柱形图。

(2) 折线图:用于显示相同间隔内数据的预测趋势。该类型中有折线图、堆积折线图、百分比堆积折线图、带数据标记的折线图、带数据标记的堆积折线图、带数据标记的百分比堆积折线图等常用折线图。

(3) 饼图:用于显示构成数据系列的项目相对于项目总和的比例大小。该类型中有饼图、复合饼图、复合条饼图、圆环图。圆环图显示各个部分与整体之间的关系,可以包含多个数据系列。

(4) 条形图:用于显示各个项目之间的比较情况。该类型中有簇状条形图、堆积条形图、百分比堆积条形图等常用条形图。

(5) 面积图:面积图又称区域图,强调数量随时间而变化的程度,也可用于引起人们对总值趋势的注意。该类型中有面积图、堆积面积图、百分比堆积面积图等常用面积图。

(6) XY 散点图:既可显示多个数据系列的数值间关系,也可将两组数字绘制成一系列的 XY 坐标。该类型中有散点图、带平滑线和数据标记的散点图、带平滑线的散点图、带直线和数据标记的散点图、带直线的散点图、气泡图、三维气泡图。气泡图允许在图表中额外加入一个表示大小的变量,以二维方式绘制包含三个变量的图表。气泡由大小不同的标记(指示相对重要程度)表示。

(7) 股价图:常用来说明股票价格,也可用于科学数据,如指示温度的变化。用来度量交易量的股价图具有两个数值轴,一个是度量交易量的列,另一个是股票价格。该类型中有盘高—盘低—收盘图、开盘—盘高—盘低—收盘图、成交量—盘高—盘低—收盘图、成交量—开盘—盘高—盘低—收盘图。

(8) 雷达图:又称为戴布拉图、蜘蛛网图(spider chart),主要应用于企业经营状况——收益性、生产性、流动性、安全性和成长性的评价。图中每个分类都有自己的数值轴,每个数值轴都从中心向外辐射,而线条则以相同的顺序连接所有的值。雷达图可以比较大量数据系列的合计值。该类型中有雷达图、带数据标记的雷达图、填充雷达图。

6.4.2　建立图表

建立图表可以选择两种方式:一是用于补充工作数据,可以在工作表上建立内嵌图表;二是要单独显示图表,则在新工作表上建立图表。内嵌图表和独立图表都被链接到建立它们的工作表数据上,当更新了工作表时,二者都被更新。当保存工作簿时,图表被保存在工作表中。在工作表中选择数据源,执行"插入"选项卡中的"图表"命令,建立工作表中所选区域的图表以后,可以使用"图表工具"功能区按钮,或在图表任何位置右击,利用出现的快捷菜单对图表进行编辑,或对图表进行格式化设置。

下面以文件"6.4.3 示例.xlsx"中的工作表"6.4.3 图表的编辑和格式化"为例讲解如何建立柱形图,具体步骤如下。

找到工作表"6.4.3 图表的编辑和格式化",选取 A2:E6 范围,切换到"插入"选项卡,在"图表"功能组中单击"插入柱形图或条形图"下拉按钮,然后选择三维柱形图下的"三维簇状柱形图",随即在工作表中建立图表,图表标题等格式可以根据需要进一步修改。

注意:选取源数据后,可直接按【Alt+F1】组合键,快速在工作表中建立图表,不过所建立的图表类型则是预设的柱形图,如果有自行修改过默认的图表类型,将会以设定的默认图表类型为主。

6.4.3　图表的编辑和格式化

1. 认识"图表工具"选项卡

建立图表后,图表会呈选取状态,功能区还会自动出现一个"图表工具"选项卡,如图 6-30 所示。可以在此选项卡中进行图表的各项美化、编辑工作。

• 将图表建立在新工作表中

建立的图表对象和数据源放在同一个工作表中,最大的好处是可以对照数据源中的

图 6-30 "图表工具"选项卡

数据。但若是图表太大,反而容易遮住数据源,此时可以将图表单独放在一份新的工作表中:选取图表对象(在图表上单击即可选取)后,切换到【图表工具】选项卡,并单击"移动图表"按钮,在打开的"移动图表"对话框中选择放置图表的位置:"新工作表"或"移动到其他工作表"。

注意:要将图表建立在独立的工作表中,除了刚才所述的方法外,还有一个更简单的方法,就是在选取数据来源后直接按 F11 键,即可自动将图表建立在 Chartl 工作表中。

2. 图表的组成项目

不同的图表类型,组成项目多少会有些差异,但大部分是相同的。下面以柱形图为例来说明图表的组成项目,如图 6-31 所示。

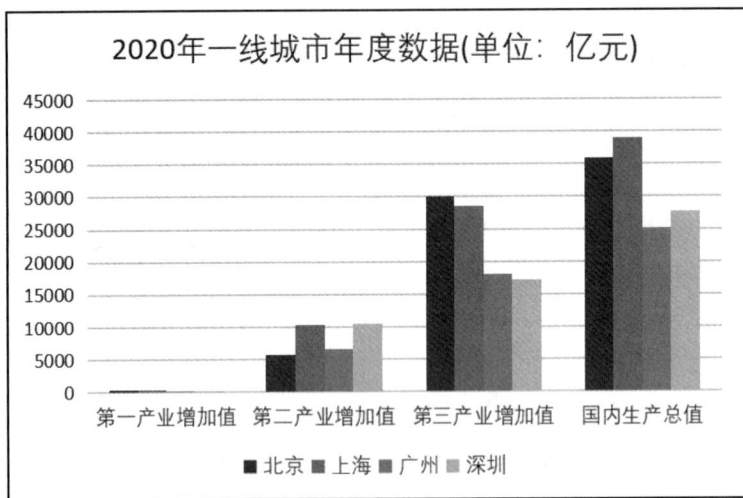

图 6-31 图表的组成项目

① 图表区:指整个图表及所涵盖的所有项目。

② 绘图区:指图表显示的区域,包含图形本身、类别名称、坐标轴等区域。

③ 图例:辨识图表中各组数据系列的说明。图例内还包括图例项标示、图例项目。图例项目是指与图例符号对应的资料数列名称;图例项标示代表数据系列的图样。

④ 坐标轴:平面图表通常有两个坐标轴:X 轴和 Y 轴。X 轴通常为水平轴,包含类别;Y 轴通常是垂直轴,包含数值资料。立体图表上则有 3 个坐标轴:X、Y 和 Z 轴。但并不是每种图表都有坐标轴,例如,饼图就没有坐标轴。

⑤ 网格线:由坐标轴的刻度记号向上或向右延伸到整个绘图区的直线。显示网格线比较容易查看图表上数据点的实际数值。

3. 调整图表对象的位置及大小

（1）移动图表位置。

建立在工作表中的图表对象,位置和大小也许都不是很理想,需要进行调整。将光标放在"图表区",当光标变为 ✛ 时,拖动图表对象即可移动图表(注意,如果鼠标放在"绘图区",移动的仅仅是绘图区对象,而不是移动图表的位置)。

（2）调整图表大小。

如果图表的内容没有完整显示,或是觉得图表太小,可以通过拉曳图表对象周围的控点来调整:将光标放在控点处,当光标变成 ↕ ↔ ↗ ↘ 时,拉曳图表外框的控点可调整图表的宽度或高度,拉曳对角控点可同步调整宽、高。

（3）调整字体大小。

如果调整了图表的大小,图表中的文字变得太小或太大,可以先选取要调整的文字,并切换到【开始】选项卡,在【字体】区拉下字号列示窗来调整文字大小。

注意:在字体区中,除了可调整图表中的文字大小,还可以利用此区的工具钮来修改文字的格式,例如加粗、斜体、更改字型颜色等。

（4）变更资料范围。

建立好图表之后,如果当初选取的数据范围有误,想改变图表的数据源范围,可以进行如下操作,不必重新建立图表。例如对图 6-31 所示的数据,现在只需要产业增加值,而不需将国内生产总值也绘制成图表,所以要重新选取数据范围。

选定图表对象,右击,在弹出的快捷菜单中选择【选择数据】按钮,弹出【选择数据源】对话框,在"图表数据区域"中改成"柱形图!＄Ａ＄2:＄Ｄ＄6"(也可以直接重新选择数据区域),单击"确定"按钮即可完成相关操作,如图 6-32 所示。

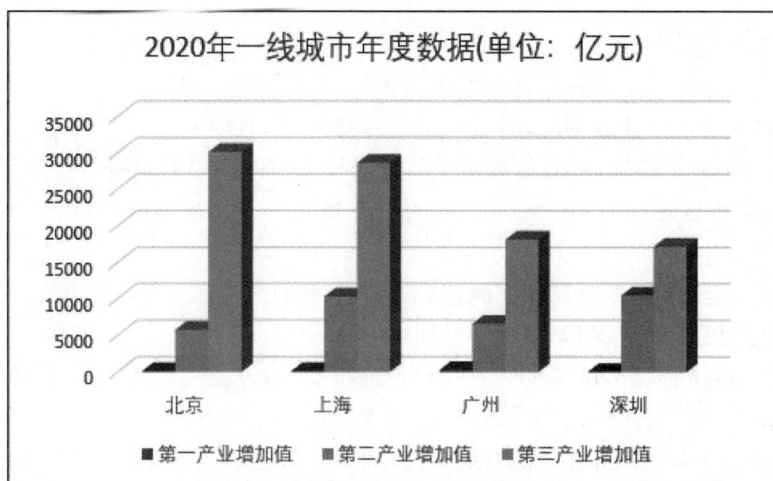

图 6-32　切换行/列示例图

图表的数据系列是来自列,如果想将数据系列改成从行取得,选取图表对象,然后切换到【图表工具】选项卡,单击【切换行/列】按钮。

（5）变更图表类型。

不同的图表类型，表达的意义也不同。若建立图表时选择的图表类型不适合，可以更换图表类型。可在选取图表后，切换到【图表工具】选项卡，单击【更改类型】按钮来更换。

例如将图 6-32 的柱形图变更成三维堆积条形图。具体操作步骤如下：选中图表后，在【图表工具】选项卡中单击【更改图表类型】按钮→【条形图】→【三维堆积条形图】，变更后的结果如图 6-33 所示。

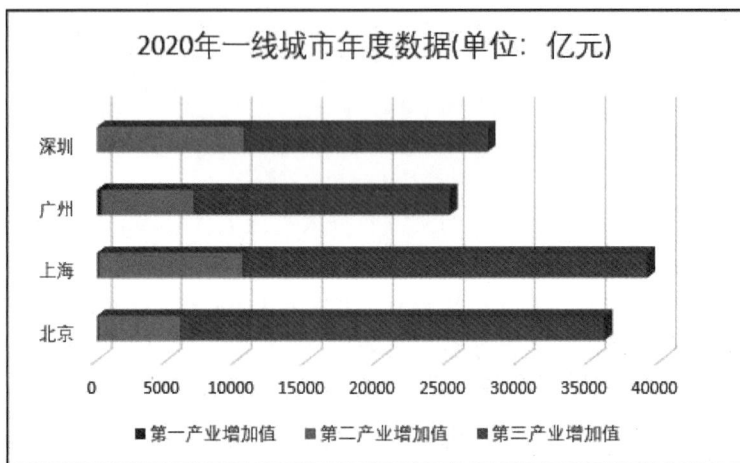

图 6-33　更改图表示例图

6.5　WPS 表格数据分析

6.5.1　数据排序

使用 WPS 表格处理数据时，时常需要进行排序，以方便对其进行分析。排序是根据数据表格中的相关字段名，将数据表格中的记录按升序或降序顺序进行排序。

WPS 表格可以对整个工作表或选定的某个单元格区域进行排序，以升序排列为例，介绍如下。

① 数字：从最小的负数到最大的正数进行排序。

② 日期：从最早的日期到最晚的日期进行排序。

③ 文本：按照特殊字符、数字（0～9）、小写英文字母（a～z）、大写英文字母（A～Z）、汉字（以拼音排序）。

④ 逻辑值：FALSE 排在 TRUE 之前。

⑤ 错误值：所有错误值（如♯NUM!和♯REF!）的优先级相同。

⑥ 空白单元格：总是放在最后。

降序排序与升序排序的顺序相反。

1. 简单排序

简单排序就是按照一个条件来排序，以文件"6.5.1 示例.xlsx"中工作表"6.5.1 数据排序"为例，具体操作方法如下。

（1）在工作表"6.5.1 数据排序"中，单击要进行排序的列或确保活动单元格在该列中，选中需要排序的列中的某个单元格，WPS 表格自动将其周围连续的区域定义为参与排序的区域，且指定首行为列标题。

（2）再单击"数据"选项卡"排序和筛选"组中的【升序】或【降序】按钮进行排序，完成相应的排序。

注意：当选定某个区域进行简单排序时，选择不同的排序依据结果会有所不同。当选定"以当前选定区域排序"时，其结果仅仅是选定区域的数据进行简单排序，即其扩展区域数据不参与排序。

2. 多关键字排序

多关键字排序指的是对工作表中的数据按两个或两个以上的关键字进行排序，此时就需要在"排序"对话框中进行设置，为了获得最佳结果，要排序的单元格区域应包含列标题。

（1）打开文件"6.5.1 示例.xlsx"，找到工作表"6.5.1 数据排序 2"，单击某个单元格或选定要排序的区域。

（2）单击"数据"选项卡"排序"组中的【自定义排序】按钮 ，如图 6-34 所示。单击"自定义排序"，在图 6-35 所示的"主要关键字"条件中选择"城市"，排序依据选择"单元格颜色"；次序选择"无单元格颜色"和"在顶端"，在"次要关键字"条件中选择"第一产业增加值（亿元）"，排序依据选择"单元格值"，次序选择"升序"，单击【确定】按钮完成相应的排序。

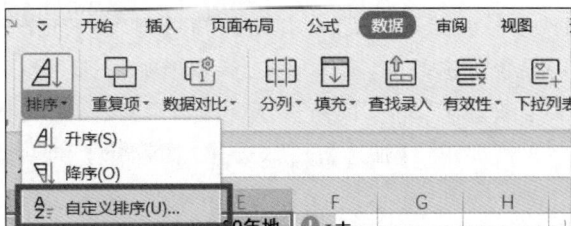

图 6-34　自定义排序路径

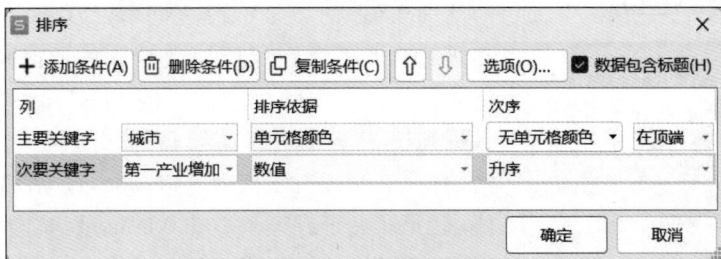

图 6-35　多关键字排序

排序的依据有：单元格值、单元格颜色、字体颜色、条件格式图标。

若要对工作表中的数据按"行"进行排序，可选择单元格区域中的一行数据，或者确保活动单元格在表行中，然后单击图6-35中的【选项】按钮，打开"排序选项"对话框，在其中选中"按行排序"单选框，还可以设置汉字在排序时按字母或按笔画顺序。

3. 自定义排序

在某些情况下，已有的排序规则不能满足用户要求，此时用户可以用自定义排序规则来解决。除了可以使用WPS表格内置的自定义序列进行排序外，还可以根据需要按照创建的自定义序列进行排序。

6.5.2 数据筛选

数据的筛选就是将数据表中符合条件的数据筛选出来，将不符合条件的数据隐藏起来，从而快速找到数据表中所需数据。WPS表格提供两种数据的筛选操作，即"自动筛选"和"高级筛选"。

1. 自动筛选

自动筛选适用于一个字段的筛选或多字段"与"关系的筛选，下面以文件"6.5.2示例.xlsx"中的工作表"6.5.2数据筛选"为例讲解自动筛选，具体操作如下。

（1）打开文件"6.5.2示例.xlsx"，找到工作表"6.5.2数据筛选"，将光标停留在工作表的任意一个单元格，单击"数据"选项卡"排序和筛选"选项组中的【自动筛选】按钮，当前数据列表中的每个列标题旁边均出现一个筛选箭头 ▼ 。

（2）单击需要筛选字段的筛选箭头，在弹出的筛选列表中将光标移到"数字筛选"选项卡，在弹出的菜单中设置筛选条件，选择"第二产业增加值（亿元）"字段的筛选箭头，在"数字筛选"中选择"大于或等于"5500的条件，单击【确定】按钮后完成自动筛选操作。若要返回筛选前的数据，只需要单击【筛选】按钮，选择"清空条件"即可。

2. 高级筛选

高级筛选可以构建各种复杂条件的筛选，功能比自动筛选要强，例如多字段之间"或"关系的筛选。此外，高级筛选还可以在保留原数据表的同时单独显示筛选记录。下面以文件"6.5.2示例.xlsx"中的工作表"6.5.2数据筛选2"为例进行高级筛选，分别筛选出"第二产业增加值（亿元）"大于或等于10000，或者"第三产业增加值（亿元）"大于或等于20000的记录，其操作如下。

（1）单击"数据"选项卡中"筛选"命令组右下角的小三角，即可出现"高级筛选"对话框，如图6-36所示。要

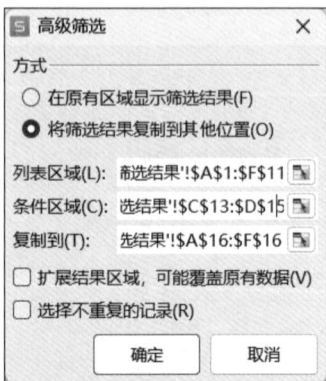

图 6-36 "高级筛选"对话框

进行高级筛选,则需在对话框中设置列表区域(需要筛选的区域)和条件区域,以及筛选结果的存放方式。在条件区域中,同一行中的条件为"与"的条件,不是同一行的条件为"或"的条件。"与"条件就是这些条件都必须同时满足;而"或"条件就是这些条件只需满足其中一项即可。

(2) 设置完成后单击【确定】按钮,即完成数据的高级筛选。一般来说,WPS 表格会自动给出列表区域,只需输入条件区域即可。这可以用鼠标来拾取,筛选结果可以在原有区域显示,也可以在其他空白单元格中显示。显示结果如图 6-37 所示。

	城市	类别	第一产业增加值(亿元)	第二产业增加值(亿元)	第三产业增加值(亿元)	2020年地区生产总值(亿元)
1						
2	上海	直辖市	107.68	10258.57	28597.05	38963.3
3	广州	地级市	288	6590	18141	25019
4	天津	直辖市	210.34	4911.77	8885.88	14007.99
5	杭州	地级市	326	4821	10959	16106
6	武汉	地级市	402	5558	9656	15616
7	重庆	直辖市	1803.54	9969.55	13268.34	25041.43
8	成都	地级市	655	5419	11643	17717
9	深圳	地级市	26	10454	17190	27670
10	北京	直辖市	108.28	5739.09	30095.88	35943.25
11	宁波	地级市	339	5694	6376	12409
12			数据来源: 国家统计局		原始数据	
13	条件区域→		第二产业增加值(亿元)	第三产业增加值(亿元)		
14			>=10000		高级筛选结果	
15				>=20000		
16	城市	类别	第一产业增加值(亿元)	第二产业增加值(亿元)	第三产业增加值(亿元)	2020年地区生产总值(亿元)
17	上海	直辖市	107.68	10258.57	28597.05	38963.3
18	深圳	地级市	26	10454	17190	27670
19	北京	直辖市	108.28	5739.09	30095.88	35943.25

图 6-37　高级筛选示例

6.5.3　数据有效性

在 WPS 表格工作表中记录数据时,难免会出现数据录入的错误,而这样的错误有时会给后续工作带来很大的麻烦,甚至给公司造成巨大损失。WPS 表格本身提供的"数据有效性"功能可以用于定义在单元格中输入或应该在单元格中输入的数据,从而能够有效防止无效数据的输入。下面以"6.5.3 示例.xlsx"为例设置"类别"有效输入是直辖市或地级市,并显示出错警告信息。操作步骤如下。

(1) 使用 WPS 表格打开"6.5.3 示例.xlsx",找到工作表"6.5.3 数据的有效性",选中【类别】列中的数据(假设选定 B2:B11)。

(2) 在【数据】选项卡中单击【有效性】下拉按钮,在其下拉列表中选择【有效性】选项,如图 6-38 所示。

(3) 打开【数据有效性】对话框,在"允许"下拉列表框中选择"序列",在"来源"中输入"＝＄G＄2：＄G＄3",如图 6-39 所示。

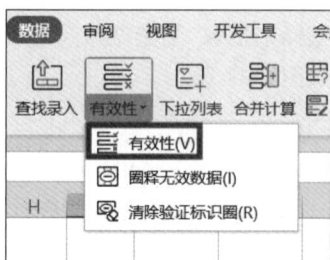

图 6-38 数据有效性路径

图 6-39 "数据有效性"对话框

（4）在【出错警告】选项卡中将【样式】设置为"警告"，将【标题】设置为"类别设置有误"，将【错误信息】设置为"类别请输入直辖市或地级市，请检查后重新输入！"，如图 6-40 所示。

（5）单击【确定】按钮关闭对话框，数据有效性设置完毕。

此时，可单击【数据工具】下拉按钮，在随即打开的下拉列表中执行【圈释无效数据】命令，系统即可将"类别"中错误的数据快速地标记出来。修改错误数据，若输入的数据不是直辖市或地级市，例如在表中"深圳"的类别输入"一线城市"，则会弹出警告对话框，如图 6-41 所示，提示输入数据无效，从而避免再次输入错误数据。

图 6-40 出错警告设置

图 6-41 输入错误数据提示

6.5.4 数据分类汇总

分类汇总，就是对数据按种类进行快速汇总。在分类汇总之前，需要对数据进行排序，让同类内容有效组织在一起。汇总结果可以是求和、平均值、方差、数值计数和最大值与最小值等。

1. 插入分类汇总

下面以分类汇总统计不同城市类别下的产业增加值求和与国内生产总值求和为例讲解。

（1）打开数据"6.5.4 示例.xlsx"，可以看出工作表"6.5.4 数据分类汇总"中【城市类别】这一列没有排序。首先，对【城市类别】进行排序。选中需要排序的数据域，选择【数据】选项卡，从"排序"组下拉菜单中单击【升序】按钮，完成排序。

（2）选中需要插入的分类汇总内容，在【数据】选项卡中单击【分类汇总】按钮，即可弹出"分类汇总"对话框。

（3）在对话框中选择分类字段为"城市类别"，选择汇总方式为"求和"，勾选【替换当前分类汇总，每组数据分页，汇总结果显示在数据下方】，单击"确定"按钮，完成分类汇总。同理，在分类汇总对话框的分类字段选项选择"行政区类别"，即可统计表中地级市和直辖市的个数。

2. 删除分类汇总

如果希望删除分类汇总，恢复原数据表，可以在已进行了分类汇总的数据区域中单击任一单元格，单击【数据】选项卡【分级显示】功能区中的"分类汇总"按钮，在弹出的【分类汇总】对话框中单击"全部删除"按钮。

6.5.5　数据合并计算

在日常工作中，经常需要将一些相关数据合并在一起。WPS 表格有一个【合并计算】功能，对解决这类汇总多个格式一致的数据是非常方便的。

合并计算就是把一个表格或多个表格中相同字段的数据运用相关函数（如求和、求平均值等）进行运算，并创建合并表格。

1. 单表格的合并计算之求和

根据数据工作表"6.5.5 数据合并计算"，如果要统计每个活动大类下不同性别人员的主要活动平均时间，操作步骤如下。

注意：用合并计算统计数据时，首先要选择一个放置统计结果的单元格，并选中这个单元格。

（1）打开数据文件"6.5.5 示例.xlsx"，找到工作表"6.5.5 数据合并计算"，将结果放置在 E1 单元格，选中 E1 单元格，单击【数据】选项卡中的【合并计算】按钮，打开"合并计算"对话框。

（2）在"合并计算"对话框中设置，如图 6-42

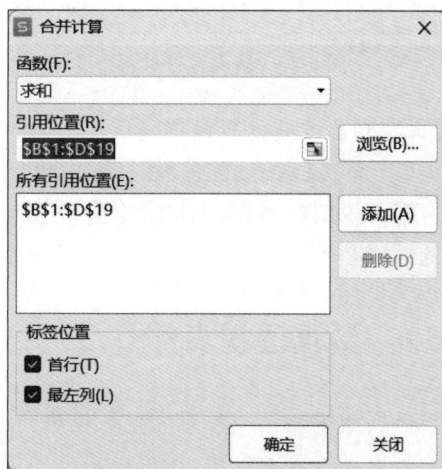

图 6-42　"合并计算"对话框

所示。

① 在【函数】一栏中，将合并计算方式选择为"求和"。

② 在【引用位置】下方空白框内输入【＄B＄1：＄D＄19】，单击右侧的【添加】按钮，【'6.5.5 数据合并计算'!＄B＄1：＄D＄19】被添加到【所有引用位置】下方空白框内。

③ 由于需要显示列名"活动大类"和上方字段名称，所以在【标签位置】下方勾选【首行】和【最左列】。

（3）单击【确定】按钮，完成数据合并计算。

注意：合并计算放置结果区域左上角字段是空着的，只需要添上【活动大类】字段即可。

另外，合并计算不仅能进行求和计算，还能进行计数、平均值、最大值、最小值、乘积……的数据统计。

2. 多工作表合并计算

合并计算不仅仅适合单工作表的运用，还适合将多个工作中的数据合并在一起。

下面以两张工作表（6.5.5 数据合并计算、6.5.5 数据合并计算 2）为例，需要统计出两张工作表中每个活动大类下的居民主要活动平均时间的求和值，并将结果放置在第三个工作表的 A1 单元格中。操作步骤如下。

图 6-43　多表合并计算

（1）打开数据文件"6.5.5 示例.xlsx"，选中新工作表（如 sheet1）的 A1 单元格，然后单击【数据】→【合并计算】命令，打开"合并计算"对话框，如图 6-43 所示，进行如下设置。

① 在【函数】一栏中选择【求和】。

② 在【引用位置】下方空白框内录入【'6.5.5 数据合并计算'!＄B＄1：＄D＄19】，也可以直接通过鼠标选择数据，单击右侧的【添加】按钮。然后录入【'6.5.5 数据合并计算 2'!＄B＄1：＄D＄19】，再次单击【添加】按钮。

③ 由于需要显示列名"活动大类"和上方字段名称，所以在【标签位置】下方勾选【首行】和【最左列】，合并计算设置完成。

（2）单击【确定】按钮，然后左上角单元格即 A1 单元格添上【活动大类】字段即可。

需要说明的是，多工作表合并计算不需要名称顺序完全相同。例如在本例中，员工姓名的顺序是不同的。

6.5.6　数据透视表/图

数据透视表是一种对大量数据进行快速汇总和建立交叉列表的交互式表格，可以对表格数据进行深入分析，还可以根据使用者的习惯和分析要求对数据表的重要信息进行汇总和作图。利用数据透视表时，数据源表中的首行必须有列标题。

1. 创建数据透视表

从基本的操作层面来说，获得了数据源之后，可以通过简单的插入功能和拖动命令生成一份数据透视表。创建一个新表格时，首先要确定最后的表格的行、列分别记录什么数据。每个字段都可以分别作为"列"和"数值"来使用，下面以文件"6.5.6 示例.xlsx"为例讲解创建数据透视表，操作步骤如下。

（1）打开文件"6.5.6 示例.xlsx"，找到工作表"6.5.6 数据透视表"，单击任意一个单元格，选择【插入】→【数据透视表】命令，如图6-44所示。

（2）弹出【数据透视表】对话框，如图6-45所示，主要是设置数据表的区域及新建透视表的位置，系统会默认选取整个数据表的区域，作为创建透视表的数据源。数据透视表默认创建在新工作表中，用户可根据需要修改，修改完后单击【确定】按钮，得到图6-46所示的界面。

图 6-44 数据透视表路径

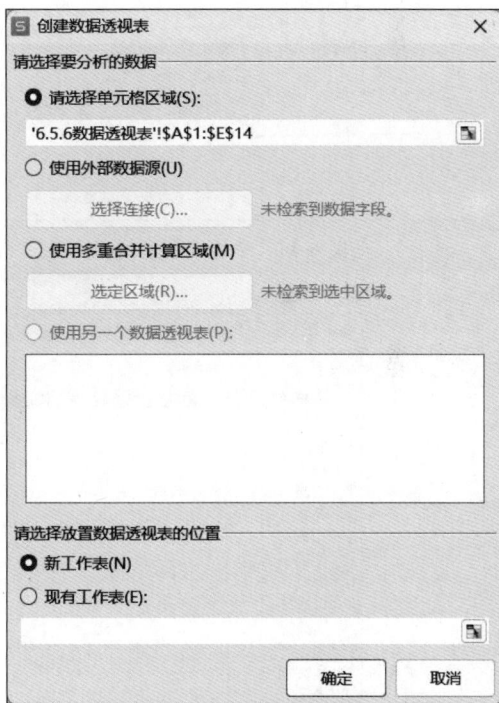

图 6-45 "数据透视表"对话框

（3）如图6-47所示，选取行标签为"国家"，将"奖牌总数""金牌数量""银牌数量""铜牌数量"放在数值区域。

（4）数透视表的显示结果如图6-48所示。

2. 插入切片器

（1）选择【数据透视表工具】中的【选项】命令，单击"插入切片器"按钮 ▤，如图6-49所示。

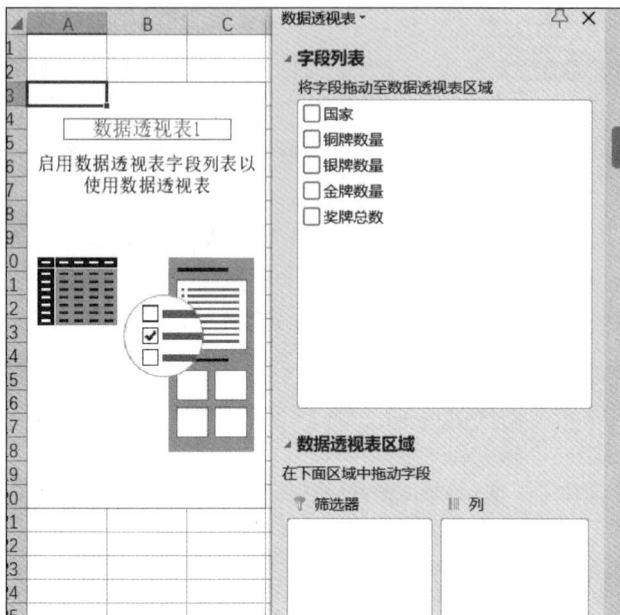

图 6-46　空的数据透视表

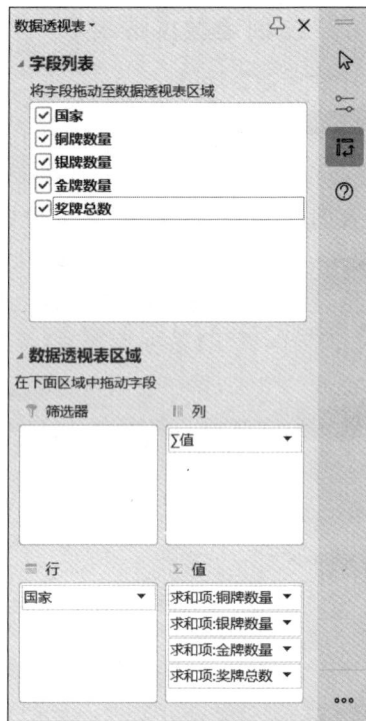

图 6-47　选取显示字段和数值

图 6-48　数据透视表结果

	A	B	C	D	E
1					
2					
3	行标签	求和项:奖牌总数	求和项:金牌数量	求和项:银牌数量	求和项:铜牌数量
4	奥地利	18	7	7	4
5	德国	27	12	10	5
6	俄罗斯	32	6	12	14
7	法国	14	5	7	2
8	荷兰	17	8	5	4
9	加拿大	26	4	8	14
10	美国	25	8	10	7
11	挪威	37	16	8	13
12	日本	18	3	6	9
13	瑞典	18	8	5	5
14	瑞士	14	7	2	5
15	意大利	17	2	7	8
16	中国	15	9	4	2
17	总计	278	95	91	92

图 6-49　插入切片器

（2）在弹出的【插入切片器】对话框中勾选"国家""金牌数量""奖牌总数"三个选项，如图 6-50 所示，单击"确定"按钮。

计算机应用基础与计算思维（第 2 版·激课视频版）

（3）WPS 表格将创建 3 个切片器,如图 6-51 所示。通过切片器可以很直观地筛选要查询的数据。

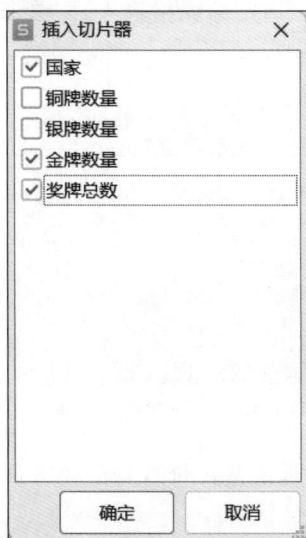

图 6-50　"插入切片器"对话框

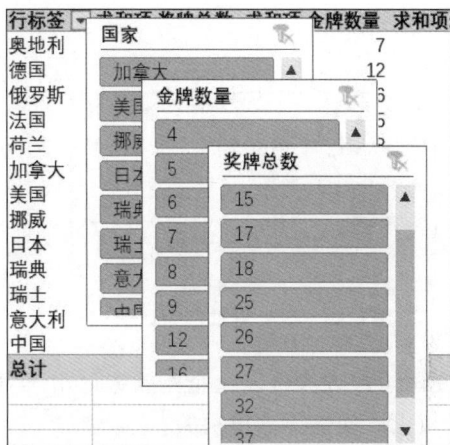

图 6-51　切片器显示结果

3. 关闭切片器

（1）单击清除筛选器按钮 或按【Alt＋C】组合键即可关闭切片器。

（2）如果要删除切片器,选择某个切片器,按【Delete】键即可。

6.5.7　模拟分析和运算

模拟运算表是将工作表的一个单元格区域的数据进行模拟计算,测试使用一个或两个变量对运算结果的影响。在 WPS 表格中,用户可以构造两种模拟运算表,分别为单变量模拟运算表和规划求解。

1. 单变量求解

单变量求解是根据给定公式计算结果计算公式的变量值,也就是求解一元方程式的变量。下面以税款缴纳"6.5.7 单变量求解"为例讲解单变量求解,操作步骤如下。

（1）打开 WPS 表格文件"6.5.7 示例.xlsx",找到工作表"6.5.7 单变量求解"。

（2）设置公式。在 B5 中输入"＝B4－B3",在 B7 中输入"＝B2＊B5＊B6",在 B9 中输入"＝B8＊B2",在 B10 和 D5 中都输入"＝B7＋B9＋B2",设置公式如图 6-52 所示。

图 6-52　单变量求解数据

（3）单击"数据"选项卡→"模拟分析"→"单变量求解"命令，弹出"单变量求解"对话框如图 6-53 所示。目标单元格即"缴纳总额"，输入"＄B＄10"，目标值假设为"20000"，可变单元格即要求解的值，输入"＄B＄2"（可以直接用鼠标选定单元格输入）。单击【确定】按钮，单变量求解结果如图 6-54 所示。

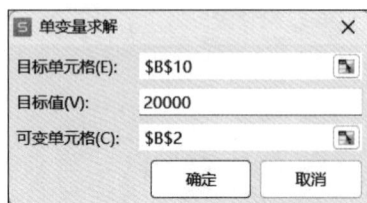

图 6-53　单变量求解对话框

图 6-54　单变量求解结果

单变量求解方法可以让企业能够运用 WPS 表格工具快速评价自身的税务风险和财务风险，根据不同情况做出决策。

2. 规划求解

使用"规划求解"查找一个单元格（称为目标单元格）中公式的优化（最大、最小或指定目标值），受限于工作表上其他公式单元格的值。"规划求解"与一组用于计算目标和约束单元格中公式的单元格（称为决策变量或变量单元格）一起工作。例如，运用规划求解计算出所有可能方案中的最优组合，操作步骤如下。

（1）打开"6.5.7 示例.xlsx"，找到工作表"6.5.7 规划求解"，使用规划求解计算出每种产品分别生产多少才能得到最高产量（销售金额），要求每种产品不得低于最低要求产量，如图 6-55 所示。

图 6-55　规划求解原始数据

（2）设置公式。在 F2 中设置公式为"＝B2＊E2"，F3、F4 以此类推，在 G2 中设置公式为"＝C2＊E2"，G3、G4 以此类推。设置公式如图 6-56 所示。

（3）选择【数据】选项卡→【模拟分析】→【规划求解】，弹出【规划求解参数】对话框，如图 6-57 所示。设置目标为"＄G＄5"（目标产值的总和），通过更改可变单元格为"＄E＄2：＄E＄4"，根据题意增加约束条件为"＄E＄2：＄E＄4 ＞＝ ＄D＄2：＄D＄4""＄E＄2：＄E＄4 ＝ 整数""＄F＄5 ＜＝ ＄B＄7"，添加后单击"求解"按钮。如图 6-58 所示，在"规划求解结果"对话框中选择合适的选项，单击"确定"按钮，即可得到最佳答案。规划

▲	A	B	C	D	E	F	G
1	产品	原料消耗	销售价格	最低要求产量	目标产量	原料消耗总量	目标产值
2	型号A	3	20	300		=B2*E2	=C2*E2
3	型号B	2	13	400		=B3*E3	=C3*E3
4	型号C	4	25	280		=B4*E4	=C4*E4
5	合计					=F2+F3+F4	=G2+G3+G4
6							
7	现有原料	5000					

图 6-56 规划求解公式设置

求解结果如图 6-59 所示。

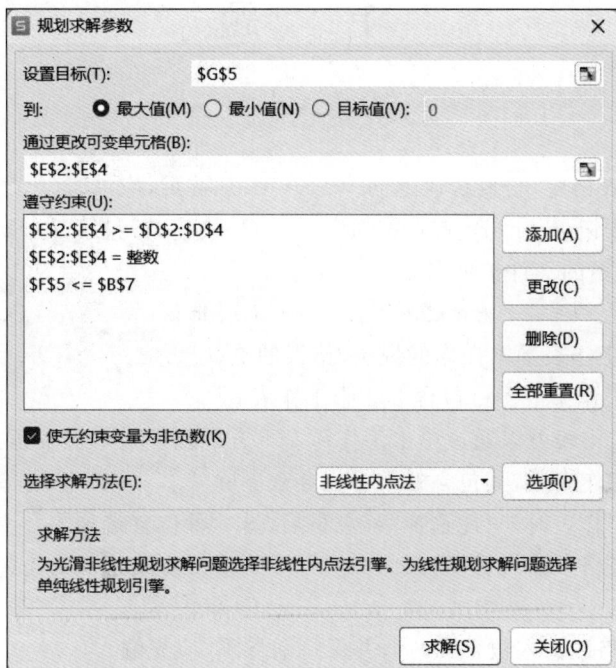

图 6-57 "规划求解参数"对话框

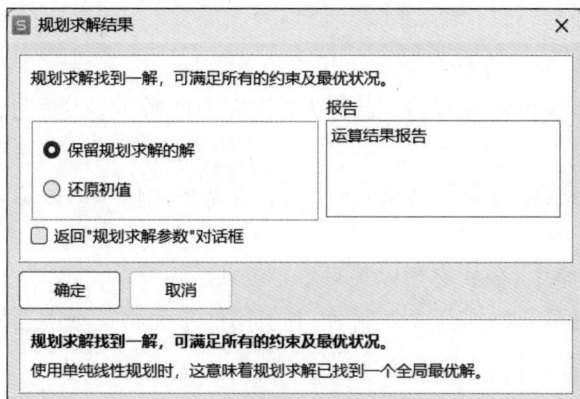

图 6-58 "规划求解结果"对话框

图 6-59　规划求解结果

	A	B	C	D	E	F	G
1	产品	原料消耗	销售价格	最低要求产量	目标产量	原料消耗总量	目标产值
2	型号A	3	20	300	1026	3078	20520
3	型号B	2	13	400	401	802	5213
4	型号C	4	25	280	280	1120	7000
5	合计					5000	32733
6							
7	现有原料	5000					

习　题

1. 选择题

(1) 在 WPS 表格中,若要快速返回 WPS Office 首页,应单击(　　)。

　　A. 文件按钮　　　　B. 首页按钮　　　　C. 快速访问栏　　　D. 功能区

(2) 新建工作簿的文件扩展名是(　　)。

　　A. .xls　　　　　　B. .xlsx　　　　　　C. .docx　　　　　　D. .pptx

(3) 下列关于工作表基本操作的说法,错误的是(　　)。

　　A. 一个工作簿最多可包含 255 张工作表

　　B. 插入工作表可以通过单击工作簿左下方的【新工作表】按钮实现

　　C. 删除工作表后,其包含的数据也会被删除

　　D. 移动工作表时,只能选择"移至最后"这一种位置选项

(4) 在 WPS 表格中输入日期"2024/5/1",下列输入方式正确的是(　　)。

　　A. 2024-5-1　　　B. 2024/5/1　　　C. 2024.5.1　　　D. 2024 5 1

(5) 要在单元格中输入数字"001",并保持前导零,应先输入(　　)。

　　A. 单撇号"'"　　　B. 双撇号"''"　　　C. 等号"="　　　D. 加号"+"

2. 判断题

(1) WPS 表格中的填充柄只能用于填充等差数列。　　　　　　　　　　　　　(　　)

(2) 设置工作表保护密码后,若要修改工作表中的数据,必须先撤销工作表保护,并输入密码。　　　　　　　　　　　　　　　　　　　　　　　　　　　　　　　　　(　　)

(3) 使用条件格式设置单元格格式时,只能根据单元格中的数值大小来设置格式。
　　　　　　　　　　　　　　　　　　　　　　　　　　　　　　　　　　　　(　　)

(4) 在 WPS 表格中,公式必须以等号"="开头。　　　　　　　　　　　　　　(　　)

(5) 绝对引用的单元格在公式复制时,其引用的单元格位置不会发生变化。　　(　　)

3. 简答题

(1) 简述 WPS 表格工作界面的主要组成部分及其功能。

(2) 说明在 WPS 表格中插入新工作表的两种方法。

　　计算机应用基础与计算思维(第 2 版 · 微课视频版)

（3）如何在 WPS 表格中设置打印区域和打印标题？

（4）举例说明相对引用、绝对引用和混合引用在公式中的应用。

4. 操作题

（1）打开一个已有的工作簿，要求完成以下操作：

- 为该工作簿设置打开文件密码和修改文件密码。
- 插入一张新的工作表，并将其重命名为"数据分析"。
- 在"数据分析"工作表中，输入一组日期数据，从 2024 年 1 月 1 日开始，每隔一天一个日期，共输入 10 个日期。

（2）创建一个新的工作簿，如图 6-60 所示，输入以下数据。

A	B	C
1	2	3
4	5	6
7	8	9

图 6-60　工作簿数据

要求：

- 在 D1 单元格中输入公式，计算 A1:C1 单元格区域中数值的总和。
- 将 D1 单元格中的公式向下填充至 D3 单元格，计算每行数值的总和。
- 设置 A1:C3 单元格区域的数字格式为"货币"，货币符号为"￥"，小数点后保留 2 位。

（3）根据以下数据绘制一个柱形图，如图 6-61 所示。

产品名称	销售量
产品 A	100
产品 B	150
产品 C	120
产品 D	180

图 6-61　工作簿数据

要求：

- 将图表插入到新的工作表中。
- 设置图表标题为"产品销售量柱形图"。
- 为图表添加图例，图例位置在图表的右侧。

第 7 章 WPS 演示

学习目标：

➤ 学习演示文稿的创建、编辑、格式化操作等基础知识。

➤ 掌握在演示文稿中插入文本、剪贴画、智能图形、表格、公式等元素的方法。

➤ 学习幻灯片放映的切换方式、动画效果、超链接以及放映控制等操作。

➤ 了解使用 WPS 演示录制微视频的方法，为演示增色。

7.1 WPS 演示概述

7.1.1 认识 WPS 演示

WPS 演示是金山软件公司推出的 WPS Office 2019 办公软件套件中的一个核心组件，它集成了极其丰富的功能，为用户提供了便捷、高效的方式来创建和编辑演示文稿。利用 WPS 演示，用户可以轻松结合文本、图形、高质量图像、音频文件、视频片段、动画效果以及更多创意元素，设计出既专业又具视觉冲击力的演示内容。这一工具在演讲、教学活动、产品展示、广告宣传以及各类学术交流场合中均得到了广泛应用。WPS 演示制作的演示文稿文件默认保存为 PPTX 格式，同时也支持导出为 PDF、GIF 等多种文件格式，以满足不同场景下的分享与展示需求，这种灵活性使得 WPS 演示成为一个强大的多媒体演示解决方案。

7.1.2 WPS 演示窗口

启动 WPS 演示后，即可看到窗口左栏显示 WPS 演示配套模板的种类，右栏显示相应 WPS 演示的配套模板，左上角显示登录用户信息。

单击"新建空白文档"按钮，进入 WPS 演示程序主界面。如图 7-1 所示，WPS 演示工作界面由快速访问工具栏、标题栏、功能区、幻灯片/大纲窗格、编辑区、备注窗格和状态栏等组成。

① 快速访问工具栏：该工具栏位于工作界面的上方，包含一组用户使用频率较高的工具，如【保存】【撤销】【恢复】和【打印】等快捷按钮。单击"快速访问工具栏"的倒三角按

标题栏　　　　快速访问工具栏

幻灯片/
大纲窗格

空白演示
单击输入您的封面副标题

编辑区

备注窗格　　　　状态栏

图 7-1　WPS 演示工作界面

钮,可以在展开的列表中选择要显示或隐藏的工具按钮。

②标题栏:位于界面的最上方,用于显示当前演示文稿的名称,并允许用户单击"＋"号新建文档,或通过标题栏快速切换已打开的文档。

③幻灯片/大纲窗格:位于演示文稿编辑区的左侧,用于显示演示文稿的幻灯片数量及位置。视图窗格中默认显示的是"幻灯片"选项卡,它在该窗格中以缩略图的形式显示当前演示文稿中的所有幻灯片,以便查看幻灯片的设计效果。"大纲"选项卡中以大纲视图的形式列出当前演示文稿中的所有幻灯片。

④状态栏:位于工作界面的左下角,用于显示文档页面、字数、主题、语言等信息。

⑤备注窗格:备注窗格位于工作界面的下方,供演讲者记录幻灯片的注释、讲解思路等信息。制作时可梳理内容,演示时开启演讲者视图,能辅助演讲者更好地讲解。

7.1.3　WPS 演示视图方式

WPS 演示提供了 6 种视图方式,每种方式都有特定的应用场景。WPS 演示默认呈现幻灯片视图,用户可以在"视图"选项卡中轻松切换这些视图,以满足不同的编辑和展示需求。

7.1.4　演示文稿的基本操作

演示文稿的基本操作主要包括以下几种。

(1)创建:通过新建文档功能开始制作新的演示文稿。

(2)保存:利用快速访问工具栏或文件菜单保存演示文稿。

（3）关闭：通过文件菜单或关闭按钮关闭当前演示文稿。

（4）幻灯片操作：包括插入、删除、复制、移动幻灯片等基本操作，可通过右击弹出的快捷菜单或功能区中的相应按钮完成。

7.2 演示文稿的编辑

7.2.1 新建演示文稿

使用 WPS 演示新建演示文稿，可以通过新建空白演示文稿、根据模板、根据主题、根据现有演示文稿这 4 种方式创建。下面介绍新建空白演示文稿之外的操作步骤。

1. 根据模板新建演示文稿

模板是事先设计好的演示文稿样本，如相册、培训、宣传手册、项目状态报告等。样本中设置好了各幻灯片的版式和外观样式，用户可以方便地使用这些模板创建类似的演示文稿。WPS 演示中包含大量联机模板，设计不同类别的演示文稿时可以使用，既美观漂亮，又节省了很多时间。

（1）在搜索框中输入联机模板或主题名称"教育"，然后单击"搜索"按钮，即可快速找到所需的模板或主题，在界面右上角，还可根据自身需求快速对搜索结果进行排序，操作便捷高效，如图 7-2 所示。

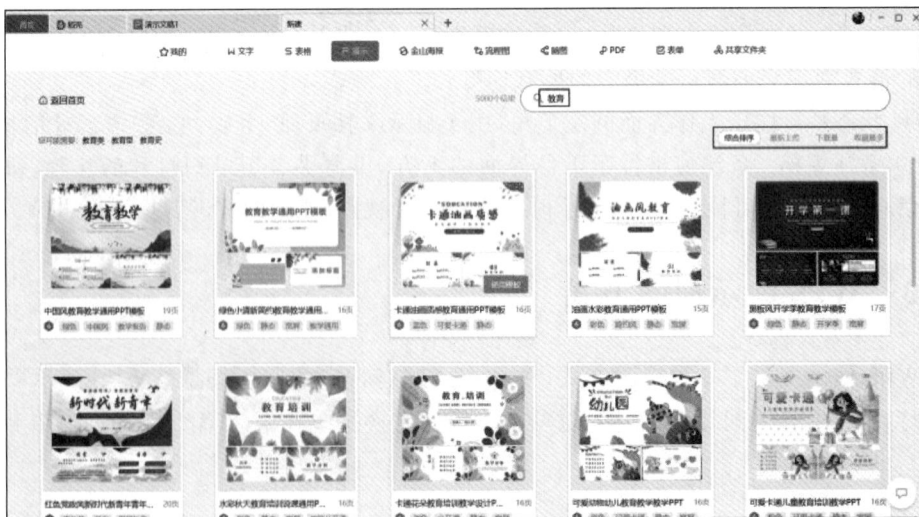

图 7-2　教育模板列表

（2）找到需要使用的联机模板后，单击即可弹出模板预览界面，再单击"创建"按钮，如图 7-3 所示。

（3）创建演示文稿。下载联机模板，使用该模板创建演示文稿，如图 7-4 所示。

图 7-3　模板预览界面

图 7-4　演示文稿页面

2. 使用主题方式新建演示文稿

选择【设计】选项卡，使用 WPS 演示事先设计好的一组主题，即演示文稿的样式框架，包括母版、背景、配色、文字格式等，用户可以根据自己的喜好选取主题，一个演示文稿可以选取一个或多个主题。此外，用户还可以单击"更多设计"命令引用外部主题。

3. 使用现有演示文稿方式新建演示文稿

可以根据现有演示文稿的风格快速创建一个新的演示文稿，新建演示文稿的风格和现有的演示文稿一样，修改相关内容即可完成。

7.2.2　插入与删除

在演示文稿中可以实现对幻灯片的【插入】和【删除】操作。

1. 插入幻灯片

新建一个演示文稿,默认方式下只有一张标题幻灯片。若需要添加其他内容的幻灯片,有以下几种方式插入新的幻灯片。

(1)将光标定位至要插入幻灯片的位置,选择【开始】选项卡,单击【新建幻灯片】按钮,在弹出的幻灯片版式列表中选择一种版式,在当前幻灯片后插入指定版式的新幻灯片。新建的幻灯片即显示在左侧的【幻灯片/大纲浏览窗口】中。

(2)在左侧【幻灯片/大纲窗格】的空白位置处右击,在弹出的快捷菜单中选择【新建幻灯片】命令,即可在当前位置插入一张新的幻灯片。

2. 删除幻灯片

在左侧的【幻灯片/大纲窗格】中选取一张幻灯片,或按住【Ctrl】键同时选中多张幻灯片,按【Delete】键即可删除选中的幻灯片;也可以选中要删除的幻灯片并右击,在弹出的快捷菜单中选择【删除幻灯片】选项。

7.2.3　复制和移动

在演示文稿中可以实现对幻灯片的【复制】和【移动】操作。

1. 复制幻灯片

复制幻灯片可以快速创建相同的幻灯片,减少重复的操作。用户可通过以下两种方法复制幻灯片。

(1)在左侧的【幻灯片/大纲浏览窗口】中选取一张或几张幻灯片,按住【Ctrl】键,拖动幻灯片到目标位置后,松开左键再放开【Ctrl】键,即可将幻灯片复制到要粘贴的位置。

(2)在左侧的【幻灯片/大纲浏览窗口】中选取一张或几张幻灯片,右击,在弹出的快捷菜单中选择【复制】或按【Ctrl+C】组合键,然后在目标位置右击,在弹出的快捷菜单中选择【粘贴】或按【Ctrl+V】组合键,即可将幻灯片复制到目标位置。

提示:选择【复制幻灯片】菜单命令可直接在所选幻灯片下方生成一模一样的幻灯片。

2. 移动幻灯片

在左侧的【幻灯片/大纲浏览窗口】中单击一张幻灯片,或按【Ctrl】键同时选择几张幻灯片,拖动幻灯片到目标位置,即可实现幻灯片的移动操作。另外,通过【剪切】和【粘贴】的方式也可以实现移动幻灯片操作。

7.2.4　改变版式

在普通视图方式下,选择需要改变版式的幻灯片,单击【开始】选项卡【版式】组中的【版式】按钮,打开"版式"下拉列表,选择需要的版式。

7.2.5　修改主题样式

如果对内置的【主题】不满意,可以通过修改其主题来个性化演示文稿。

7.2.6　更改背景

在演示文稿中更改幻灯片背景颜色或图案,操作步骤如下。

① 在【设计】选项卡中单击【背景】按钮,在打开的下拉菜单中单击【背景】选项,侧栏出现【对象属性】对话框,单击【填充】→【渐变填充】→【渐变样式】→【角度】按钮,用户可进行调整设置,还可以单击【图片或纹理填充】→【图片填充】按钮,在弹出的对话框中浏览并选择本机文件中的一个图片作为背景填充。

② 单击右上角的【关闭】按钮,则背景设置应用于当前幻灯片上。若单击左下角的【全部应用】按钮,则背景设置应用到整个演示文稿。若单击【重置背景】按钮,则取消此次的背景设置。

7.2.7　保存演示文稿

制作好的演示文稿应及时保存在计算机中,且根据需要选择不同的保存方式,以满足实际需求。此处的基本保存操作不再赘述。下面介绍将演示文稿保存为模板和自动保存演示文稿等的操作。

1. 将演示文稿保存为模板

将演示文稿保存为模板,可以提高制作同类演示文稿的速度,选择【文件】→【保存】命令,单击【浏览】按钮,打开【另存为】对话框,设置必需的保存条件后,单击【保存】按钮即可。

2. 自动保存演示文稿

在制作演示文稿的过程中,可以设置演示文稿定时保存,即指定自动保存时间间隔,避免因意外情况导致文件丢失等情况。操作方法为:单击【文件】选项卡,单击左侧最下方的【选项】命令,在打开的对话框中进行设置。

7.3　插入元素操作

7.3.1　输入文本

文本框是一个对象,在其中可以输入文本。下面主要介绍在文本占位符及文本框中输入文字的方法。

1. 在文本占位符中输入文本

在普通视图中,幻灯片会出现"单击此处添加标题"或"单击输入你的封面副标题"等提示文本框。这种文本框统称为"文本占位符"。在文本占位符中输入文本是最基本、最方便的一种输入方式。

2. 在文本框中输入文本

幻灯片中【文本占位符】的位置是固定的,如果想在幻灯片的其他位置输入文本,可以通过绘制一个新的文本框来实现。插入和设置文本框后,就可以在文本框中输入文本了。

（1）新建一个空白文本框。

单击【插入】选项卡中【文本组】按钮的下拉按钮,在弹出的下拉菜单中选择【横向文本框】或【竖向文本框】选项,然后将光标移到幻灯片中。当光标变为向下的箭头时,拖动即可创建一个新的文本框。此外,还有一些预先设定格式的文本框可供用户选择。

（2）在文本框中输入文字。

这里输入"冬奥会基本简介"的文本。若文本框太小,可以拖动文本框四周的控制点调整。

提示：在【文本格式】选项卡下单击文本框右下角的小箭头展开可以进行文本框的修饰。在【形状选项】组的【大小与属性】中可以精确调整文本框的高度和宽度。

7.3.2　插入图片

在 WPS 演示中插入合适的图片,不仅能使制作的幻灯片更生动、形象、美观,还能起到画龙点睛的作用。在 WPS 演示中有多种插入图片的方式,如插入本地图片、联机图片、使用占位符中的图片按钮插入图片,甚至还可以直接复制图片,将其粘贴至幻灯片页面中。下面介绍几种常用的插入图片方式。

1. 插入本地图片

（1）打开素材"冬奥会 7.3.1.pptx",新建一张【空白幻灯片】后单击【插入】选项卡中的【图片】按钮,可以实现插入本地图片、分页插图和手机传图等操作。

（2）在弹出的【插入图片】对话框中选择需要插入的本地的图片"冰墩墩和雪容融.

计算机应用基础与计算思维(第 2 版·微课视频版)

jpeg"，单击【插入】按钮即可实现插入图片操作。

　　提示：还可以单击【插入】选项卡中的【更多】下拉按钮，选择【截屏】选项，可按需求进行截图，如图7-5所示，操作方法与插入本地图片类似，这里不再赘述。

图7-5　截屏按钮

2. 插入联机图片

　　除了插入本地图片外，还可以通过插入联机图片的方式在网络中搜索图片插入PPT中，操作步骤如下。

　　（1）打开素材文件"冬奥会7.3.1.pptx"，单击【插入】选项卡中的【图片】功能按钮，可在下面的搜索框中搜索想要的联机图片。

　　（2）在搜索框内输入要插入的图片关键词，这里搜索"北京冬奥会"，单击"搜索"按钮进行搜索，结果如图7-6所示。

图7-6　搜索结果页面

　　（3）在搜索结果中选择所需的图片，单击图片即可实现插入图片操作。

3. 利用占位符插入图片

在【标题和内容】【两栏内容】【比较】【内容与标题】【图片与标题】等幻灯片版式中，可以直接单击文本占位符中的【图片】按钮插入图片。

（1）新建一张"标题和内容"幻灯片页面。

（2）单击文本占位符中的【图片】图标。

（3）弹出【插入图片】对话框，从中选择需要插入的图片文件。插入后的效果如图 7-7 所示。可以为这页幻灯片添加一个小标题，以增强内容的明确性。

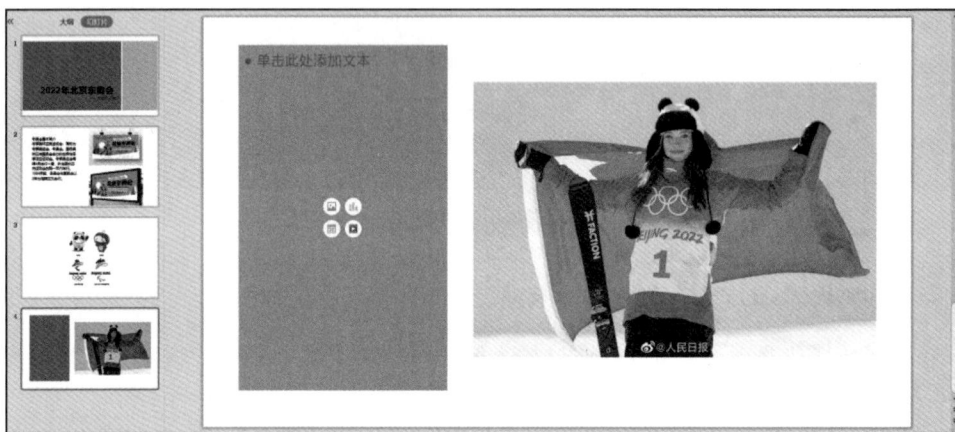

图 7-7　插入图片效果

7.3.3　插入绘制图形

WPS 演示图形绘制功能十分强大，用户可以绘制各式各样的图形，以满足使用需要。

（1）打开素材"冬奥会 7.3.1.pptx"，在 7.3.2 节基础上继续制作本节内容。选中第 4 页幻灯片，单击【开始】选项卡中的【形状】按钮的下拉按钮，在弹出的下拉菜单中选择形状。

（2）当鼠标指针在幻灯片中的形状显示为【＋】时，可在幻灯片空白位置处单击，拖动到适当位置，还可以调整图形的旋转角度。图 7-8 显示了插入心形、五角星、太阳等形状后的效果。

7.3.4　插入图形

智能图形是信息和观点的视觉表示形式。可以从多种不同布局中选择来创建智能图形，幻灯片中加入智能图形（包括以前版本的组织结构图）可使版面整洁，便于表现系统的组织结构形式。创建智能图形时，系统会提示选择一种类型，如【列表】【流程】【层次结构】【关系】等，每种类型包含几种不同布局。

（1）打开素材"冬奥会 7.3.3.pptx"。

图 7-8　效果图

（2）在最后新建一张空白幻灯片，单击【插入】选项卡下的【智能图形】按钮，如图 7-9 所示。在弹出的【智能图形】对话框中单击【列表】区域所需的图形，预览后单击"立即使用"，即可实现创建智能图形的功能。

图 7-9　插入智能图形

（3）输入文本内容及图片。

按回车键可以新增智能图形。其余步骤与前面叙述相同，此处不再赘述，效果如图 7-10 所示。

图 7-10　插入智能图形效果图

7.3.5　插入艺术字

利用 WPS 演示的艺术字功能插入装饰文字,可以创建带阴影的、扭曲的、旋转的和拉伸的艺术字。

(1) 打开素材"冬奥会 7.3.3.pptx"。

打开第 5 页幻灯片,选择【插入】选项卡,插入文本框,在【文本工具】功能组中单击"艺术字"右下角的展开按钮,展开"艺术字"下拉列表,选择一种艺术字样式。

(2) 选择并插入艺术字。

单击艺术字样式(图 7-11),输入要编辑的艺术字文本内容,这里输入"冬奥会的冰上项目"文本。在【绘图工具】功能区调整文本框的位置、文本字体大小及字体样式、文本框的样式等(图 7-12),艺术字最终效果如图 7-13 所示。

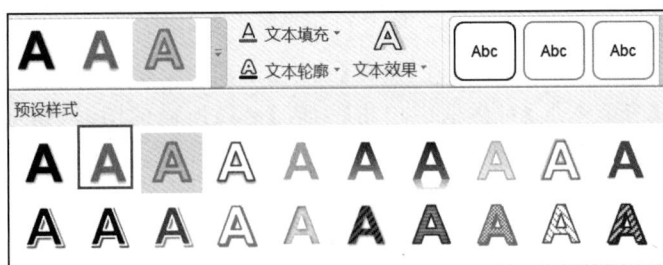

图 7-11　艺术字样式

图 7-12　【绘图工具】功能区

图 7-13　艺术字效果图

7.3.6　插入图表

WPS 演示直接利用"图表生成器"提供的各种图表类型和图表向导创建具有复杂功能和丰富界面的各种【图表】来增强演示文稿的演示效果。有图表占位符的单击图表占位符，或在"插入"选项卡中单击【图表】按钮，均可启动应用程序插入图表对象。

以图 7-14 所示的奖牌榜为例制作图表。

（1）打开素材"冬奥会 7.3.3.pptx"。

在 7.3.5 节的基础上继续制作本节内容。在最后新建一张空白幻灯片。选择【插入】→【插图】→【图表】命令。弹出【插入图表】对话框，单击【柱形图】→【簇状柱形图】→【确定】按钮。

（2）根据图 7-14 奖牌榜输入数据。

在幻灯片编辑区插入所选图表，同时弹出 Excel 表格，这里输入奖牌榜前三名国家的获奖数据，输入完后关闭 Excel 表格，如图 7-15 所示。

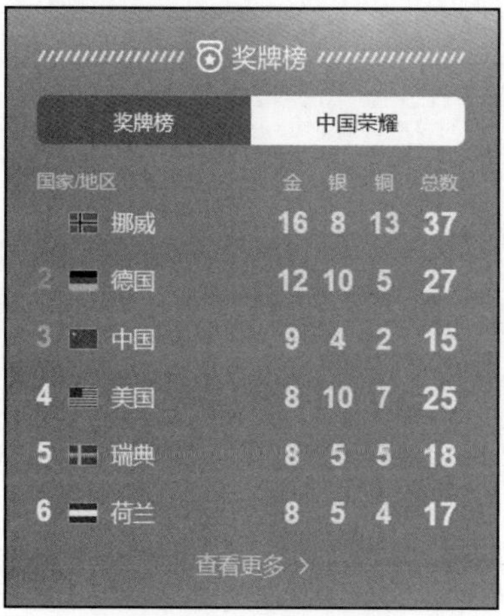

图 7-14　奖牌榜

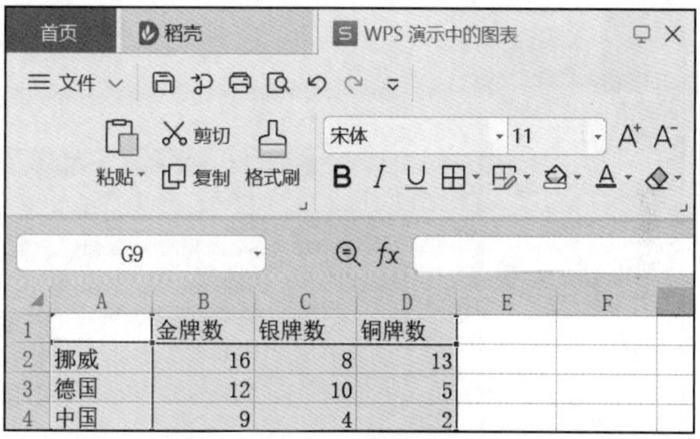

图 7-15　Excel 表格编辑页面

（3）修改标题为"奖牌榜前三名的国家的获奖数据"，最后效果如图 7-16 所示。

提示：有【图表工具】和【文本工具】两部分，可以对图表进行相关修改和设置。

7.3.7　插入表格

在幻灯片中插入表格有 4 种方法：利用菜单命令插入、利用对话框插入、手动绘制表格和利用占位符插入。

以图 7-16 奖牌榜为例制作表格。

（1）打开素材"冬奥会 7.3.6.pptx"，在最后新建一张空白幻灯片。

（2）利用菜单命令插入表格，操作步骤为：单击【插入】选项卡中的【表格】按钮，在插入表格区域选择要插入表格的行数和列数。这里根据奖牌榜前六名国家的获奖数据制

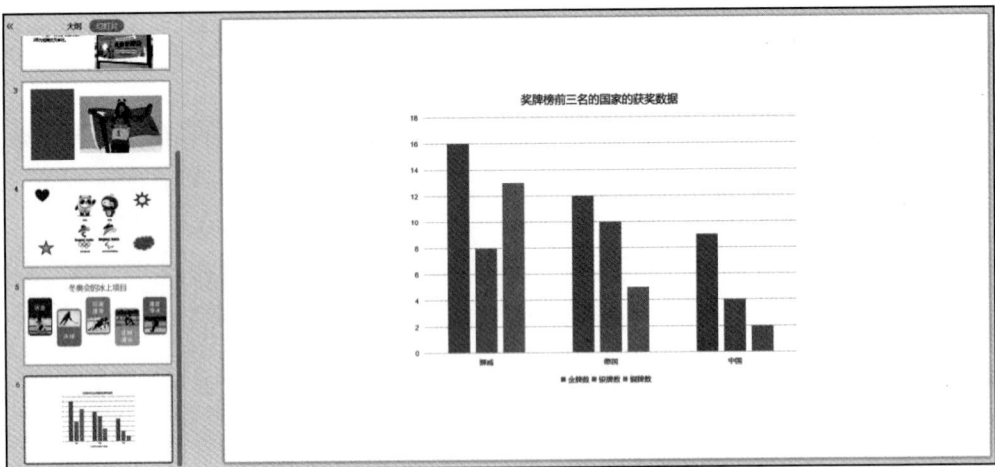

图 7-16　效果图

表,设置为 7 行 5 列。

（3）输入表格数据,效果如图 7-17 所示。

图 7-17　效果图

（4）在幻灯片编辑区插入所需表格,同时在选项卡功能区出现【表格工具】和【表格样式】选项卡,可对表格进行相关设置。

7.3.8　插入多媒体信息

1. 插入音频

单击【插入】选项卡中的【音频】按钮,在弹出的下拉列表中选择【嵌入音频】【链接到音频】等选项。选取【嵌入音频】选项,弹出【插入音频】对话框,选取音频文件,单击【插入】按钮,幻灯片上将显示一个表示音频文件的图标,同时选项卡功能区显示【音频工具】,单击其中的【格式】【播放】按钮,对音频播放进行相关设置,如图 7-18 所示。

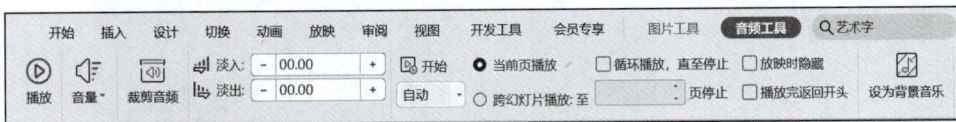

图 7-18 【音频工具】页面

插入的音频文件可以设置为在显示幻灯片时自动开始播放、在单击鼠标时开始播放或按单击顺序依次播放演示文稿中的所有幻灯片,甚至可以循环连续播放媒体,直至停止播放。

① 自动播放:勾选【放映时隐藏】复选框,当放映到此张幻灯片时,音频图标自动隐藏,插入的音频文件将自动开始播放,切换到下一张幻灯片时,音频文件停止播放。

② 单击时播放:当放映到此张幻灯片时,单击音频图标,插入的音频文件将开始播放,切换到下一张幻灯片,音频文件停止播放。

③ 跨幻灯片播放:选中【跨幻灯片播放】选项,该音频文件所在幻灯片及之后的幻灯片随之一直播放声音,直至停止。

④ 放映时隐藏:勾选【放映时隐藏】复选框,可以在放映幻灯片时隐藏音频剪辑图标而直接根据设置播放。

⑤ 设置循环播放:同时勾选【循环播放,直到停止】和【播完返回开头】复选框,可以设置该音频文件循环播放。

2. 插入视频

选择【插入】选项卡,单击【视频】按钮,在弹出的下拉列表中可以选择【嵌入本地视频】【链接到本地视频】等选项。

3. 将视频插入幻灯片中

(1) 打开素材"冬奥会 7.3.6.pptx",在幻灯片最后新建一张空白幻灯片。

(2) 单击【插入】选项卡中的【视频】按钮,选择【嵌入本地视频】选项,弹出【插入视频】对话框,选择"北京冬奥会宣传片.mp4"视频文件,单击【插入】按钮,视频文件将会直接应用于当前幻灯片中,最后效果如图 7-19 所示。

7.3.9 插入其他演示文稿的幻灯片

WPS 演示在编辑某个演示文稿时,可以插入其他演示文稿中的单张、多张或全部幻灯片。WPS 没有重用幻灯片功能,直接按【Ctrl+C】组合键复制要重用的幻灯片,在另一个 PPT 中右击,在弹出的快捷菜单中的选择【带格式粘贴】选项,如图 7-20 所示(注意不要直接按【Ctrl+V】组合键粘贴),可以实现与 Office 中重用幻灯片同样的效果。

选择【幻灯片】视图列表中某张幻灯片下方(定位插入点),单击重用幻灯片列表中的

图 7-19　插入视频效果图

图 7-20　粘贴操作页面

某张幻灯片,则将此幻灯片插入到当前幻灯片的后面;这样,可以将重用演示文稿的每张幻灯片插入当前幻灯片的指定位置。

7.3.10　插入页眉和页脚

WPS的幻灯片可以插入【页眉】和【页脚】,操作步骤如下:选择【插入】选项卡,单击【页眉页脚】按钮,弹出【页眉和页脚】对话框,选择【幻灯片】选项卡,勾选【日期和时间】【幻灯片编号】【页脚】复选框,单击【应用】按钮,则当前选定的这张幻灯片显示页眉页脚;单击【全部应用】按钮,则演示文稿的所有幻灯片都显示页眉页脚;若勾选【标题幻灯片不显示】复选框,则在标题幻灯片中不显示页眉页脚。

7.3.11　插入公式

在 WPS幻灯片中可以插入公式,步骤如下:在幻灯片中先插入一个文本框,再单击【插入】→【公式】按钮,弹出公式编辑器页面,用户可以在此处自定义公式。关闭窗口后,公式以图片的形式出现在幻灯片中。

　计算机应用基础与计算思维(第2版·激课视频版)

7.3.12　插入批注

【批注】是审阅文稿时在幻灯片上插入的附注,批注会出现在黄色的批注框内,不影响原演示文稿。选取幻灯片中需要插入批注的对象,选择【审阅】选项卡,单击【插入批注】按钮,在当前幻灯片上出现批注框,在框内输入批注内容,单击批注框以外的区域即可完成输入,也可进行【编辑批注】或【删除批注】等操作。

7.4　WPS 演示文稿的放映

7.4.1　演示文稿的放映

所谓演示文稿的放映,是指连续播放多张幻灯片的过程,播放时按照预先设计好的顺序进行播放演示。一般情况下,如果对演示文稿要求不高,可以直接进行简单的放映,即从演示文稿中某张幻灯片起顺序放映到最后一张幻灯片为止的放映过程。如果为了突出重点,吸引观众的注意力,放映幻灯片时,通常要在幻灯片中使用切换效果和动画效果,使放映过程更加形象生动,实现动态演示效果。

7.4.2　设置幻灯片放映的切换方式

幻灯片的切换方式是指某张幻灯片进入或退出屏幕时的特殊视觉效果,目的是使前后两张幻灯片之间的过渡更加自然。幻灯片的切换效果是在演示期间从一张幻灯片移到下一张幻灯片时进入或退出屏幕时的特殊视觉效果。

打开演示文稿,选择【切换】选项卡,选取切换方式【百叶窗】,单击"效果选项"按钮,在下拉列表中选择【水平】效果,选择【声音】为【风铃】,【自动换片】为【01:15】,如图 7-21 所示,单击"应用到全部"按钮,则此设置细节将应用于演示文稿的每张幻灯片;否则,应用于当前所选幻灯片。

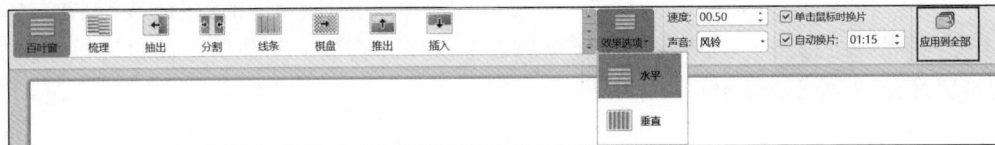

图 7-21　自定义切换操作

7.4.3　设置幻灯片的动画效果

动画效果是指在幻灯片的放映过程中,幻灯片上的各种对象以一定的次序及方式进入画面中产生的动态效果。可以将 WPS 演示演示文稿中的文本、图片、形状、表格、智慧图形和其他对象制作成动画,赋予它们进入、退出、大小或颜色变化以及自定义路径等动画效果。

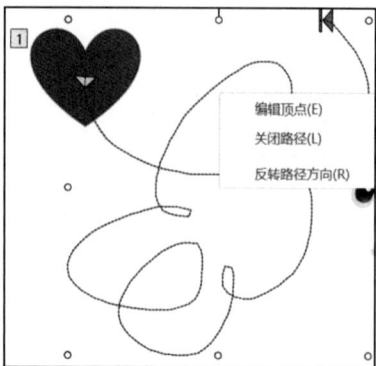

图 7-22　自定义动画路径

选定某个对象,单击"自定义路径",鼠标箭头变为笔的形状,拖动鼠标随意画直线、曲线或任意形状,选定的对象就按照用户所画的路径运动,选定路径后右击,在弹出的快捷菜单中可以编辑顶点、关闭路径、反转路径方向,如图 7-22 所示。

单击其中一个动画,弹出【动画窗格】对话框,或者选择【自定义动画】,也可以弹出【动画窗格】对话框,在其中可以设置所选对象的"属性""开始""速度"等。

7.4.4　创建超链接和动作按钮

在演示文稿中使用【超链接】功能,不仅可以在不同的幻灯片之间自由切换,还可以在幻灯片与其他 Office 文档或 HTML 文档之间切换,或指向 Internet 上的站点。通过使用超链接,可以实现同一份演示文稿在不同情形下显示不同内容的效果。

1. 创建超链接

(1) 打开素材"冬奥会 7.4.4.pptx",在第 2 张幻灯片中制作一张目录页,步骤如下。

① 设计布局:考虑目录页的布局,通常包括标题、目录项和页码(如果适用)。选择或设计一个适合目录内容的幻灯片布局。

② 添加标题:在幻灯片顶部或指定位置输入目录页的标题,如"目录"或"内容概览"。

③ 列出目录项:根据演示文稿的内容,列出主要的章节或小节标题作为目录项。每个目录项应简洁明了,能够概括对应部分的核心内容。

④ 格式化和美化:对目录页的标题和目录项进行格式化,如设置字体、字号、颜色等。考虑添加背景、边框或其他视觉效果,以提升目录页的美观度。

(2) 选取要设置超链接的文本或文本框,单击【插入】选项卡中的【超链接】按钮,选择【本文档中的位置】选项,选择需要跳转至的目标幻灯片页面。其他的页面也可以按同样的步骤设置,此处不再赘述。

2. 设置动作按钮

(1) 打开素材"冬奥会 7.4.4.pptx"。

选择某张目标幻灯片,如幻灯片 1"冬奥会简介"。单击【插入】选项卡中的【形状】下拉按钮,在形状列表【动作按钮】组中单击第 5 个按钮,如图 7-23 所示。

(2) 绘制并设置动作按钮。

光标变成十字形状,在幻灯片右下角空白处拖动,弹出【动作设置】对话框,单击【超链

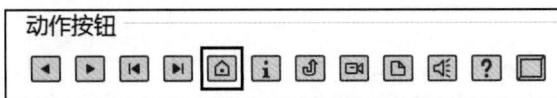

图 7-23 插入"主页"动作按钮页面

接到】→【幻灯片...】下的小箭头,选择"幻灯片 2"页(即目录页),如图 7-24 所示。

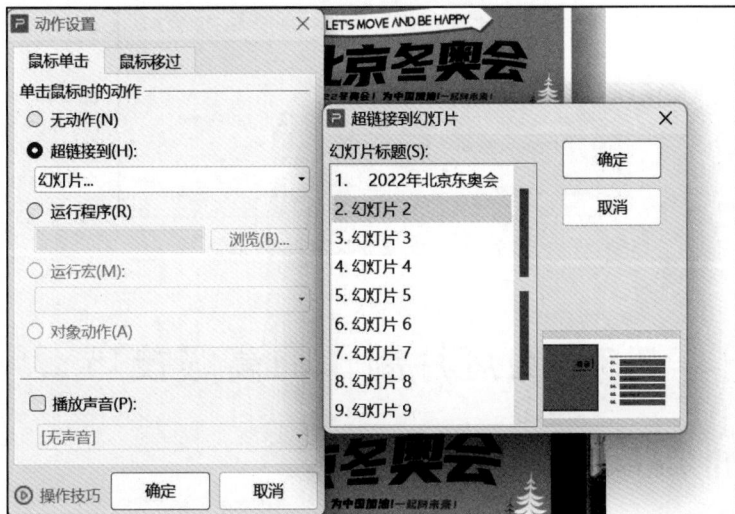

图 7-24 超链接到幻灯片

7.4.5 幻灯片的放映

制作演示文稿的最终目的就是要将制作的演示文稿展示给观众,即放映演示文稿。不同的演示环境需要不同的放映方式。操作步骤如下:选择【放映设置】→【设置幻灯片放映】选项。打开"设置放映方式"对话框,如图 7-25 所示。

① 演讲者放映(全屏幕):演讲者放映(全屏幕)是默认的放映类型,以全屏幕方式放映演示文稿,演讲者通过单击手动切换幻灯片和动画效果,演讲者具有完全控制权,也可以在放映过程中录下旁白,以备自动放映时使用。

② 展台自动循环放映(全屏幕):此类放映是最简单的一种放映方式,不需要人为控制,系统自动以全屏幕方式放映演示文稿,不能单击切换幻灯片,但可以以超链接和动作按钮来切换,按【Esc】键可结束放映。

③ 排练计时:选择【幻灯片放映】→【排练计时】选项,启动全屏幻灯片放映,每张幻灯片上所用的时间将被记录下来,保存这些计时,用于以后的自动放映演示文稿。

④ 隐藏幻灯片:选取一张或多张幻灯片,再选择【幻灯片放映】→【隐藏幻灯片】选项,则所选幻灯片不会放映出来,若再次选择【隐藏幻灯片】选项,则所选幻灯片又重新放映出来。

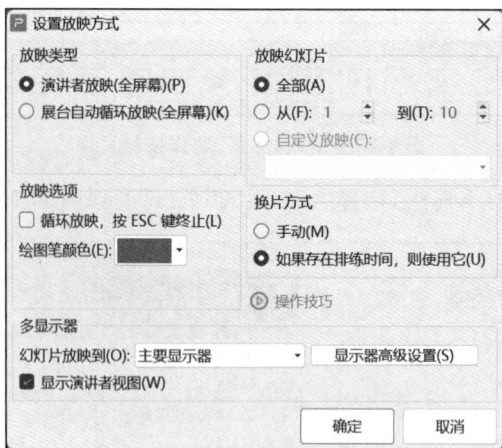

图 7-25 "设置放映方式"对话框

7.5 幻灯片制作的高级技巧

7.5.1 利用幻灯片母版制作公共元素

幻灯片【母版】是存储有关演示文稿主题和版式信息的主幻灯片,其中包括幻灯片的背景、颜色、字体、效果、占位符大小及位置等。操作方法如下:选择【视图】→【幻灯片母版】选项,显示"幻灯片母版"功能区,按需要编辑幻灯片母版,编辑完成后单击"关闭"按钮,重新回到普通视图;制作演示文稿时,常常需要在每一张幻灯片中都显示同一个对象,这可以利用幻灯片母版来实现。

7.5.2 将多个主题应用于演示文稿

如果演示文稿需要包含多个主题,则演示文稿必须包含多个幻灯片母版。每个主题与一组版式相关联,每组版式与一个幻灯片母版相关联。右击幻灯片后单击【新幻灯片母版】,随后在新母版中根据所需选定主题,即可实现在一个演示文稿中应用多个主题,如图 7-26 和图 7-27 所示。

7.5.3 演示文稿的发布

演示文稿制作完成后,根据使用需要保存并发布演示文稿,常用的发布方式如下。

1. 直接复制演示文稿

这种方法最简单方便,只需要将制作的演示文稿的整个目录复制到 U 盘即可,但需要注意以下两点。

图 7-26　新建幻灯片母版

图 7-27　新建幻灯片母版

（1）必须保证演示文稿中超链接的所有文件（如文档、音频、视频）放在演示文稿的同一目录中。

（2）确保运行该演示文稿的计算机安装的 WPS 演示版本与制作版本一致，不然可能会出现自定义动画不能正常播放的情况。

2. 打印演示文稿

选择【打印】图标，弹出打印窗口，按照需求设置相应的选项，最后单击"确定"按钮即可打印幻灯片，操作细节较为简单，不再赘述。

7.5.4　录制微视频

1. 屏幕录制

打开要录制的演示文稿，在【幻灯片放映】选项卡中选择【屏幕录制】选项，弹出录制窗口，单击"开始"按钮即可录制。

2. 创建视频

选择【文件】→【另存为】选项，单击"输出为视频"按钮，弹出【另存为】对话框，给视频文件命名，单击"确定"按钮后便可保存视频文件。

7.5.5　"节"的应用

在一个庞大的演示文稿中，幻灯片标题和编号混杂在一起，内容比较难分清楚上下文关系。在 WPS 演示中，可以使用【节】的功能组织幻灯片，就像使用文件夹组织文件一样。可以对"节"命名，分列幻灯片组。如果幻灯片制作是从空白模板开始，可以使用节来列出演示文稿的主题。既可以在幻灯片浏览视图中查看节，也可以在普通视图中查看节。

操作步骤如下：选择【开始】选项卡，在【幻灯片】功能组中选择【节】选项，弹出下拉列表,选取【新增节】选项,如图 7-28 所示。

新增节后便可在幻灯片浏览栏中看到节的创建,右击节可以给该节重命名,如图 7-29
所示。

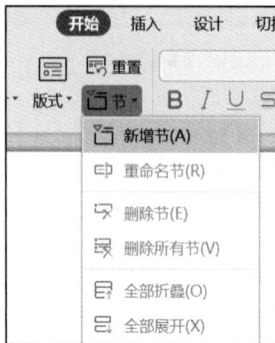

图 7-28　单击【新增节】选项

图 7-29　重命名节

习　　题

1. 选择题

(1) WPS 演示是 WPS Office 2019 办公软件套件中的核心组件,其默认保存的文件
格式是(　　)。

　　A. .ppt　　　　　　B. .pptx　　　　　　C. .wps　　　　　　D. .pdf

(2) 在 WPS 演示工作界面中,用于显示当前演示文稿名称的是(　　)。

　　A. 快速访问工具栏　　　　　　　　B. 标题栏

　　C. 状态栏　　　　　　　　　　　　D. 幻灯片 / 大纲窗格

(3) 在 WPS 演示中,若要根据模板新建演示文稿,应进行的操作是(　　)。

　　A. 单击【开始】选项卡,选择【新建幻灯片】

　　B. 单击【设计】选项卡,选择【主题】

　　C. 在搜索框中输入模板名称搜索后创建

　　D. 单击【插入】选项卡,选择【对象】

(4) 在演示文稿中插入本地图片,应单击的选项卡是(　　)。

　　A. 开始　　　　　　B. 设计　　　　　　C. 插入　　　　　　D. 视图

(5) 要设置幻灯片的切换效果,应在(　　)选项卡中进行操作。

　　A. 切换　　　　　　B. 动画　　　　　　C. 放映　　　　　　D. 审阅

2. 判断题

(1) WPS 演示只能插入本地图片,不能插入联机图片。　　　　　　　　(　　)

(2) 在 WPS 演示中,利用占位符插入图片时,只能插入本地图片。　　　　(　　)

（3）幻灯片的动画效果只能应用于文本对象，不能应用于图片、形状等其他对象。

（　　）

（4）在 WPS 演示中，超链接只能在不同幻灯片之间跳转，不能链接到其他 Office
文档。

（　　）

（5）利用幻灯片母版可以设置演示文稿中所有幻灯片的公共元素，如背景、字体等。

（　　）

3. 简答题

（1）简述 WPS 演示的主要功能。

（2）说明在 WPS 演示中插入表格的四种方法。

（3）描述在 WPS 演示中设置幻灯片动画效果的操作步骤。

4. 操作题

（1）使用 WPS 演示创建一个以"校园生活"为主题的演示文稿，要求至少包含 3 张
幻灯片，使用模板新建，在其中一张幻灯片中插入本地图片，一张幻灯片中插入表格，一张
幻灯片中插入艺术字，并设置幻灯片的背景颜色。

（2）在上述创建的"校园生活"演示文稿中为幻灯片添加切换效果和动画效果，设置
超链接，并将演示文稿保存为模板。

（3）打开一个已有的演示文稿，使用"节"功能对幻灯片进行组织，为演示文稿录制微
视频，并将其发布到 U 盘。

5. 综合题

（1）假设你需要制作一个关于"传统文化"的演示文稿用于学校的文化节展示。请详
细描述你的制作思路，包括但不限于选择的模板，插入的元素（如图片、文本、图表等），幻
灯片的布局，主题样式，动画和切换效果等方面的设计，以及如何利用幻灯片母版和"节"
功能优化演示文稿。

（2）你在制作一个产品宣传演示文稿时，需要在其中插入音频和视频来增强展示效
果，但在放映时发现音频和视频无法正常播放。请分析可能的原因，并阐述解决这些问题
的具体步骤。

参 考 文 献

［1］ 李春英,汤志康,韩秋凤,等.计算机应用基础与计算思维[M].北京:清华大学出版社,2018.

［2］ 郑德庆,李春英,唐冬梅.大学计算机与计算思维[M].北京:中国铁道出版社,2023.

［3］ 刘永华,陈茜,张淑玉,等.计算机网络信息安全[M].北京:清华大学出版社,2018.

［4］ 黄林国,林仙土,陈波,等.网络信息安全基础[M].北京:清华大学出版社,2018.

［5］ 全国高等教育自学考试指导委员会.计算机应用基础[M].北京:机械工业出版社,2024.

图书资源支持

感谢您一直以来对清华版图书的支持和爱护。为了配合本书的使用，本书提供配套的资源，有需求的读者请扫描下方的"书圈"微信公众号二维码，在图书专区下载，也可以拨打电话或发送电子邮件咨询。

如果您在使用本书的过程中遇到了什么问题，或者有相关图书出版计划，也请您发邮件告诉我们，以便我们更好地为您服务。

我们的联系方式：

清华大学出版社计算机与信息分社网站：https://www.shuimushuhui.com/

地　　址：北京市海淀区双清路学研大厦 A 座 714

邮　　编：100084

电　　话：010-83470236　　010-83470237

客服邮箱：2301891038@qq.com

QQ：2301891038（请写明您的单位和姓名）

资源下载：关注公众号"书圈"下载配套资源。

资源下载、样书申请	图书案例	
书 圈	清华计算机学堂	观看课程直播